Comentarios prácticos para obras (términos técnicos de la edificación)

Manuel Muñoz Hidalgo

Tébar Flores

Editorial

www.tebarflores.com

COMENTARIOS PRÁCTICOS PARA OBRAS (TÉRMINOS TÉCNICOS DE LA EDIFICACIÓN)

EDITORIAL TÉBAR FLORES, S.L., Madrid, año 2022
Tel.: 91 550 02 60
info@tebarflores.com
www.tebarflores.com
ISBN: 978-84-7360-842-8
D.L.: M-2178-2022

Con cariño para mis nietos
Irene, Laura, Daniel y Marta.

AGRADECIMIENTO A PROFESIONALES

El autor expresa su agradecimiento por la gran ayuda en su importante labor de revisión, crítica y mejora de este libro a los profesionales siguientes:

D. Alberto Ballesteros Rodríguez	Arquitecto
D. Enrique Cabrera Luque	Ingeniero de Caminos
D. Miguel Ángel Callejas Ortego	Arquitecto
D. Francisco Caro Rivero	Profesor
D. Pelayo Ceijas Sala	Arquitecto Técnico
D. José Fernando Cellier Peña	Arquitecto
D. Alfredo Delgado Osuna	Arquitecto
D. Manuel Ferrero Gómez	Arquitecto Técnico
D. Francisco Laguna Lizancos	Arquitecto Técnico
D. Fernando Medina Encina	Dr. Ingeniero de Caminos
D. Fernando Medina Reguera	Ingeniero de Caminos
D. Antonio Moya Ayucc	Ingeniero de Edificación
D. Fco. Javier Muñoz Calle.	Dr. Ing. Telecomunicación
D. Jesús Manuel Muñoz Calle	Dr. Ciencias Químicas
D. Ignacio Ortiz Chopitea	Arquitecto
Dña. Anabel Ríos Borrachero	Arquitecta
D. Carmelo Rodríguez Merchán	Arquitecto

PRÓLOGO

He seguido la trayectoria profesional de Manuel Muñoz Hidalgo desde antes de que escribiera su primer libro sobre patología de la edificación allá por el año 1.988 del que todavía recuerdo las fichas de patología que tanto han ayudado a los profesionales de la edificación.

Hoy tengo la satisfacción de prologar nada menos que su octavo libro y, conociendo su inquietud por transmitir de forma sencilla sus conocimientos y su experiencia, estoy seguro de que no será el último.

Siguiendo las líneas y el estilo de los anteriores, el autor pretende cubrir, y lo consigue, una parcela de la construcción que hemos tenido que aprender a través de la experiencia y que siempre hemos echado en falta al iniciar nuestra profesión.

En este libro se recoge un compendio de términos técnicos utilizados en edificación dedicándose con mayor profusión a las materias menos conocidas como las estructuras, cimentaciones y patología.

Está estructurado por orden alfabético a modo de enciclopedia y cada uno de los términos recogidos está acompañado de comentarios muy valiosos sobre las definiciones y amenizado con fotografías y dibujos que aclaran de forma muy sencilla y práctica los conceptos utilizados.

Estos comentarios prácticos para obras serán sin duda de gran utilidad para estudiantes y profesionales y deberán formar parte de todas las bibliotecas como material de consulta sobre construcción.

Sevilla, Marzo de 2016

Enrique Cabrera Luque
Ingeniero de Caminos, Canales y Puertos

INTRODUCCIÓN

Este libro ha sido escrito con el objetivo de facilitar la comprensión de los términos técnicos más usuales empleados en la edificación, mediante la exposición de interesantes y prácticos comentarios en los que incluso se sugieren posibles soluciones a los problemas encontrados en obras. Consta de 400 figuras y 74 fotografías que ilustran los diferentes aspectos tratados en este texto.

Está dirigido a cualquier persona, profesional o estudiante, que en su actividad se vea relacionada con el mundo de la edificación. Su enfoque permite que resulte de utilidad para un amplio abanico de actividades, tales como arquitectura, ingenierías, profesionales de la justicia, etc.

El autor.

ÍNDICE

B

C

D

E

F

G

H

I

J

L

M

N

P

R

S

Z

LETRA A

ÁBACO

Zona macizada de hormigón y más armada situada alrededor de los pilares en forjados reticulares. Puede tener un canto mayor que el del forjado (**Figura 1**).

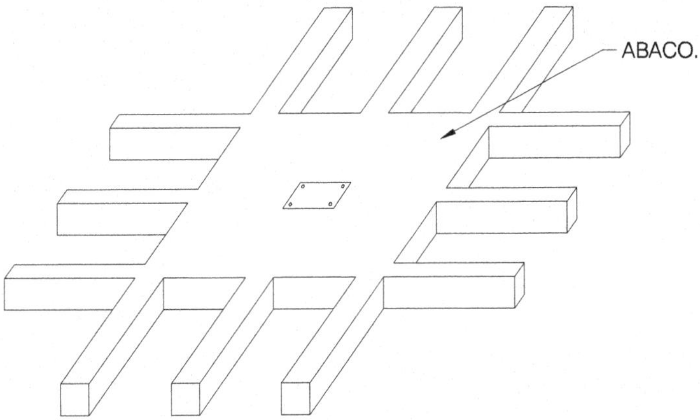

Figura 1

Comentarios

En su cálculo es primordial la comprobación al punzonamiento, pues el fallo de un forjado puede provocar el desplome en cadena al caer unos sobre otros, quedando los pilares aislados y erguidos.

La rapidez de la rotura por punzonamiento depende de la cuantía de armadura transversal existente. Si el ábaco no contiene ninguna armadura transversal, la rotura es instantánea cuando se supera la resistencia a cortante del hormigón, mientras que si es abundante tiene mayor tiempo de aviso.

La realización de huecos para el paso de canalizaciones u otros usos en los ábacos junto a los pilares no previstos en los cálculos, especialmente sí se cortan las crucetas, pone en serio peligro su estabilidad, sobre todo durante un movimiento sísmico.

También es importante la comprobación a cortante de los nervios que llegan a los ábacos, ya que estos son los que soportan mayores solicitaciones.

En zonas sísmicas y en forjados que han de soportar mayor carga, como en locales comerciales, es más necesaria la armadura transversal para evitar el punzonamiento, por lo que se debe prestar especial atención en obras para que no se olvide su colocación.

ACERO CORRUGADO

Armadura de alta resistencia con diseño especial en el que aparece un grabado para aumentar la adherencia con el hormigón.

El grabado o resalte en las barras de acero tienen formas diferentes, dependiendo de la empresa que las fabrique y de la resistencia prevista (**Figura 2**).

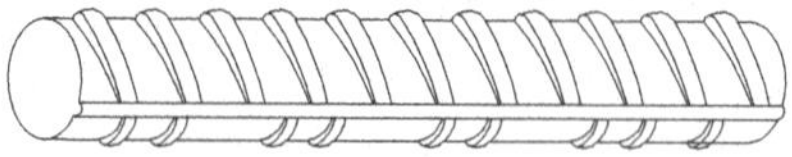

BARRA DE ACERO

Figura 2

Comentarios

Los aceros más empleados en la edificación suelen ser B 400 S y B 500 S. La letra S indica que son aptos para soldarlos, pues de no ser así se pueden fragilizar. El número indica su límite elástico.

En zonas sísmicas con aceleración mayor de 0,16 g, el acero recomendado por su ductilidad es B 400 SD.

El acero B 400 S respecto al B 500 S tiene las siguientes ventajas:

- Al precisar en el cálculo mayor sección de acero, se reducen las deformaciones de las vigas entre un 4% y un 7%.
- Los zunchos y vigas con cuantías mínimas de acero se fisuran menos por retracción.
- Las barras precisan menor longitud de anclaje.
- En pilares y estribos de vigas se puede hacer trabajar la armadura con toda su capacidad resistente.
- Al tener mayor sección de acero, las barras tardan más tiempo en desaparecer por corrosión.

- En caso de corrosión, al quedar menos tensionadas las barras, la velocidad de corrosión es un poco más lenta.

- El coste de pérdidas por despuntes es menor.

El acero B 500 S respecto al B 400 S ofrece las ventajas siguientes:

- Al precisar menor número de barras se obtienen elementos estructurales más cómodos de hormigonar.

- Se reducen secciones de acero.

- Al existir menor número de barras se reduce la mano de obra.

- Se reducen cuantías de armadura.

- Suele resultar más económica la estructura.

- Permite hormigones de más alta resistencia.

ACHIQUE DE AGUA

Operación consistente en extraer agua, como puede ser durante la excavación de un solar para ejecutar un sótano, como se indica en la **figura 3**.

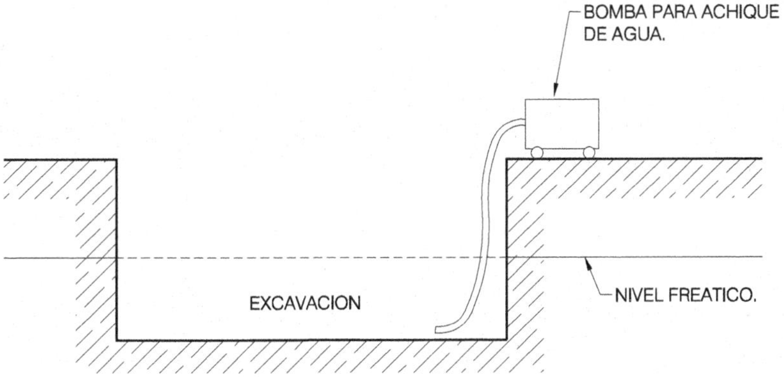

SECCION

Figura 3

Comentarios

En los achiques de agua en excavaciones de solares, al descender el nivel freático se crea otro que se llama "deprimido" y en el lugar del agua quedan poros

A

de aire que pueden ocasionar descensos en las edificaciones medianeras. Debido a ello, en solares de mayores superficies es conveniente realizar la excavación y achique de agua en zonas pequeñas para que le afecte menos a las edificaciones medianeras.

En terrenos arenosos el radio de acción del achique es mayor, pero al ser más suave la pendiente del nivel freático deprimido, le ocasiona menos daños a las edificaciones colindantes, mientras que en terrenos arcillosos, al ser más impermeables el radio de acción es menor pero más pronunciado y suele ocasionar mayores daños a los edificios medianeros (**Figura 4**).

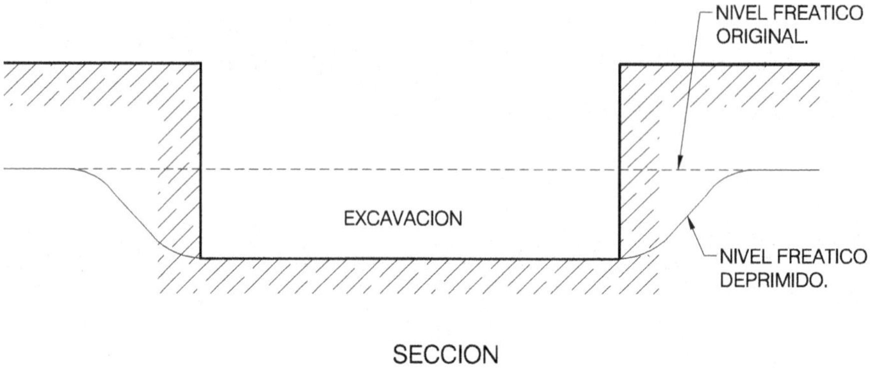

Figura 4

ACODALAR

Apuntalado con codales que se sitúan de forma horizontal u oblicuos. Se emplea cuando se realizan zanjas y se supera la profundidad donde el terreno no es estable, con el fin de que no se desprendan las tierras. También se suele conocer como entibar (**Figura 5**).

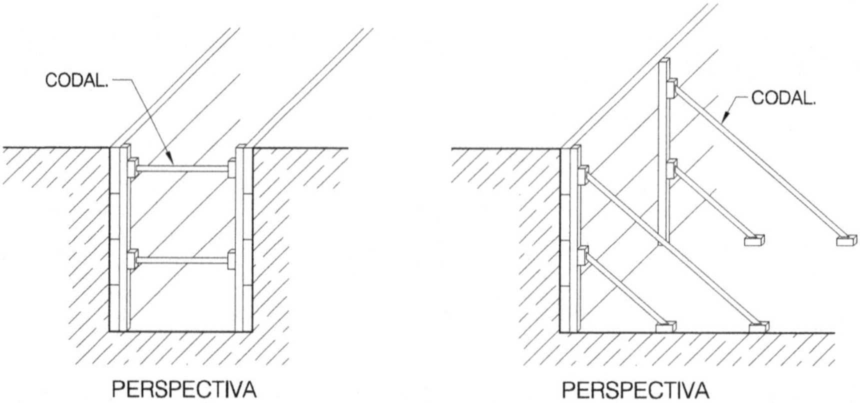

Figura 5

Comentarios

Cuando se realiza una excavación y no se supera la altura crítica, la cual produce el desplome de las tierras, el terreno se mantiene en vertical dando la impresión de no precisar entibarlo, a esto se le llama "cohesión aparente", pero con el viento, la lluvia, la sequedad, vibraciones, etc, la cohesión se va reduciendo y las tierras terminan cayendo. Para evitar la caída se acodala, mientras que si se supera la altura crítica, es necesario entibar a medida que se realiza la excavación (**Figura 6**).

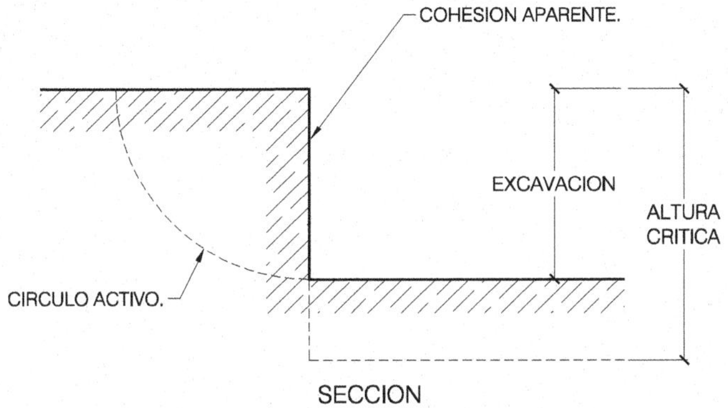

Figura 6

ACOPIAR

Acción de agrupar materiales en una zona, como pudieran ser sacos de cemento, ladrillos, viguetas, etc (**Figura 7**).

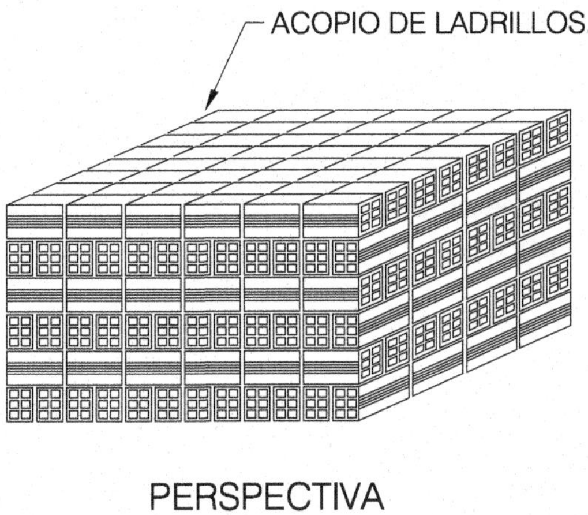

Figura 7

A

Comentarios

En obras, durante la ejecución de la edificación suele ser necesario acopiar materiales sobre los forjados. En estos casos es conveniente conocer cuales son las zonas más adecuadas, pues cuanto menor tiempo lleve ejecutado el forjado más le afectarán las deformaciones, pudiendo ser tan elevadas que después no llegue a recuperarse.

En la planta del forjado unidireccional de la **figura 8**, se indica con la letra "**A**" las zonas más capacitadas para acopiar materiales que es cerca de los pilares y con la letra "**N**" donde no es conveniente acopiarlos que es el centro de las luces. En los voladizos se debe evitar acopiar materiales. Lo comentado también es válido para forjados reticulares.

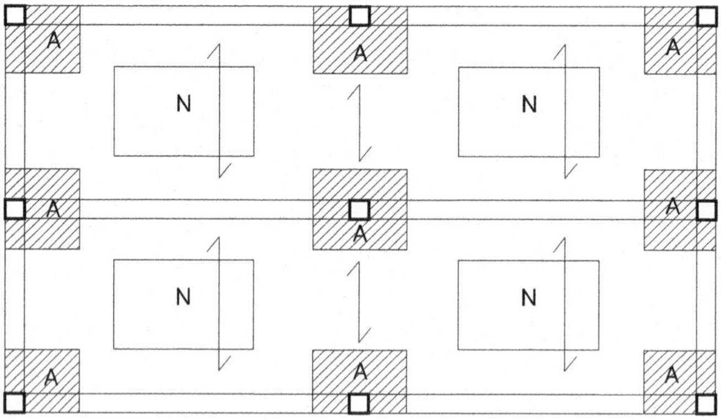

PLANTA DE FORJADO

Figura 8

ADITIVOS

Productos químicos que se incorporan a la masa del hormigón o morteros con la finalidad de conferirles más propiedades. Estos no deben ser nocivos para el hormigón y la armadura.

Comentarios

Se puede decir que son el cuarto componente del hormigón y tienen diferentes finalidades, citando entre los más empleados en hormigón armado los reductores de agua, los plastificantes, acelerantes, retardadores, hidrófugos, etc.

Su utilización de forma inadecuada en proporciones superiores al 5% del peso del cemento, puede ocasionar efectos no deseados.

En hormigones armados o pretensados no debe emplearse como aditivo el cloruro de calcio, ya que favorece la corrosión de la armadura existente en el hormigón, siendo aún más perjudicial en pretensados, ya que al tratarse de una armadura activa, al quedar más tensionada, su velocidad de corrosión es mayor cuando ha quedado afectada.

Se ha de tener presente que los aditivos acelerantes de fraguados empleados en épocas muy frías suelen presentar problemas de mayores retracciones hidráulicas y la aparición de fisuras.

ADOBE

Pieza en forma de ladrillo ejecutada con argamasa de barro arcilloso húmedo y un poco de paja secada al sol (**Figura 9**).

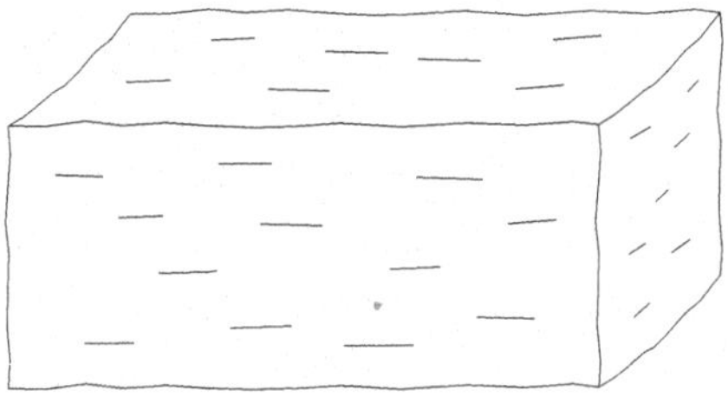

PERSPECTIVA

Figura 9

Comentarios

Tanto las piezas de adobe como los muros de tapial que son igualmente ejecutados con barro arcilloso utilizado para la construcción de muros, quedan capacitados para soportar compresiones y tienen muy poca resistencia para soportar flexiones y cortantes, por lo que son muy vulnerables durante un movimiento sísmico, siendo por tanto estas edificaciones las primeras que suelen desplomarse durante un terremoto.

Una forma eficaz y fácil de capacitarlos para soportar flexiones y esfuerzos cortantes consiste en colocarles en los laterales de los muros una malla de acero, conectadas entre ellas, y aplicarle un hormigón proyectado de unos 4 o 5 cm de espesor, como se indica en la **figura 10**. Un refuerzo usual suele ser colocando mallas formadas por barras de 10 mm de diámetro con separación de 20 cm.

A

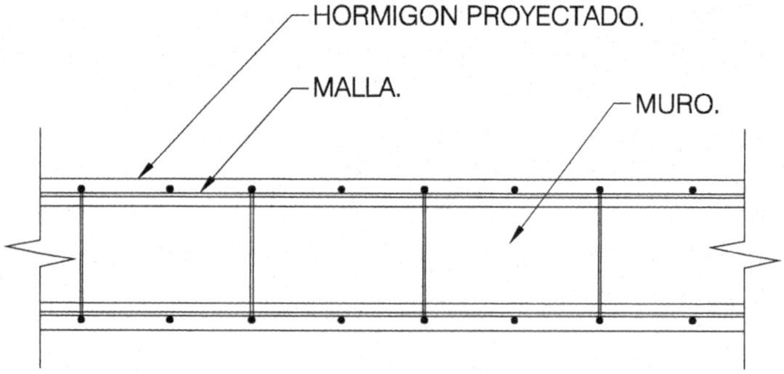

Figura 10

ADOSAR

Añadir un elemento a otro existente. A las bóvedas de mayores dimensiones situadas en las iglesias, se les adosaban contrafuertes en sus laterales para contrarrestar el empuje lateral de las bóvedas (**Figura 11**). A mayor empuje de las bóvedas, se precisa contrafuertes más pesados para que tengan mayor sección.

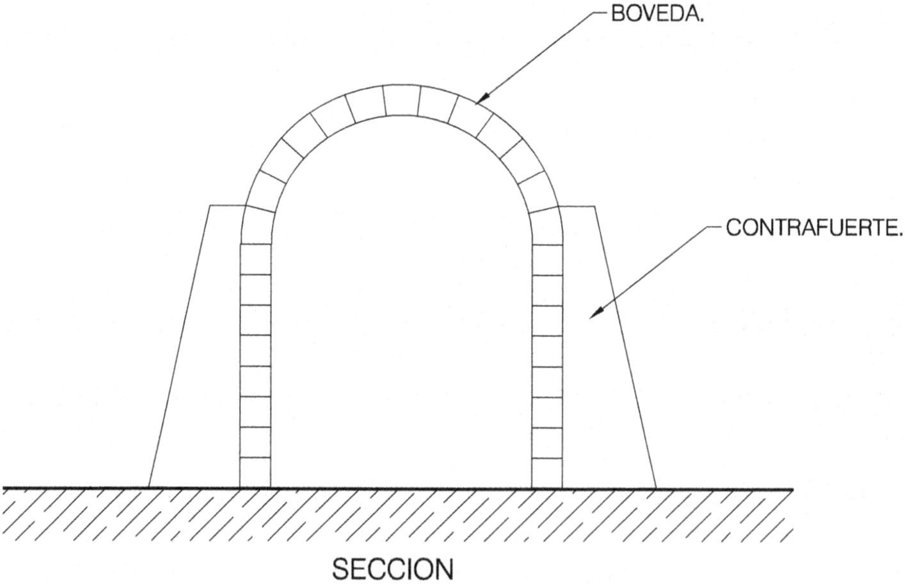

Figura 11

Comentarios

En construcciones modernas ejecutadas con forjados de vigas planas, cuando éstas no tienen la resistencia suficiente o se desea capacitarlas para soportar mayor solicitación, se puede optar por ampliarla en su lateral adosándole una viga nueva ejecutada "in situ" como se indica en la **figura 12**.

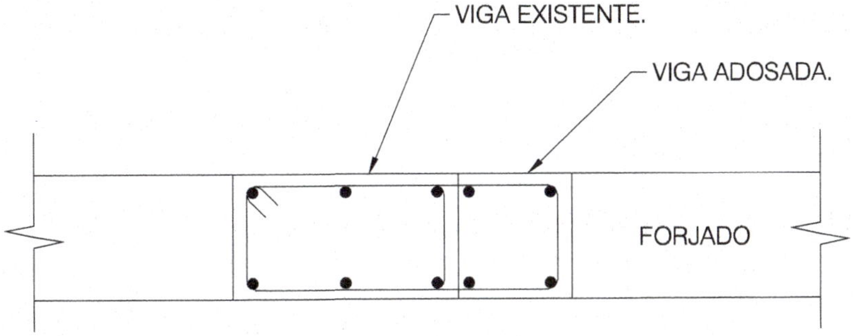

Figura 12

AFOGARADO

Se suele llamar así cuando se le aplica un enfoscado a un paño y éste está muy caliente por la acción solar y se cuartea durante su fraguado, apareciendo fisuras parecidas a la piel de cocodrilo como aparece en la **fotografía 1**. Sucede cuando es mayor la evaporación del agua superficial que el aumento de resistencia del mortero.

Fotografía 1

Comentarios

Cuando se afogara un paño conviene eliminarlo y ejecutarlo de nuevo, pues aunque las fisuras son superficiales y no tienen gravedad, si afean el conjunto y retienen el agua de lluvia quedando todavía más marcadas.

A

Conviene no confundir las fisuras de afogarado que son de retracción plástica y surgen durante su fraguado con las de acomodación, que son de retracción térmica, éstas son más rectilíneas y aparecen cuando el enfoscado dilata y retrae por la acción solar, desconectándose del paño.

AGUAS COLGADAS

Se definen como bolsas de aguas colgadas aquellas que se forman en el terreno al penetrar el agua de lluvia y encontrar un estrato impermeable como se indica en la **figura 13**.

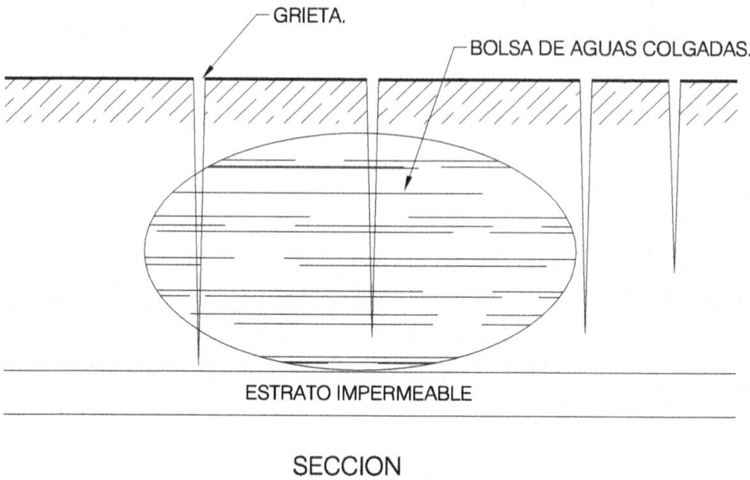

Figura 13

Comentarios

En terrenos expansivos, durante la época calurosa suelen surgir grietas en el terreno por desecación de las tierras. Por estas grietas penetra el agua de lluvia y queda retenida al encontrar un estrato impermeable de tierras y no poder descender hasta la profundidad del nivel freático.

En los estudios de terrenos es importante cuando se encuentran aguas, que aparecen por zonas y a una cota más alta, no confundirlas con las del nivel freático.

Para la ejecución de una cimentación, tanto por zapatas como por losa, es preferible extraer las aguas colgadas.

Las aguas colgadas, alteran los terrenos expansivos y cuando desaparecen en su lugar quedan poros de aire que pueden ocasionar descensos en las cimentaciones.

AGUAS SELENITOSAS

Son aguas procedentes de terrenos yesíferos, también llamados selenitosos.

Comentarios

Las aguas selenitosas atacan al hormigón de las cimentaciones desmoronándolo y corroyendo su armadura. Al ascender el agua por capilaridad también le afecta al pilar en su base como se indica en la **figura 14** y como le ha sucedido al pilar de la **fotografía 2**.

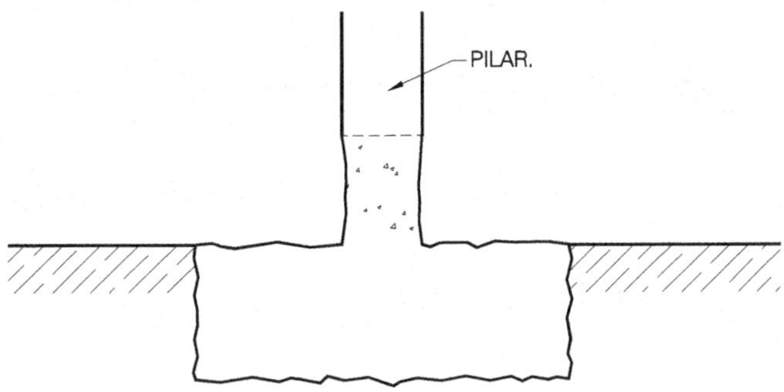

SECCION ZAPATA

Figura 14

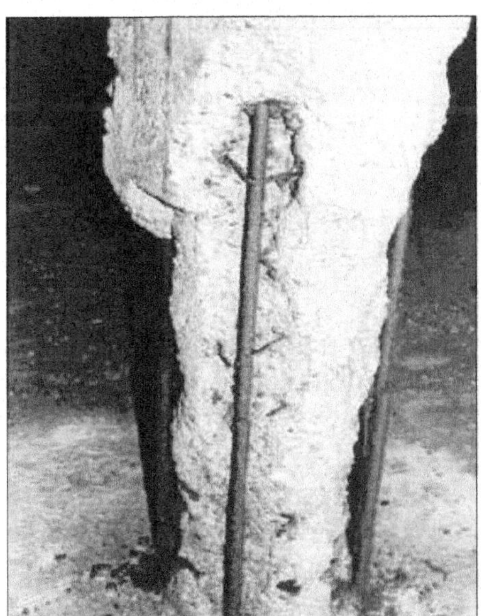

Fotografía 2

A

El daño comentado es progresivo y generalizado en todas las zapatas, y al reducirse sus dimensiones, surgen grandes asientos que van en aumento. Debido a ello aparecen grietas en los cerramientos y termina ocasionando el colapso de la estructura.

En estos terrenos se debe ejecutar la cimentación con cemento sulforresistente y colocar láminas de protección.

ALBARDILLA

Elemento que se sitúa sobre dos pretiles que forman una junta de dilatación, y tiene como finalidad evitar la entrada de agua de lluvia a través de la junta de dilatación entre dos edificios (**Figura 15**). También se suele colocar sobre pretiles exteriores.

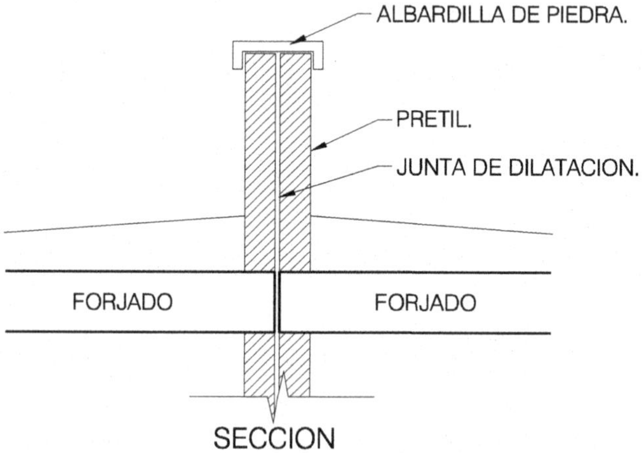

Figura 15

Comentarios

La albardilla se debe sujetar a un sólo pretil, ya que si queda unida a los dos, al moverse las juntas por los cambios dimensionales de origen térmico, terminaría rompiendo.

La albardilla puede ser de piedra o simplemente metálica, como se indica en la **figura 16**, lo importante es que cubra la junta de dilatación que deben estar selladas para que no penetre el agua de lluvia.

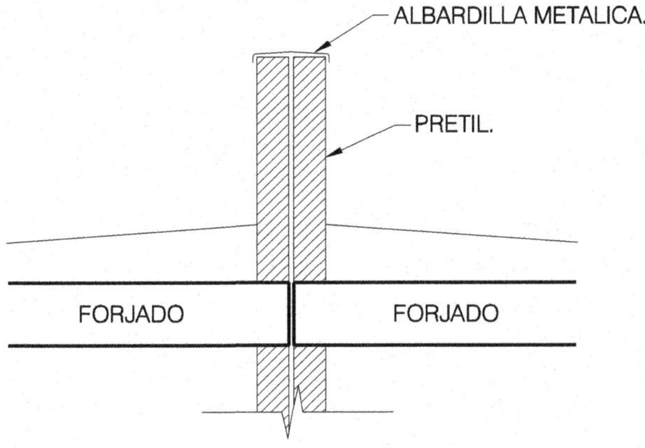

Figura 16

ALICATADO

Conjunto de azulejos o aplacados que cubren la superficie de un paramento revistiéndolo a modo de decoración o de impermeabilización cuando se trata de un paramento exterior (**Figura 17**).

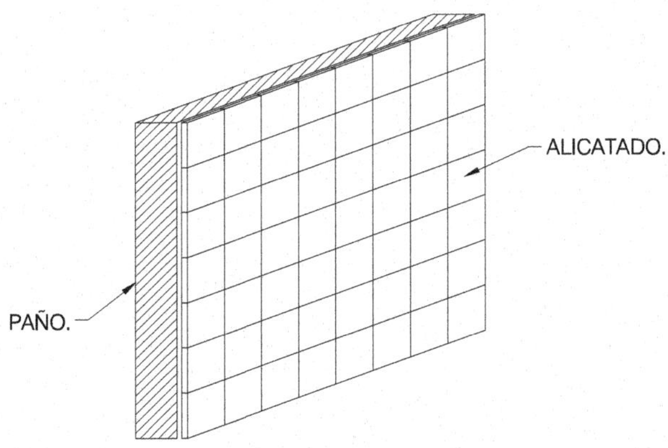

Figura 17

Comentarios

Actualmente los aplacados se suelen colocar con cementocola, excepto en restauraciones.

En edificios antiguos, donde se colocaban con mortero, las causas más usuales que ocasionan su desprendimiento, suelen ser las siguientes:

A

- Si el paño no se ha mojado y está muy caliente por la acción solar, absorbe el agua del mortero y el aplacado se desprende con el mortero.

- Si el aplacado no se ha mojado, absorbe el agua del mortero y termina desprendiéndose.

- En los forjados, cuando flectan las vigas o viguetas de mayores luces, en planta baja quedan comprimidos los tabiques y los aplacados contra el forjado y la solera, desprendiéndose con frecuencia en el centro de las luces como se indica en la **figura 18**.

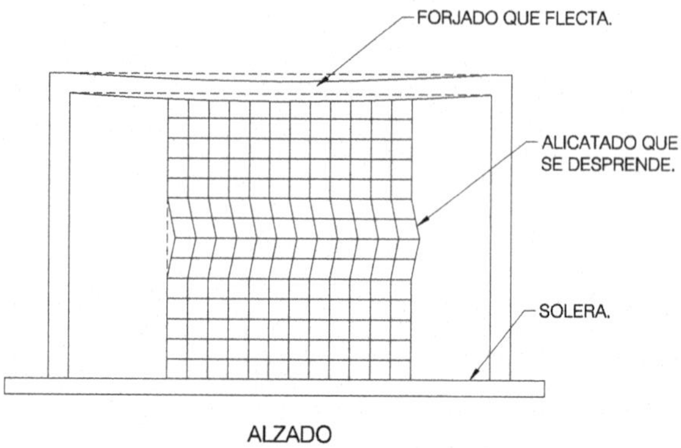

Figura 18

- En terrenos de baja resistencia al entrar en carga con el peso de la edificación se produce un descenso llamado "asiento de consolidación". Cuando sucede desciende la estructura y los tabiques de planta baja quedan comprimidos entre el forjado y la solera desprendiéndose los aplacados **(Figura 19)**.

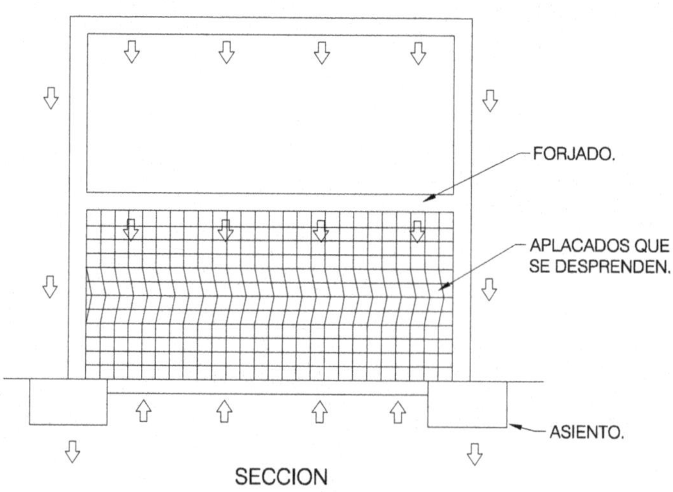

Figura 19

En la **fotografía 3** se presenta el desprendimiento de aplacados al quedar comprimidos por el forjado. En estos casos es importante que los tabiques y los azulejos, no queden muy retacados o ajustados con el forjado.

Fotografía 3

ALIVIADERO

Orificio que se realiza en las cubiertas planas no transitables para que en el caso de obstrucción de los sumideros, el agua de lluvia pueda salir y no se acumule sobre el forjado (**Figura 20**). También se le da este nombre a los rebosaderos del agua de las piscinas.

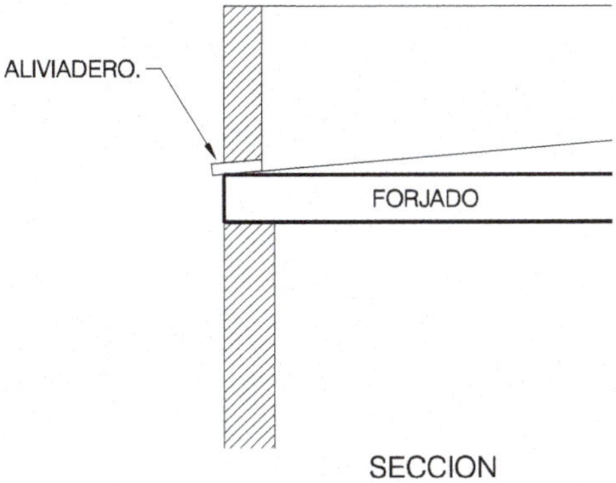

Figura 20

A

Comentarios

Cuando no se colocan aliviaderos y se obstruyen los sumideros, en caso de lluvias intensas se acumula el agua sobre el forjado de cubierta, y cuando no puede soportar el peso del agua, se suele producir un desplome en cadena al caer el forjado sobre el inferior, siendo de vital importancia en climas donde suceden lluvias torrenciales.

Cuando los aliviaderos se colocan a modo de decoración se les suelen llamar gárgolas.

ALJIBE

Cisterna o depósito para almacenar agua, que se suele construir enterrado o en el interior de los sótanos de bloques de viviendas y otros tipos de edificaciones (**Figura 21**).

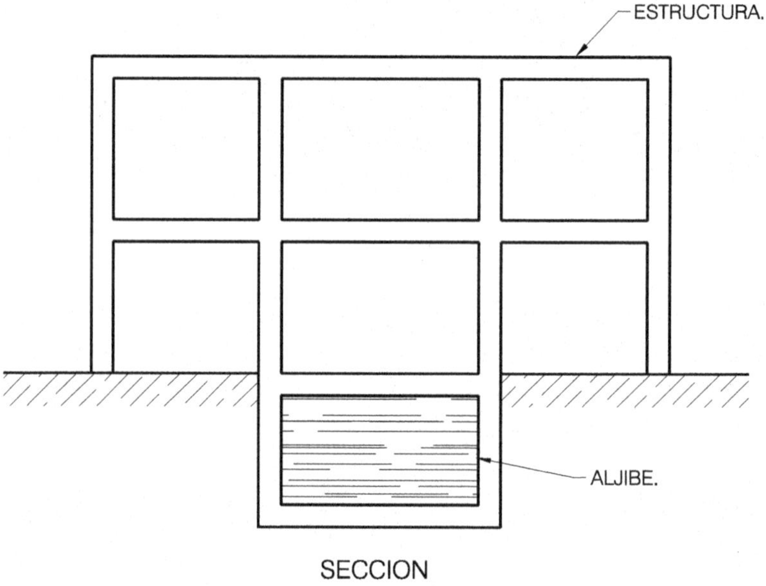

Figura 21

Comentarios

Es importante que los depósitos enterrados tengan ventilación suficiente para evitar humedad de condensación bajo el forjado que termina corroyendo las armaduras de las viguetas, ya que el cloro del agua favorece la corrosión de las armaduras. Siempre que sea posible, es preferible colocar ventilación forzada que es más eficaz.

Es preferible colocar armadura pasiva en el forjado, ya que a la activa le afecta más la corrosión por lo que implica mayor gravedad.

En caso de existir pilares de hormigón armado en el interior del depósito, si no están protegidos mediante pinturas o resinas, quedan más expuestos a la corrosión por los ciclos de humedad sequedad debido a la subida y bajada del agua, incluso se puede producir en ellos un entumecimiento por estar continuamente introducidos en agua.

ALMA DE VIGA

Es la zona central de una viga metálica que une el ala inferior con la superior. (**Figura 22**).

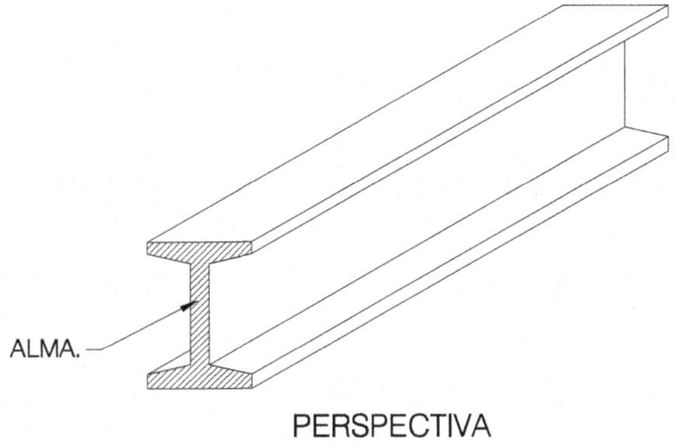

Figura 22

Comentarios

El alma de las vigas o viguetas metálicas es la zona de menor espesor.

El alma de las viguetas metálicas situadas en forjados de cubiertas suelen quedar muy afectadas por corrosión, volviéndose más delgadas y terminan desapareciendo. Suele suceder por humedad de infiltración a través de la cubierta o por humedad de condensación, siendo más usual en cocinas y cuartos de baños en viviendas que dan a una sola fachada orientada al norte.

En la **fotografía 4** aparecen viguetas metálicas situadas en un forjado de cubierta en las que se han corroído sus zonas centrales.

A

Fotografía 4

ALTURA CRÍTICA

Cuando se realiza una excavación en un terreno cohesivo arcilloso, es la profundidad máxima de un paramento para mantenerse en vertical sin muro de contención. A esta profundidad se le denomina "altura crítica". (**Figura 23**).

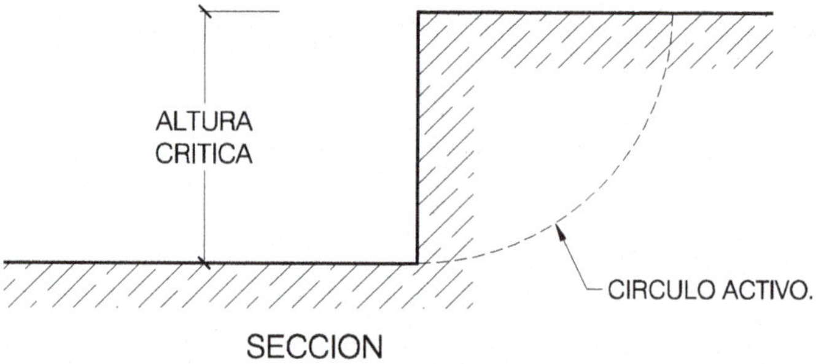

Figura 23

Comentarios

Conocer la altura crítica es importante cuando se va a realizar una excavación, ya que si se supera esta profundidad, las tierras se desprenden formando el círculo activo que se indica en la **figura 23**.

La altura crítica depende del tipo de terreno, de su cohesión, y del estado en el que se encuentre, aunque siempre conviene entibar las tierras, ya que la cohesión suele reducirse con los cambios de humedad y las vibraciones.

En el caso de existir una edificación en el terreno medianero, esto hace que aumente el empuje lateral por el peso de la edificación, lo cual reduce la altura crítica.

ALUMINOSIS

Es un cambio estructural en el hormigón confeccionado con cemento aluminoso que altera sus propiedades, aumentando su porosidad, disminuyendo su resistencia y haciéndolo más vulnerable a las agresiones de tipo químico.

Comentarios

La aluminosis se suele producir en ambientes con humedad continuada y con temperaturas superiores a los 25º C, como pueden ser zonas de costas cálidas, donde los cloruros aceleran el proceso de corrosión de las armaduras, siendo las zonas afectadas más usuales, cuartos de baños y cocinas de forjados de cubiertas y también en forjados sanitarios.

La aluminosis al aumentar la porosidad del hormigón favorece la corrosión de las armaduras y la disminución de la adherencia con éste, reduce la resistencia a cortante y aumenta las deformaciones.

El cemento aluminoso, al tener un fraguado más rápido dificulta la ejecución de los elementos estructurales "in situ", como pilares, vigas y zapatas. Debido a ello, no se tienen referencias de que se haya empleado en la ejecución de estos elementos.

Los forjados de viguetas fabricados con cemento aluminoso donde se origina la aluminosis, suelen desplomarse de forma muy rápida por pérdida de adherencia al corroerse su armadura, o por cortante al reducirse la resistencia del hormigón, de ahí que precisen un apuntalado de urgencia.

Una solución muy aceptable para los forjados de viguetas consiste en proteger a los elementos afectados y reforzarlos, reduciendo sus luces, como pueden ser colocando vigas transversales en el centro de las luces de las viguetas.

En la **fotografía 5** se presenta un forjado que se ha desplomado por aluminosis.

A

Fotografía 5

A MEDIA LADERA

Se suele llamar a los edificios construidos en laderas con acceso a distintos niveles, como se indica en la **figura 24**.

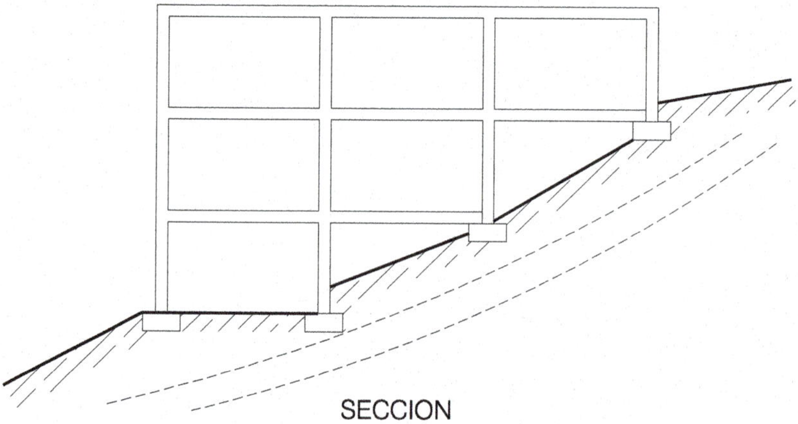

Figura 24

Comentarios

A estos edificios, en la fase de proyecto se les deben prestar bastante atención, ya que si la cimentación queda situada sobre estratos de distintas resistencias, se suelen producir asientos diferenciales con la aparición de fisuras y grietas en tabiquerías y cerramientos. Debido a ello es importante que se realice un buen estudio geotécnico.

Se debe investigar si existen corrientes de agua entre los diferentes estratos, ya que pueden originarse deslizamientos entre ellos, que terminan ocasionando asientos en las cimentaciones.

En caso de realizar excavaciones, no se debe superar la altura crítica. Toda la cimentación debe quedar a la misma profundidad referida a la rasante natural del terreno y sobre el mismo estrato, de esta forma se evitan asientos diferenciales.

En estos casos es importante que la cimentación quede muy bien atada mediante vigas riostras, sobre todo en sentido de la pendiente.

ANTEPECHO

Zona inferior de las ventanas, indicada en la **figura 25**. En las azoteas y terrazas, los petos o pretiles también suelen recibir este nombre.

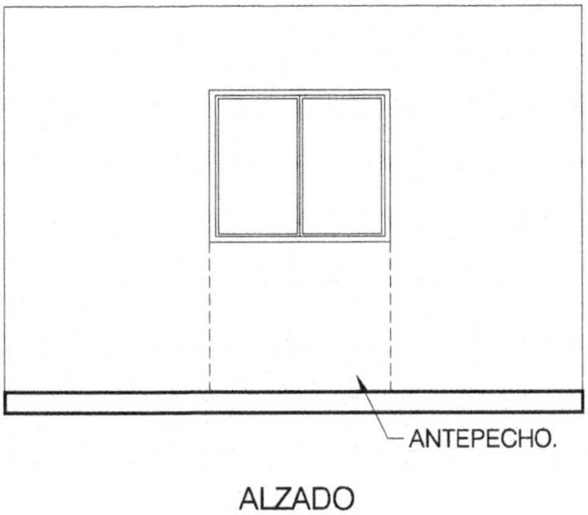

Figura 25

Comentarios

En estructuras formadas por pórticos, cuando la planta baja queda diáfana, al flectar las vigas, es usual que los antepechos de las ventanas de planta primera rompan formando arco de descarga, como se indica en la **figura 26** y como aparece en la **fotografía 6**. Para evitarlo, es conveniente dotar de mayor rigidez a las vigas del forjado primero.

A

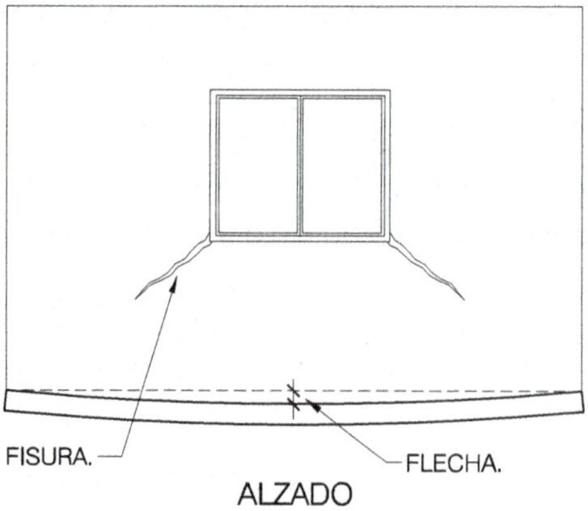

Figura 26

Fotografía 6

APEAR

Colocar puntales a las sopandas que soportan las viguetas. Estas deben apuntalarse antes de colocar las bovedillas (**Figura 27**).

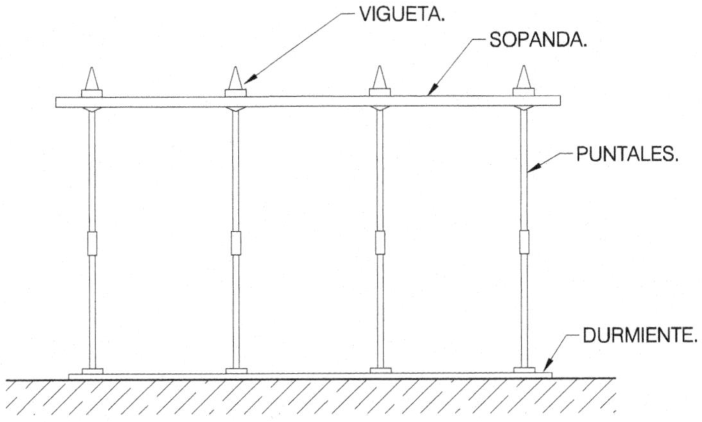

Figura 27

Comentarios

Las sopandas deficientemente colocadas suelen ocasionar deformaciones excesivas en las viguetas semirresitentes al recibir el peso propio del forjado, y si las luces entre sopandas quedan muy distanciadas, incluso se pueden fisurar transversalmente por flexión en su zona inferior, o quedar deformadas después del hormigonado del forjado, esto obliga a colocar mayores grosores de enlucidos de yesos en los techos.

En los puntales que quedan deficientemente ajustados sobre terraplenados se pueden producir descensos, ocasionándole daños a las viguetas durante el hormigonado al perder el punto de apoyo que tenían en las sopandas.

APLACADO A SARDINEL

Aplacado realizado mediante ladrillo donde sólo queda visto su canto. Estos suelen emplearse con asiduidad en los cantos de forjados en fachadas de ladrillos vistos (**Figura 28**).

A

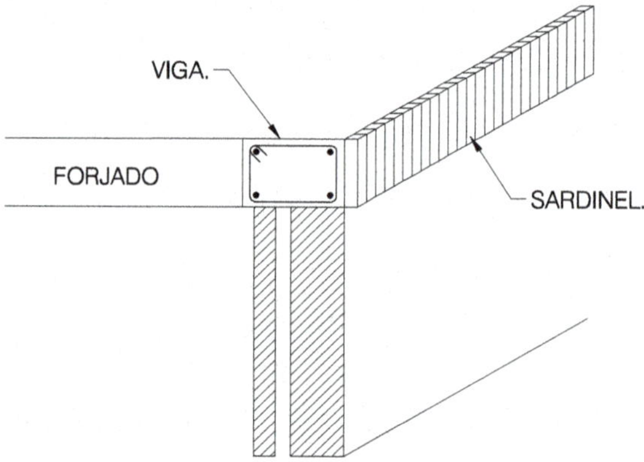

Figura 28

Comentarios

El aplacado colocado delante de las vigas las protege, y cuando se eliminan pueden surgir humedades de condensación en la zona inferior de las vigas por puente térmico.

Los aplacados a sardinel situados cerca del mar suelen absorber la humedad de la brisa marina, que al retener las sales y evaporarse el agua, presentan manchas blanquecinas de eflorescencias.

Los aplacados deficientemente colocados se desprenden del paño, y en fachadas de mayor longitud que reciben sol de tarde, al dilatar los situados en las esquinas se desprenden con cierta frecuencia, como se puede observar en la **fotografía 7**.

Fotografía 7

ARMADURA ACTIVA

Es la armadura que se encuentra tensionada, como sucede en las viguetas pretensadas, donde se tensa la armadura previamente, se hormigona el elemento, y una vez endurecido el hormigón se destensa la armadura, la cual queda comprimiendo el hormigón (**Figura 29**).

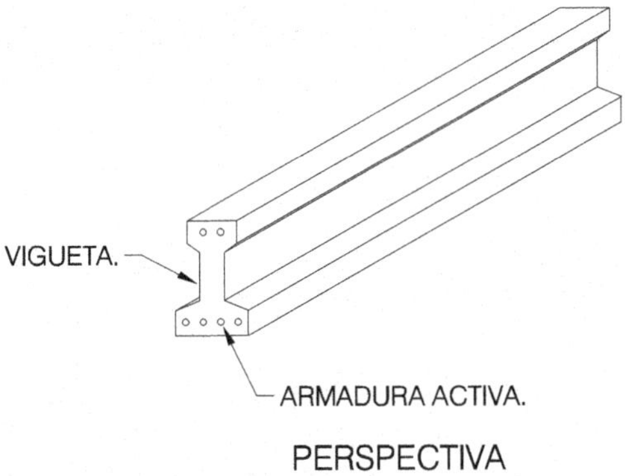

Figura 29

Comentarios

La armadura activa en caso de corrosión, al quedar muy tensionada, su velocidad de corrosión es más rápida. Al reducirse la adherencia del acero con el hormigón desliza, y el desplome suele suceder muy rápido sin previo aviso.

En caso de incendio, el calor hace que la armadura activa dilate y se reduzca el pretensado, sucediendo el desplome durante el incendio.

No es aconsejable colocar este tipo de armadura en forjados donde existe bastante humedad de condensación, como puede ser forjados sanitarios sobre terrenos húmedos, que cubren depósitos de agua o piscinas cubiertas, ya que en caso de corrosión implica mayor gravedad.

ARMADURA DE ARRANQUE

Se suele llamar a las barras que se dejan salientes en la cimentación para solaparlas con las de los pilares, como se indica en la **figura 30**.

A

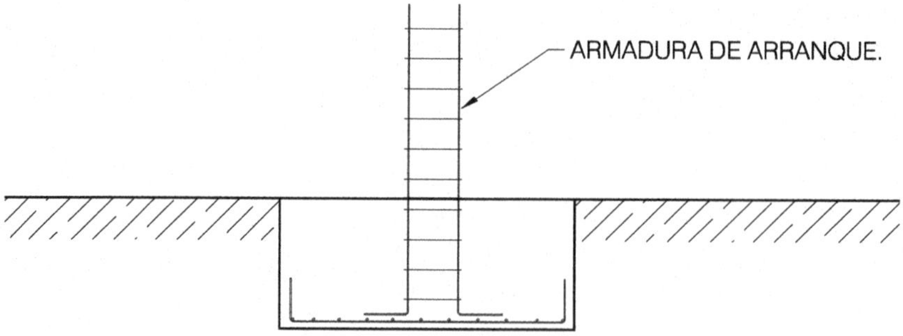

ZAPATA

Figura 30

Comentarios

La armadura de arranque debe tener mayor longitud cuanto mayor sea su diámetro. Si su longitud es muy pequeña, la carga que traen las barras de los pilares no se la puede transferir, y al deslizar pueden surgir fisuras en la base del pilar que se pueden confundir con una corrosión de las barras (**Figura 31**).

La armadura comentada es usual que se corroa por humedad de capilaridad en terrenos agresivos como en los yesíferos.

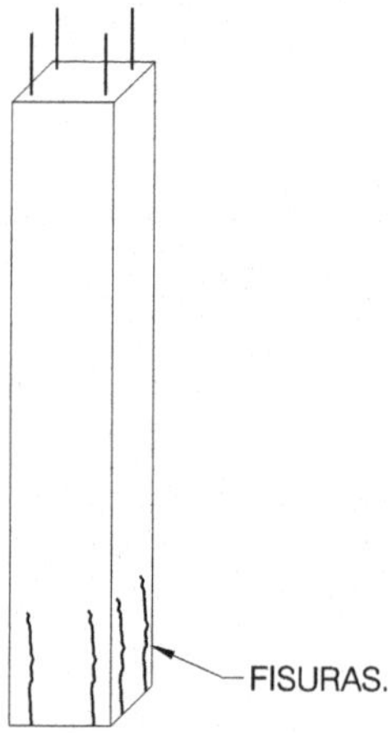

PERSPECTIVA PILAR

Figura 31

ARMADURA DE CONEXIÓN

Armadura que se coloca para mejorar la unión de un elemento con otro. Esta se coloca para quedar más solidarias las viguetas con las vigas, como se indica en la **figura 32**.

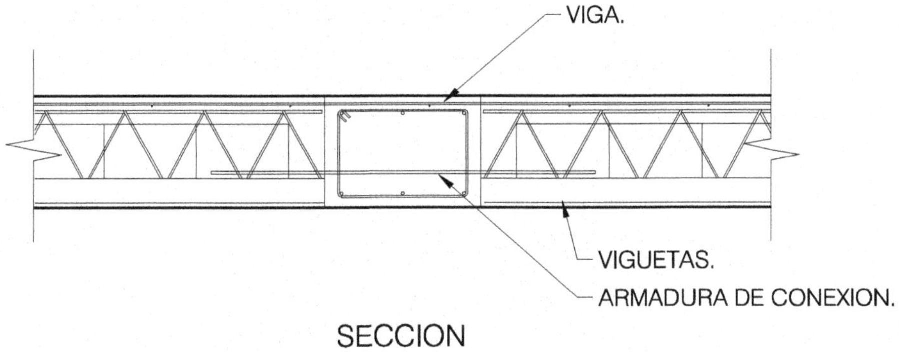

Figura 32

Comentarios

En época muy calurosa cuando no se coloca la armadura de conexión en las viguetas, al producirse un cambio brusco de rigidez entre éstas y las vigas, es probable que en las viguetas menos armadas, que son las de luces más pequeñas, surjan fisuras transversales por su cara inferior cerca del apoyo, como se indica en la **figura 33** y como se puede apreciar en la **fotografía 8**.

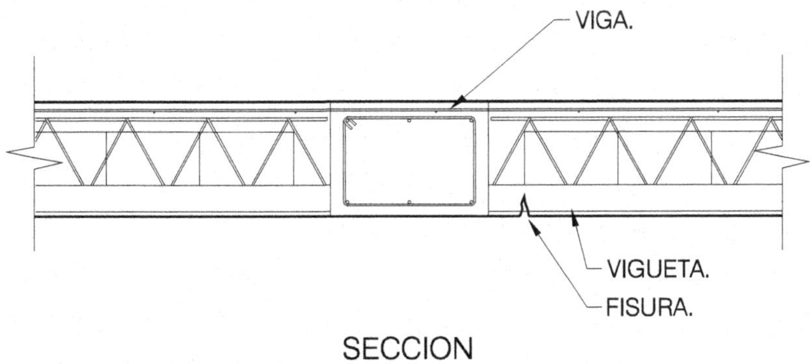

Figura 33

Las fisuras comentadas que son de retracción surgen en las primeras semanas después del hormigonado, y no deben confundirse con una de cortante, o por un descenso de la cimentación.

A

Fotografía 8

ARMADURA DE ESPERA

Barras que se dejan salientes cuando se interrumpe el hormigonado de un elemento, como en pilares para posteriormente enlazarlas con las de los pilares superiores. Estas barras deben tener de longitud total, la del solape más el canto del forjado (**Figura 34**).

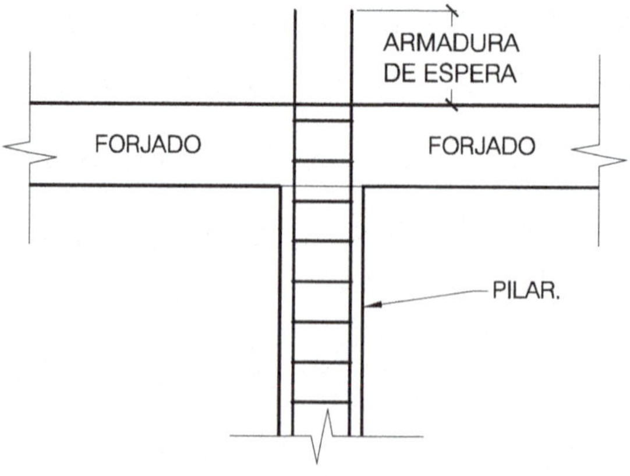

Figura 34

Comentarios

A mayor diámetro de las barras se precisa mayor longitud de la armadura de espera, con el fin de que pueda transferirle la carga del pilar superior.

Cuando el pilar superior tiene dimensiones más pequeñas, se precisa grifar o doblar las barras en el interior del canto del forjado (**Figura 35**).

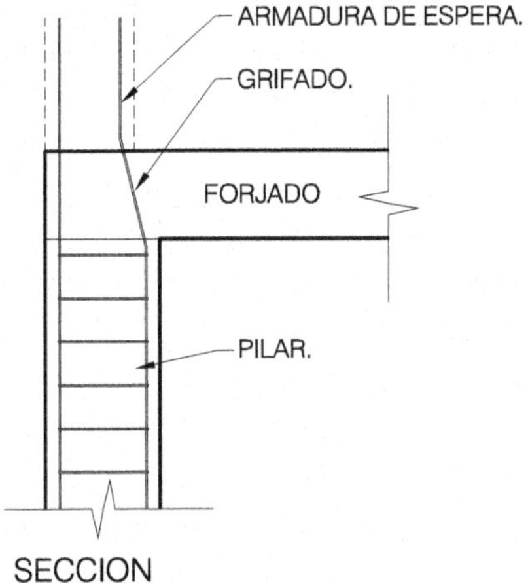

Figura 35

ARMADURA DE SUSPENSIÓN

En las vigas peraltadas o invertidas, la carga la reciben en su zona inferior y precisan que se les coloque armadura de suspensión en el lugar de cada vigueta, con el fin de transferirle la carga a su zona superior y no rompan a tracción el hormigón (**Figura 36**).

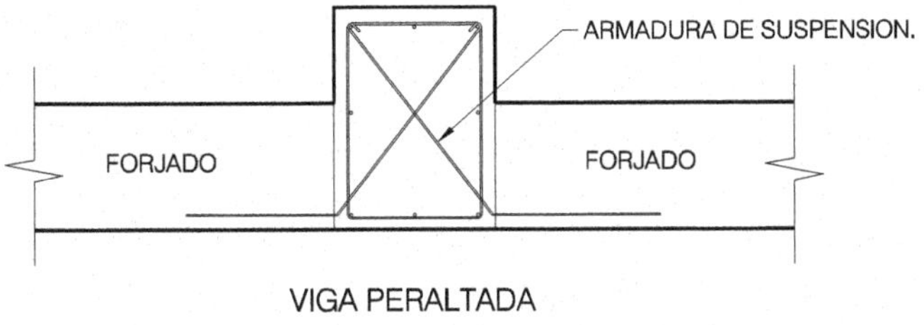

Figura 36

Comentarios

Las vigas invertidas se suelen emplear en plantas de cubiertas cuando se trata de mayores luces.

A

Un error frecuente en obra consiste en hormigonarlas en dos fases, es decir la mitad inferior y después la zona superior. Esto agrava el problema y se producen esfuerzos rasantes entre los dos hormigones.

Una forma fácil de poder hormigonarlas de una sola vez al mismo tiempo que el forjado, consiste en sujetar el encofrado de los laterales de la viga en su propia armadura como se indica en la **figura 37**.

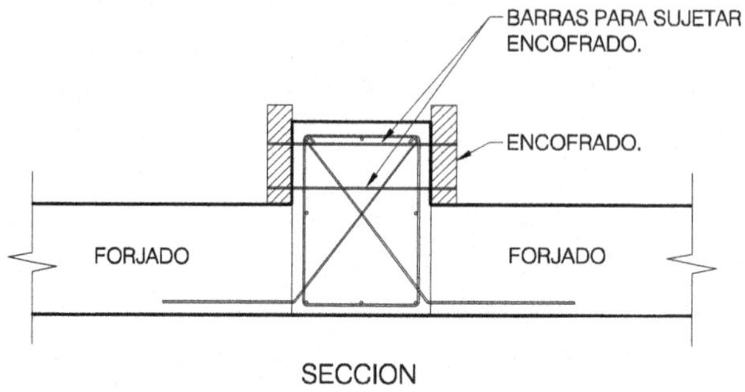

Figura 37

ARMADURA DE SUSTENTACIÓN

Barras que se colocan para poder apoyar en ellas y sostener a la armadura superior.

En losas de cimentación se suelen emplear los llamados píe de pato o en zig zag, que apoyan sobre un hormigón de limpieza (**Figura 38**).

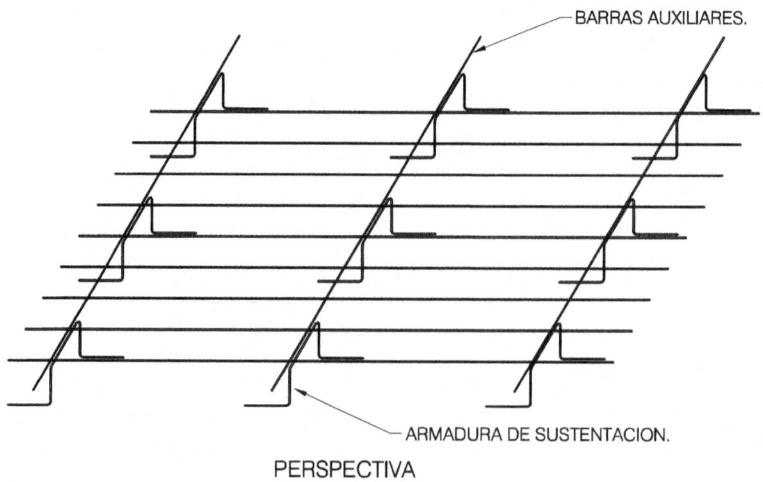

Figura 38

Comentarios

La armadura de sustentación se suele emplear en losas de cimentación y en soleras, para apoyar en ella su armadura superior. También se utiliza para mantener en su posición correcta la armadura superior de los forjados de losas macizas de hormigón.

Omitir la armadura de sustentación en las soleras o forjados, o si se colocan bajas, y una vez realizado el hormigonado, se debe evitar tirar de la armadura con ganchos para subirla a su posición correcta, ya que quedan situadas de forma irregular y con la posibilidad de que aparezcan fisuras por retracción hidráulica.

ARMADURA NEGATIVA

Recibe este nombre las barras que se sitúan en la zona superior de las vigas para soportar los momentos flectores negativos, como se indica en la **figura 39**.

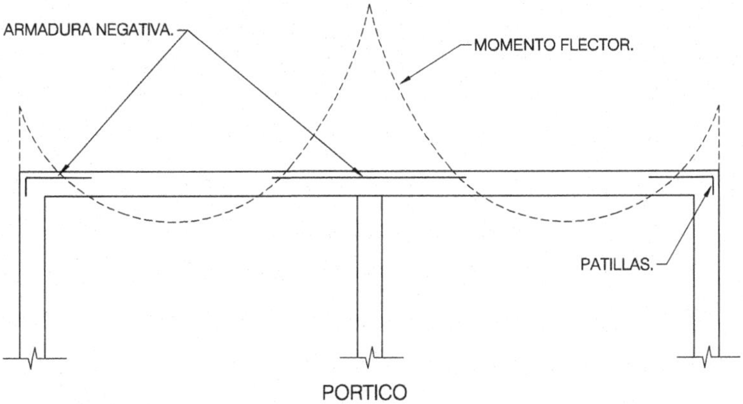

Figura 39

Comentarios

La omisión de patillas en los extremos de las barras de las vigas, hace que al comenzar a trabajar, deslice la armadura y aparezca la fisura indicada en la **figura 40**. Esto hace que aumenten las deformaciones, el momento positivo en el centro de la viga y también el negativo sobre el pilar central, quedando insuficiente la armadura colocada.

Debido a su importancia, no se deben omitir nunca las patillas.

A

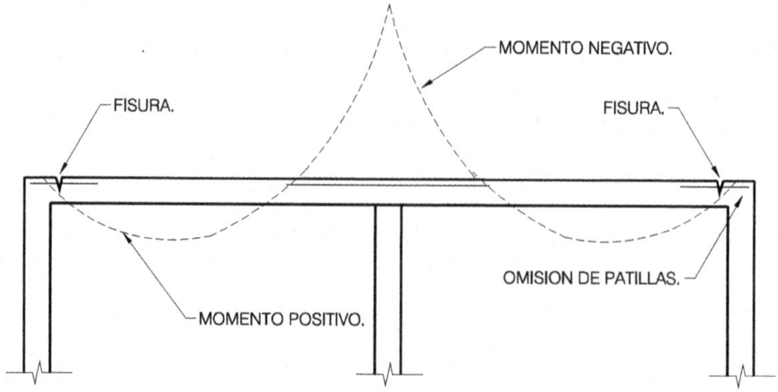

PORTICO

Figura 40

ARMADURA PASIVA

Se suele llamar a las barras introducidas en los pilares y vigas hormigonadas "in situ" que comienzan a trabajar cuando el elemento entra en carga (**Figura 41**).

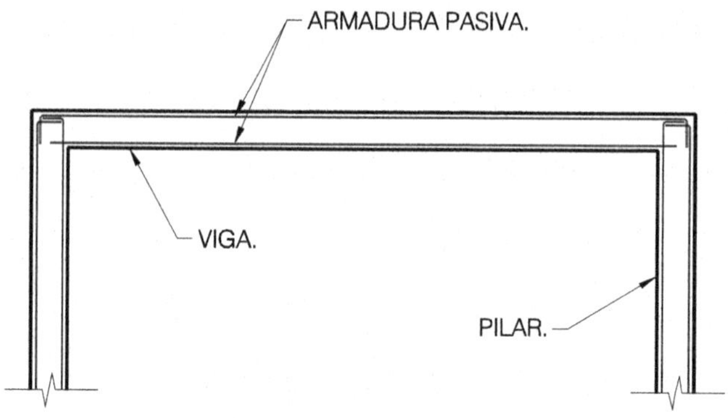

PORTICO

Figura 41

Comentarios

La armadura inferior de las vigas, cuando no se colocan separadores, queda con escaso recubrimiento de hormigón, y con menor adherencia. Con cierta frecuencia se suelen corroer las barras de forma generalizada, manifestándose con un aumento de las deformaciones y fisuras que se sitúan longitudinalmente en el lugar de las barras. Si aumenta la corrosión, el fallo se puede producir por pérdida de adherencia al deslizar las barras en el hormigón, ya que es como si la hubieran introducido en una funda de plástico.

ARMADURA POSITIVA

Se da este nombre a las barras situadas en la zona inferior de las vigas destinadas a absorber los momentos positivos (**Figura 42**).

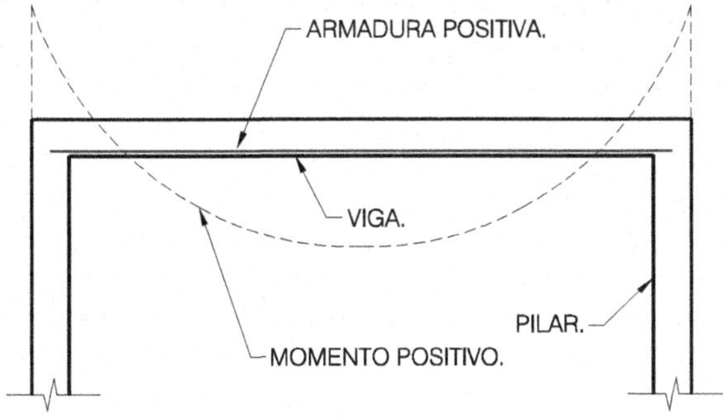

SECCION

Figura 42

Comentarios

En vigas apoyadas todo el momento flector positivo se produce en la zona inferior de la viga que es donde se originan las mayores tracciones, como se indica en la **figura 43**, y su deformación es mayor, mientras que cuando se trata de pórticos o vigas en continuidad, los mayores momentos suelen situarse en las zonas de negativos, al mismo tiempo que se reducen las deformaciones.

Si la armadura inferior de una viga tiene patillas en sus extremos, en caso de corrosión de las barras, tiene más tiempo de aviso antes de que se produzca el fallo.

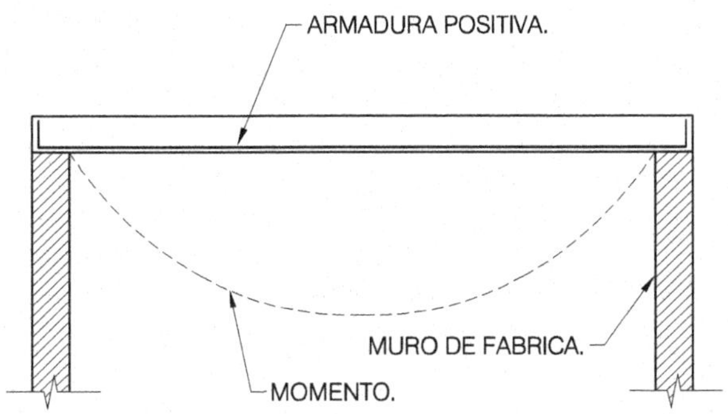

SECCION

Figura 43

A

ARQUETA DE DRENAJE

Se trata de un pequeño depósito donde sus paredes laterales se ejecutan con ladrillos perforados, para que el agua existente en el terreno se introduzca en este y se pueda enviar al alcantarillado (**Figura 44**).

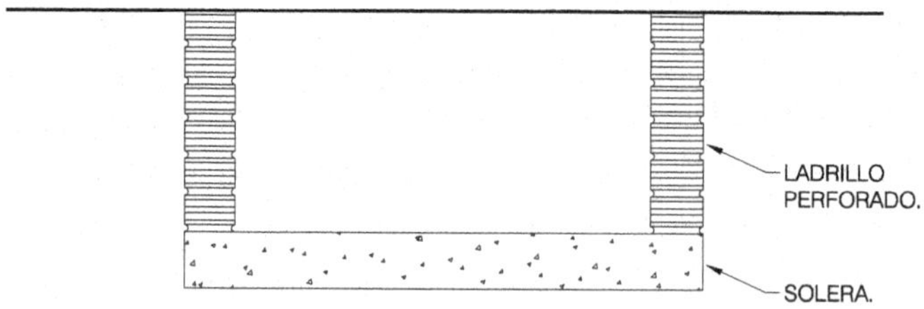

SECCION ARQUETA

Figura 44

Comentarios

En las edificaciones con humedad de capilaridad residente por empuje hidrostático al estar la cimentación introducida en agua, un sistema muy eficaz de eliminar la humedad por capilaridad, consiste en colocar arquetas de drenaje a una cota un poco inferior a la base de la cimentación, para que recoja el agua y la envíe al alcantarillado (**Figura 45**).

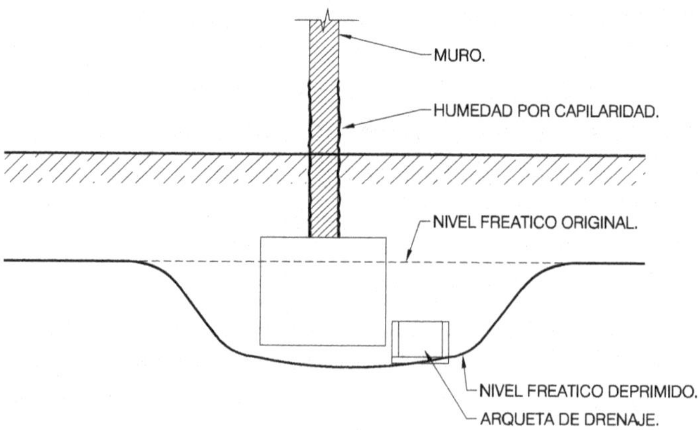

SECCION

Figura 45

ARRIOSTRAR

Colocar elementos que atan unos a otros con el fin de proporcionar estabilidad a un sistema estructural.

En las cimentaciones con zapatas se unen éstas mediante riostras, también llamadas zunchos, con el fin de que no queden sueltas y ante un posible asiento colaboren a reducirlo (**Figura 46**).

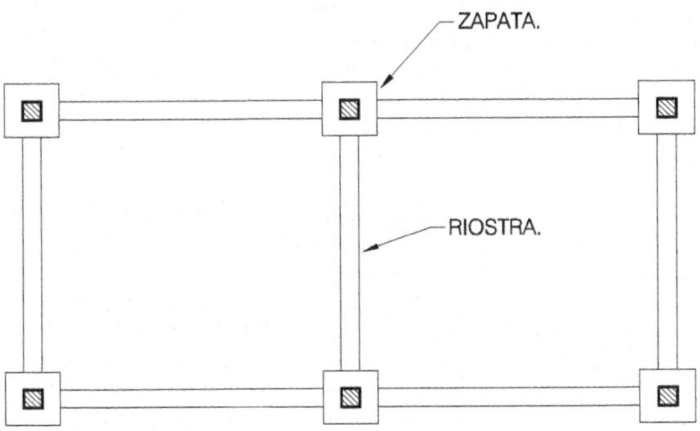

PLANTA DE CIMENTACION

Figura 46

Comentarios

Las vigas riotras también soportan las cargas de los cerramientos de fachadas y patios, incluso comienzan desde ellas los arranques de escaleras de planta baja o sótano, al mismo tiempo que colaboran durante un movimiento sísmico.

En los asientos de consolidación, al descender las zapatas, tanto la armadura superior en el centro de la luz de las riostras como la inferior cerca de las zapatas, trabajan a flexión.

Las vigas riostras se suelen calcular para que soporten a tracción y compresión como mínimo con un 10% del axil de los pilares que le llegan a las zapatas.

ASENTAMIENTO PLÁSTICO

Descenso que se produce en el hormigón durante su fraguado. Es más acusado en los hormigones fluidos, en los elementos altos, como sucede en las cabezas de los pilares y en aquellos que han tenido un vibrado excesivo.

En la **figura 47** y en la **fotografía 9** aparecen fisuras horizontales en la cabeza de un pilar por asentamiento plástico.

A

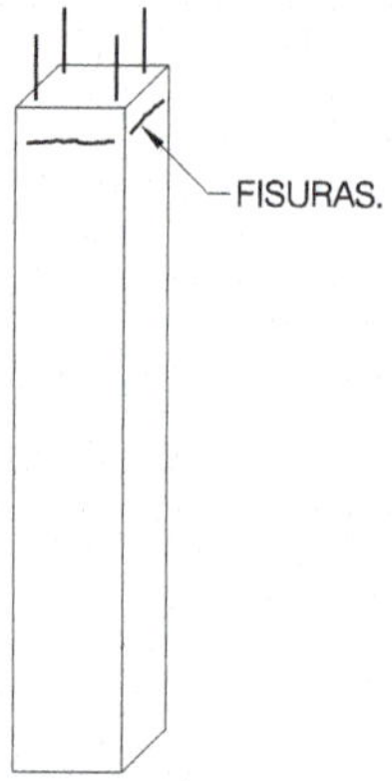

Figura 47

Fotografía 9

Comentarios

En las cabezas de los pilares después del vibrado se acumula el agua de amasado y el árido fino, quedando en esa zona con menor resistencia y más expuesta a la carbonatación. Al intentar descender el hormigón se lo impiden los cercos y suelen surgir fisuras horizontales por asentamiento plástico. Una forma de evitarlo consiste en realizar el encofrado 20 cm más alto, y después de vibrar, eliminar ese hormigón sobrante (**figura 48**). También se evita colocando los cercos muy próximos en la cabeza del pilar (**Figura 49**).

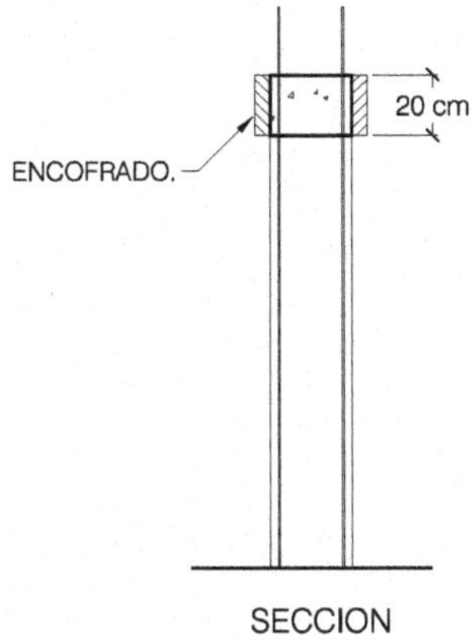

Figura 48

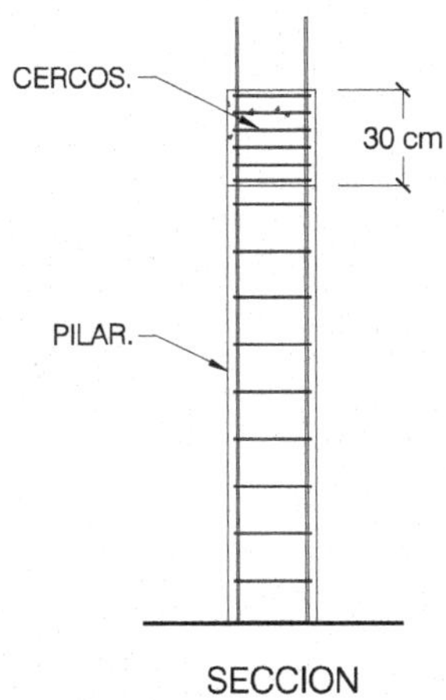

Figura 49

ASIENTO DE CONSOLIDACIÓN

Cuando un terreno arcilloso no ha tenido una carga previa y se le aplica el peso de la edificación, se produce un descenso de toda la cimentación que se denomina "asiento de consolidación", que es más usual en cimentaciones muy superficiales y menos cuando se realizan excavaciones de sótanos.

En la **figura 50** se representa una cimentación que descenderá al comprimir el terreno con el peso de la edificación.

A

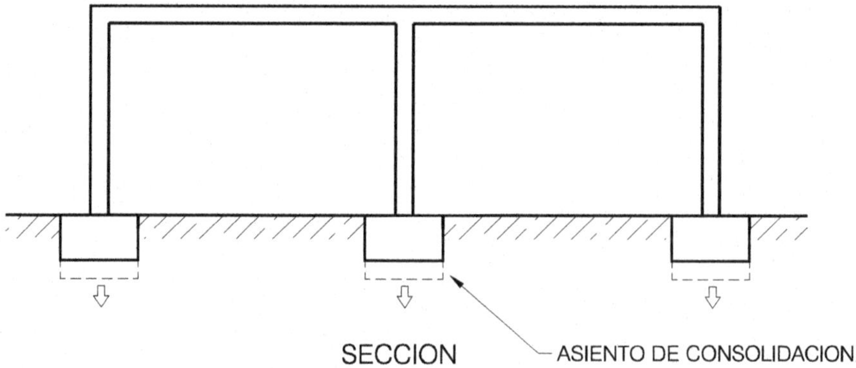

Figura 50

Comentarios

El asiento de consolidación ocurre en los terrenos arcillosos. Al tener mayor cohesión y tener que expulsar el aire y agua existentes en él, suele tardar de uno a dos años.

No se debe confundir el asiento de consolidación con el descenso por desecación de las tierras que también se puede producir de forma generalizada y suele suceder en épocas de sequías en las que se originan grandes contracciones del terreno, especialmente en los expansivos.

ASIENTO DIFERENCIAL

Distinto asiento que se produce entre dos zapatas. Aunque las causas que lo ocasionan son muy variadas, se le debe prestar gran atención, ya que los descensos de las cimentaciones introducen elevados momentos en vigas y pilares, acusándolo primero los cerramientos y tabiquería de las plantas inferiores que rompen con grietas de tracción diagonal como se indica en la **figura 51** y como aparece en la **fotografía 10**.

A

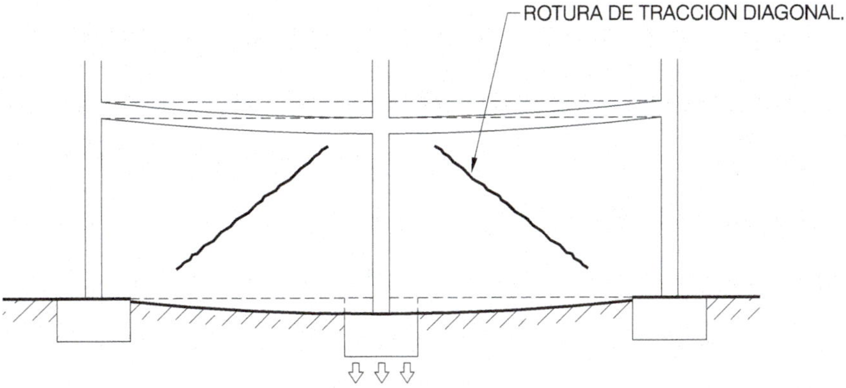

Figura 51

Fotografía 10

Comentarios

En los descensos de las cimentaciones, a medida que se sube de planta se van reduciendo los daños que se manifiestan en el orden siguiente:

1º Rompen los elementos más frágiles como los tabiques y las bovedillas.

2º Rompen los cerramientos y se descuadran puertas y ventanas, las cuales ya no se pueden cerrar.

3º Rompen las viguetas y nervios de forjados reticulares, inclinándose.

4º Finalmente rompen vigas y pilares.

A

Si el mortero de agarre de la fábrica tiene más resistencia que el ladrillo, la rotura sucede en diagonal como aparece en la **figura 51**, y si el mortero tiene menor resistencia la rotura es escalonada, situándose en las llagas del ladrillo como se indica en la **figura 52**, quedando cerradas las grietas verticales y abiertas las horizontales.

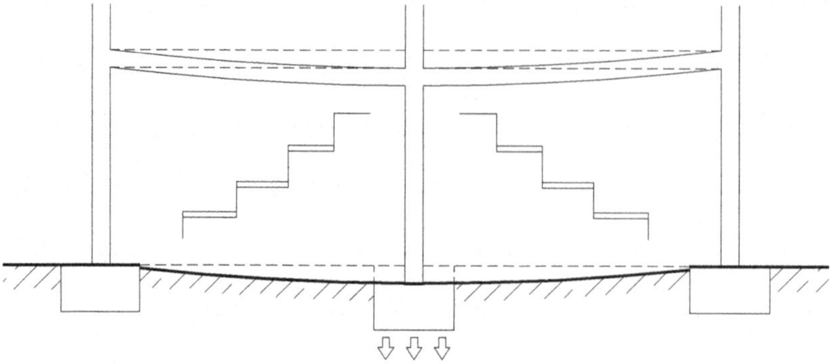

SECCION

Figura 52

A SOGA

Se conoce de esta forma al aparejo cuando la dimensión más larga del ladrillo se coloca en la dirección del largo del paramento, también recibe el nombre de a tizón.

En los cerramientos ejecutados con medio pié, cámara de aire y tabique donde los ladrillos quedan vistos, es usual que se ejecuten de esta forma (**Figura 53**).

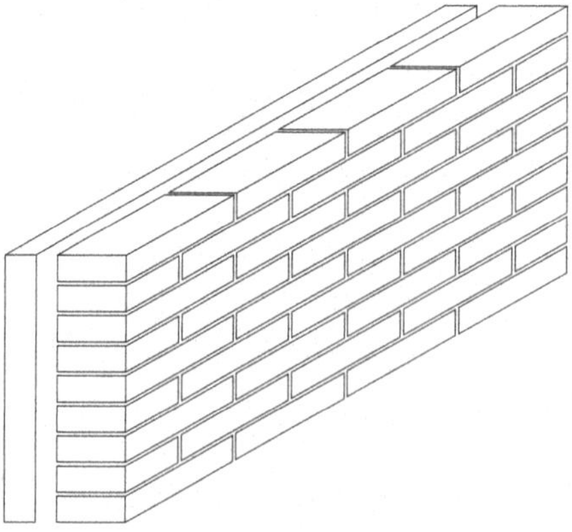

PERSPECTIVA

Figura 53

A

Comentarios

Las fachadas de mayor longitud ejecutadas con ladrillos vistos en época muy calurosa, están expuestas a que aparezcan en ellas fisuras verticales de retracción térmica.

Si el mortero tiene mayor resistencia que la fábrica rompe un ladrillo si y otro no, como se indica en la fisura **A** de la **figura 54**, y como aparece en la **fotografía 11**.

Si el mortero de agarre tiene menor resistencia que la fábrica, el ladrillo no rompe y la fisura **B** se sitúa en las llagas, quedando las verticales abiertas y las horizontales cerradas como se indica en el alzado de la **figura 54**.

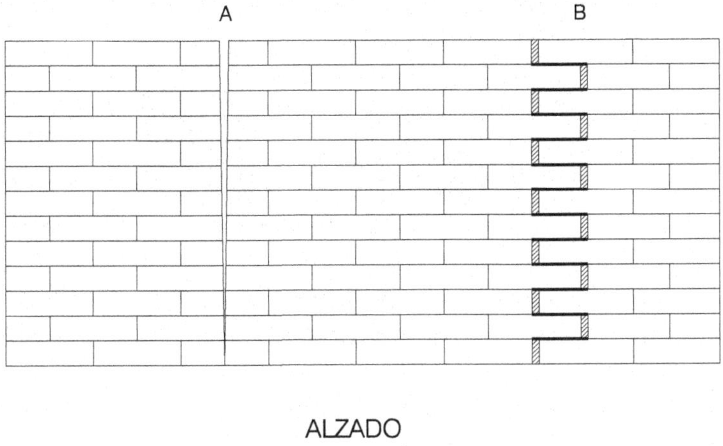

Figura 54

A

Fotografía 11

Una mejora para las grietas comentadas, consiste en sustituir los ladrillos rotos en época que no sea calurosa, empleando un mortero más plástico para que se adapte mejor.

AVIVADORES

Orificios que se realizan en las chimeneas para que penetre el aire, y al llegar al cenicero active el fuego (**Figura 55**).

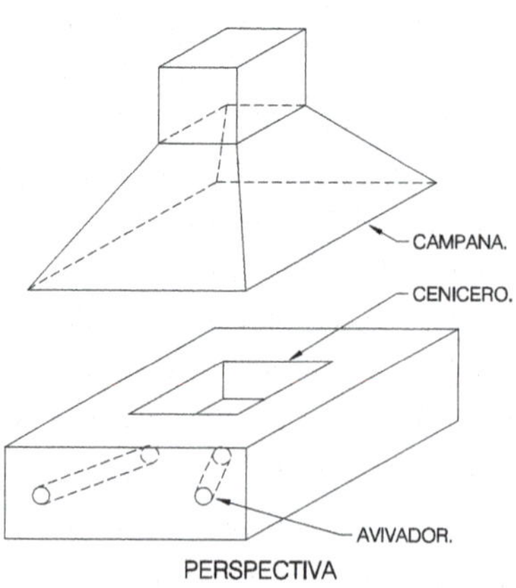

Figura 55

Comentarios

Las chimeneas están compuestas de:

- Avivadores: son orificios que llegan hasta el cenicero y tienen como finalidad dejar penetrar el aire por ellos para avivar el fuego y que no se apague.

- Cenicero: para que se depositen en él las cenizas cuando haya ardido la leña.

- Trampillas: su finalidad es poder cerrarse para que no se vaya el calor del fuego. Si el fuego está encendido, no existe viento, y se producen caídas de rayos, al formarse una columna de aire caliente que es mejor conductora, el rayo la sigue y termina penetrando por la chimenea, por lo que en estos casos de peligro se debe apagar el fuego o cerrar la trampilla para evitar que se forme la columna de aire caliente.

AXIL (Esfuerzo)

Carga vertical que recibe un pilar (**Figura 56**).

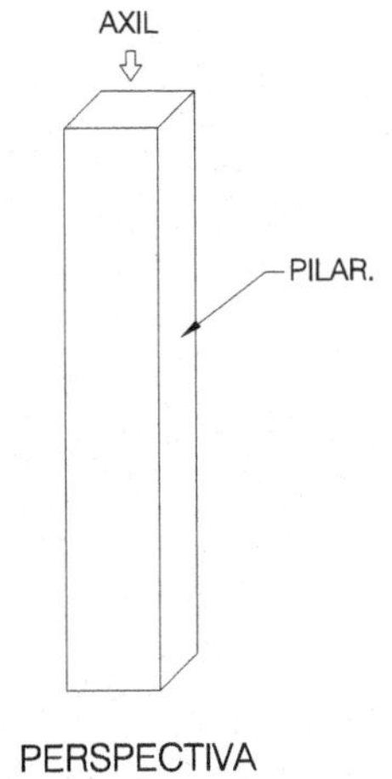

Figura 56

Comentarios

En los pilares con grandes esfuerzos axiles, mayor número de plantas y muy cargados, se suele producir en ellos un mayor acortamiento por fluencia que se produce a largo plazo. Dicho fenómeno se manifiesta en la tabiquería de las plantas superiores con fisuras de tracción diagonal que suelen quedar estabilizadas (**Figura 57**).

A

Las fisuras comentadas también pueden surgir por recrecidos defectuosos de las cabezas de pilares, que han quedado cortos durante su hormigonado.

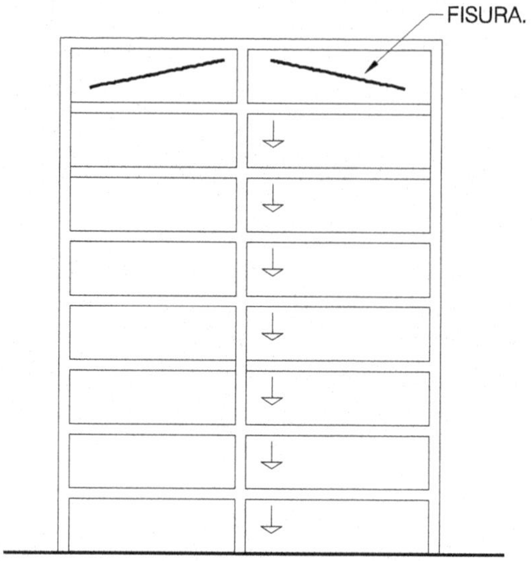

Figura 57

LETRA B

BANQUEO

Excavación de un terreno dejándolo escalonado con su talud natural (**Figura 1**).

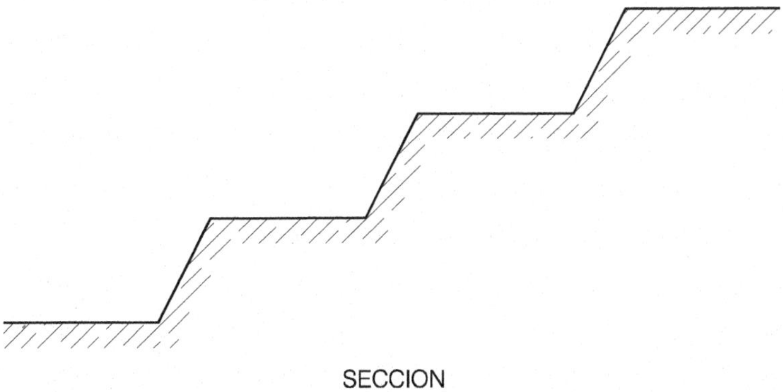

Figura 1

Comentarios

El ángulo del talud que se le puede dar al terreno depende de su cohesión, y por lo tanto de las características de las tierras.

En los terrenos con muy poca cohesión como las arenas, el talud debe ser muy suave para que no se desprendan.

Hay otros terrenos como los arcillosos que de momento admiten un talud muy vertical, pero esto es engañoso, ya que después terminan desprendiéndose hasta tomar su talud natural.

BASA

Base sobre la que descansa una columna. Cuando no se ejecuta correctamente suele fisurarse en el contorno de su base (**Figura 2**).

B

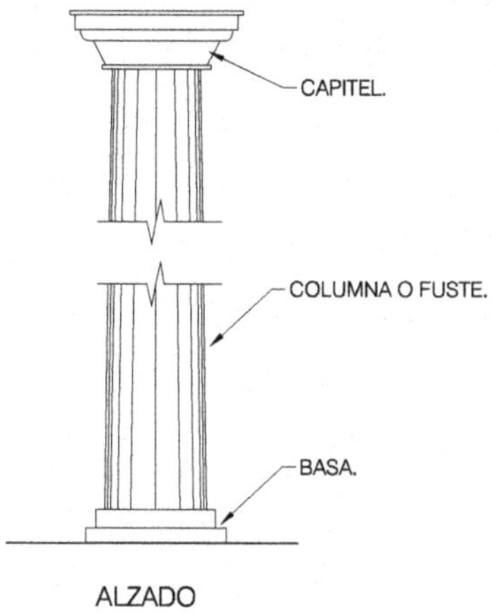

Figura 2

Comentarios

Las columnas de mármol, cuando no pueden soportar la carga que reciben, lo manifiestan con desprendimientos en forma de lasca, como se indica en la **figura 3**. Esto es muy grave, ya que indica que está muy próximo el fallo total, debiéndose apuntalar con urgencia, aunque en la mayoría de los casos no avisa y el fallo por compresión se produce de forma instantánea.

El desprendimiento de una lasca también puede suceder por defecto del material, o por golpes, lo cual no significa la misma gravedad.

La columna, también llamada fuste, la carga que recibe la debe transmitir de forma uniforme a la basa, por ello es práctica habitual situar entre ellas una lámina de plomo con el fin de que no rompa.

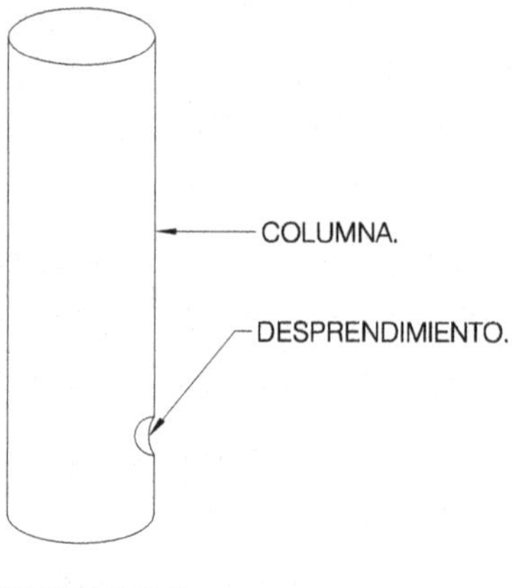

Figura 3

BATACHE

Se llama a la excavación vertical de tierras por tramos cortos. En la excavación de tierras para realización de sótanos se suele ejecutar por bataches para evitar que se desprendan (**Figura 4**).

Las longitudes de los bataches dependen del estado de las tierras y de la profundidad de la excavación. Si el terreno tiene poca cohesión, o la excavación es más profunda, entonces los bataches hay que ejecutarlos más pequeños.

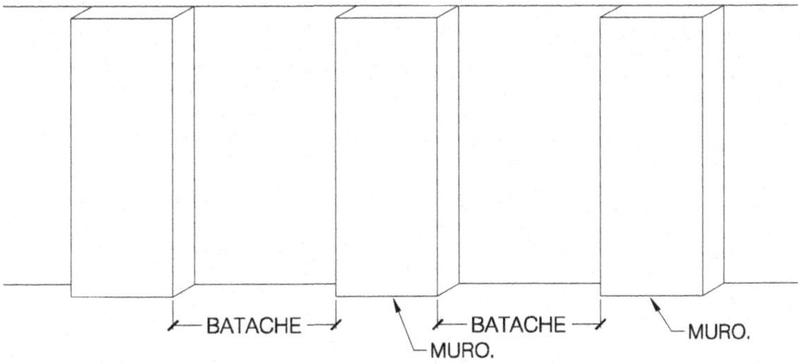

PERSPECTIVA

Figura 4

Comentarios

En la ejecución de bataches es importante conocer el estado de la edificación medianera, ya que las tierras bajo su cimentación se desplazan hacia la excavación realizada y se originan desplomes.

En caso de existir cimentación por zapatas en el edificio medianero, el batache no debe descalzarla, es decir, debe llegar hasta la mitad de las zapatas como se indica en la **figura 5**.

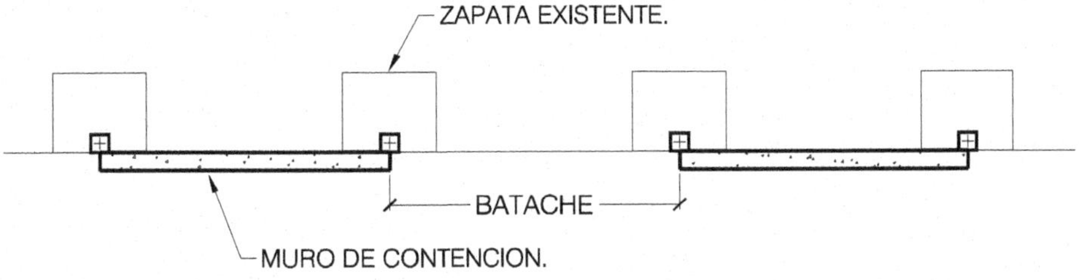

PLANTA

Figura 5

B

Las cimentaciones de zanja corrida, cuando su base es más profunda que la de la cimentación medianera, también se ejecuta por bataches.

BEBEDERO

Orificio o calo que se realiza para verter el hormigón, lechadas o morteros por él.

Comentarios

Cuando en una viga existente se desea aumentar sus dimensiones por su zona inferior para que pueda soportar mayor solicitación, se le coloca al encofrado la armadura necesaria y se vierte el hormigón a través de huecos realizados en el forjado, llamados bebederos, como se indica en la sección y en la planta de la **figura 6**.

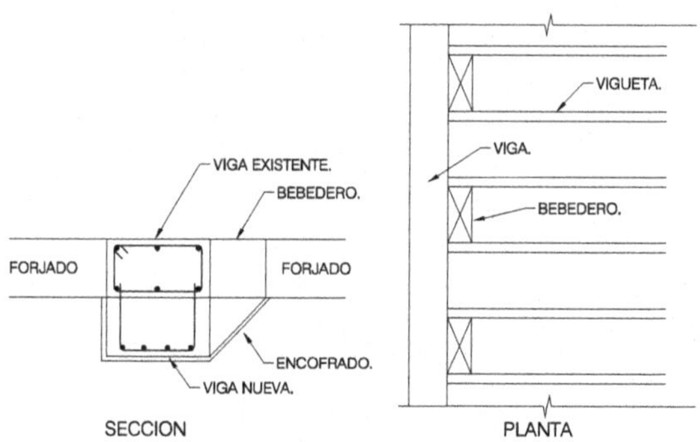

Figura 6

BÓVEDA

Elemento curvo que trabaja a compresión destinado a cubrir un espacio. Se empleaba bastante en la época romana. Estaba formada por ladrillos o mampuestos. Cuando tenían luces muy grandes se les adosaban en sus laterales contrafuertes para contrarrestar sus empujes laterales (**Figura 7**).

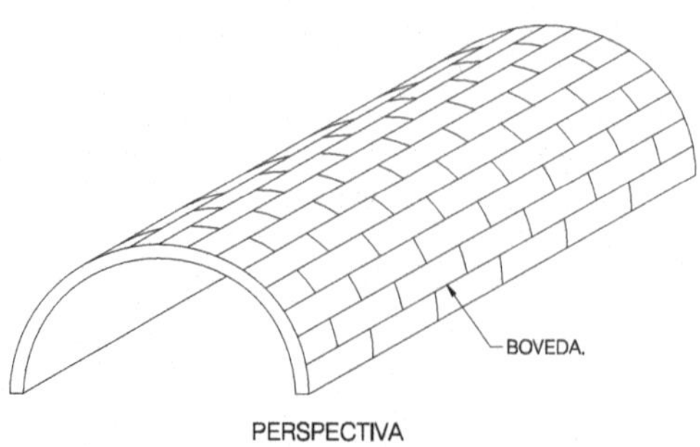

Figura 7

B

Comentarios

Una solución fácil para reforzar las bóvedas antiguas de ladrillos muy deterioradas, consiste colocar anclajes químicos o mecánicos en su zona superior para aumentar su conexión y ejecutar sobre ella una bóveda de hormigón armado que soportará a la de ladrillo (**Figura 8**).

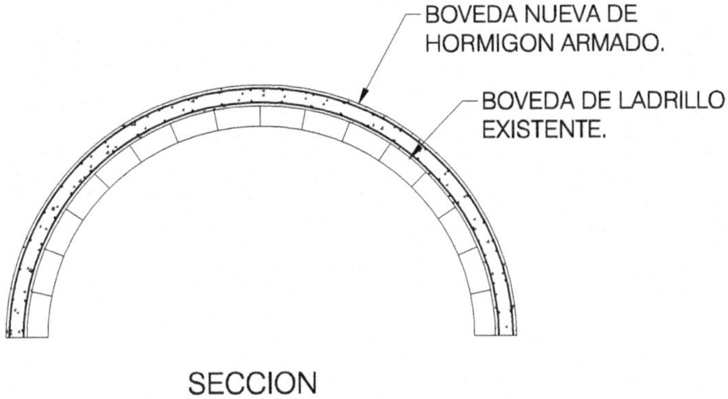

Figura 8

BOVEDILLA

Pieza que se coloca entre las viguetas de un forjado. Su finalidad es reducir el peso del forjado y facilitar el hormigonado de la capa de compresión y la obtención de techo raso. Suelen ser de hormigón aligerado, cerámica o de poliestireno expandido (**Figura 9**).

Figura 9

Comentarios

Las bovedillas son de los elementos más frágiles de la edificación y ante cualquier anomalía se fisuran rápidamente. El tipo de rotura nos indica qué sucede y con esta información que nos facilita conoceremos la causa que ha ocasionado sus roturas.

B

Las bovedillas de cerámica son muy frágiles y cuando contienen nódulos de cal, al recibir la humedad del enyesado, si quedan muy unidas a las viguetas, al expandirse pueden romper por compresión sus bases, desprendiéndose.

Las bovedillas de poliestireno expandido, al tener distinto comportamiento térmico que las viguetas, es probable que surjan fisuras entre su unión cuando existan saltos térmicos.

BROCHAL

Unión de un elemento a otro para que pueda ser soportado, como puede ser una viga que recibe la carga de otra tal como se indica en la **figura 10**.

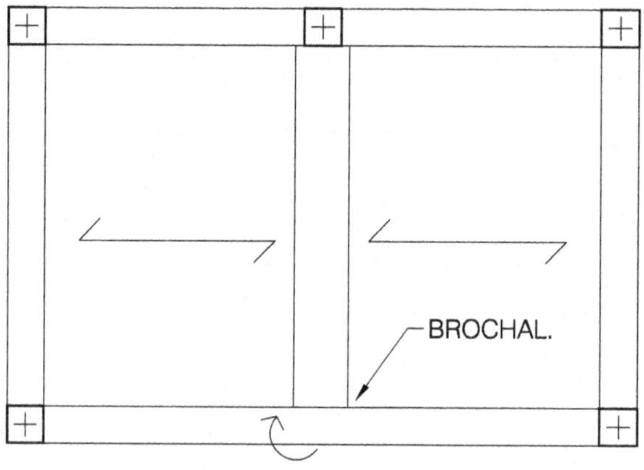

PLANTA DE FORJADO

Figura 10

Comentarios

Una viga que embrochala en otra le ocasiona a la que la recibe una carga puntual, un momento flector, torsión, un momento de giro y un desplazamiento, incluso en la misma viga que embrochala se origina una deformación diferencial que hace que rompa a tracción diagonal el tabique que en ella descansa, como se indica en la **figura 11** y en la **fotografía 1**. Debido a ello se debe evitar cuando sea posible, y en caso de ser necesario, prestarle mayor atención y dotar a la viga que recibe el brochal de mayor rigidez.

B

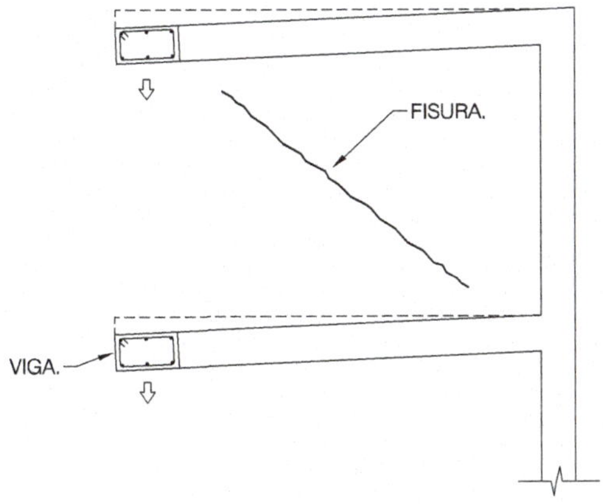

Figura 11

Fotografía 1

BULBO DE PRESIONES

Tensiones a que se estima queda sometido el terreno a distintas profundidades bajo la cimentación por la carga que recibe. Cuanto mayor sea la superficie de la cimentación mayor será la profundidad afectada por el bulbo de presiones (**Figura 12**).

B

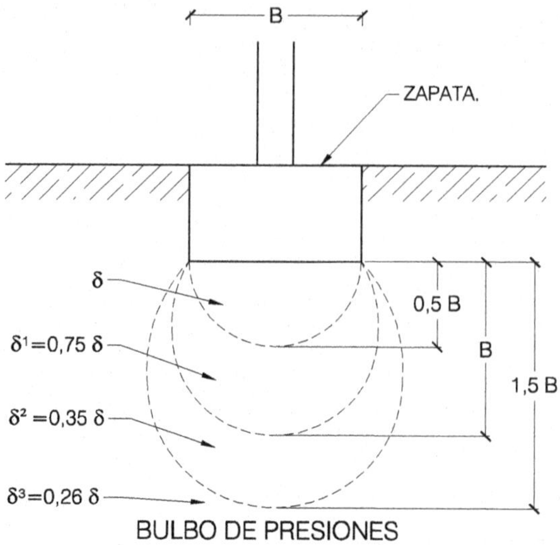

Figura 12

Comentarios

Si el bulbo de presiones afecta a un estrato más profundo, menos resistente y supera su capacidad portante, es conveniente aumentar las dimensiones de la cimentación para reducir las presiones en el estrato menos resistente, aunque con ello se aumente la profundidad del bulbo de presiones (**Figura 13**).

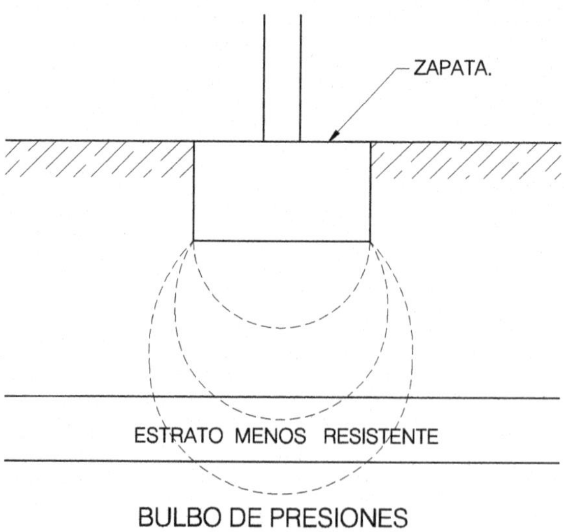

Figura 13

LETRA C

CÁMARA BUFA

Espacio no accesible que se deja para facilitar la aireación de un elemento constructivo, como puede ser detrás de un muro de contención donde existe humedad procedente del terreno (**Figura 1**).

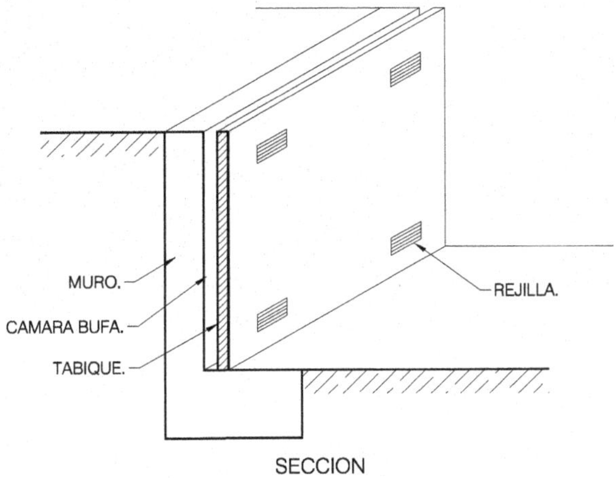

Figura 1

Comentarios

En la edad media uno de los sistemas que se empleaba para descender la humedad de capilaridad en los muros consistía en realizar huecos en sus bases, llamados cámara bufa, como se indica en la **figura 2**. Hoy en día se ha sustituido por ventilación forzada que es una de las mejores soluciones para eliminar la humedad de capilaridad en los muros.

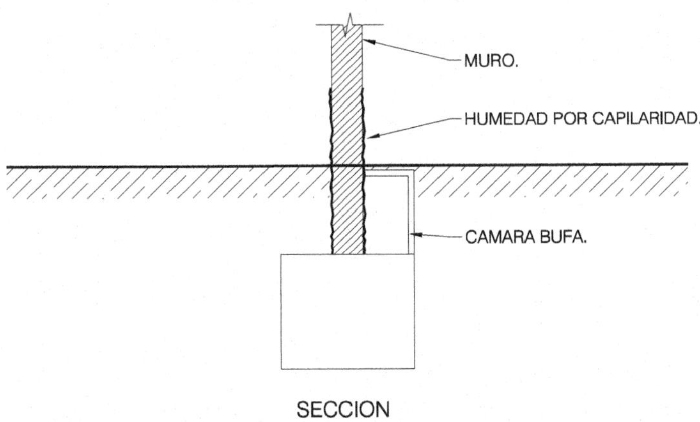

Figura 2

C

En la **fotografía 1** se presenta una pared con humedad de capilaridad procedente del terreno.

Fotografía 1

CÁMARA DE AIRE

Espacio que se deja entre las dos hojas de un cerramiento exterior para obtener un mayor aislamiento térmico y acústico, como se indica en la **figura 3**.

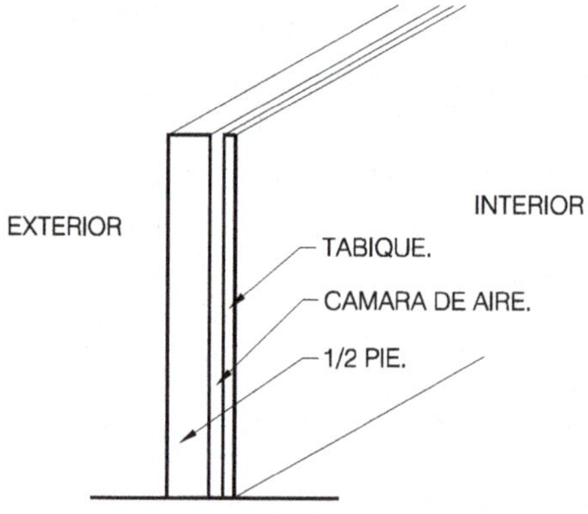

Figura 3

Comentarios

Cuando el tabique queda en contacto con el cerramiento por caída de mortero durante la ejecución, es probable que en esa zona surja una mancha de humedad circular por absorción cuando se moja el paño exterior por la lluvia. Si está impermeabilizada la fachada y el exterior está muy frío y la habitación se encuentra muy caliente, la mancha surgiría por humedad de condensación por puente térmico (**Figura 4**).

Actualmente a las paredes de los cerramientos se le suelen proyectar poliuretano, o introducir poliestireno expandido con la finalidad de obtener un mejor aislamiento térmico.

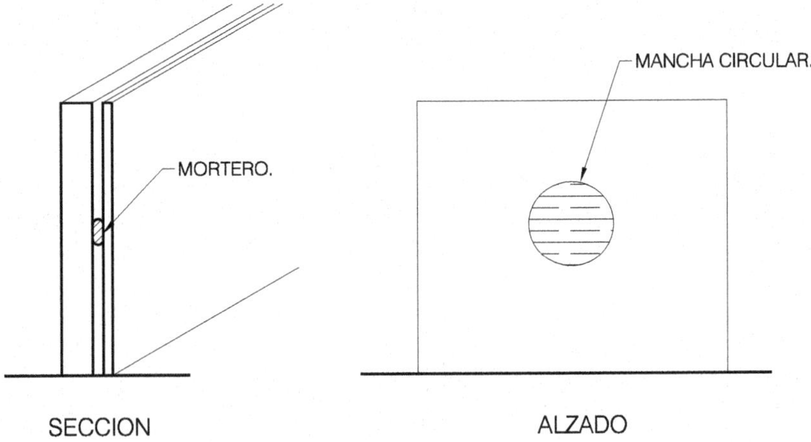

Figura 4

CANALÓN

Conducto semicircular fijado al alero de una cubierta destinado a recoger el agua de lluvia y conducirla a las bajantes (**Figura 5**). También se pueden situar ocultos retranqueados del alero.

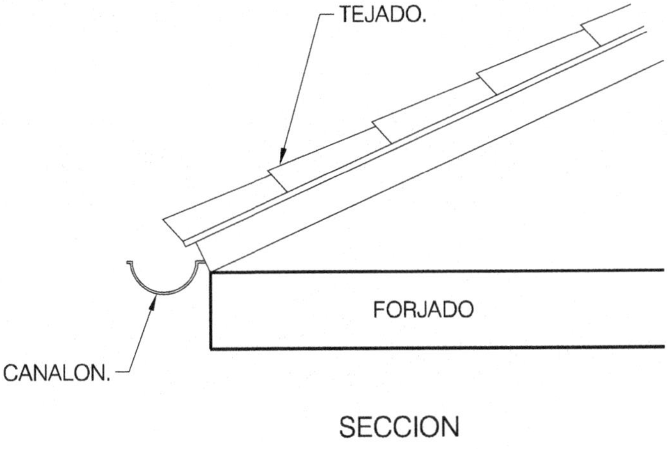

Figura 5

C

Comentarios

Cuando no se colocan canalones, en los días de lluvia el agua discurre entre los canales de las tejas y al caer con fuerza al suelo rebota, deteriorando el zócalo de las fachadas y ocasionando humedad en la base de los muros, que aunque es transitoria, se puede confundir con una humedad de capilaridad (**Figura 6**).

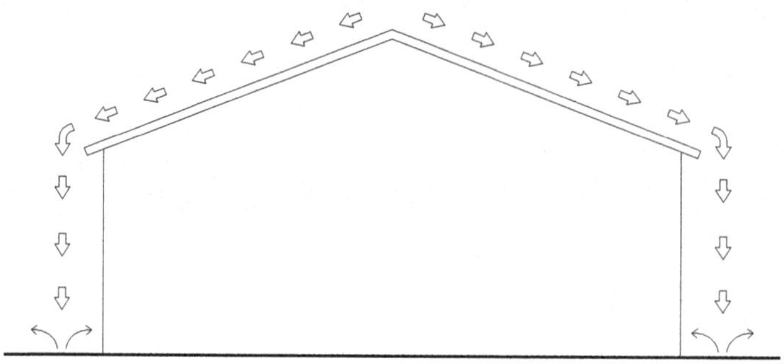

SECCION

Figura 6

CANTO EFICAZ

Es el espesor que se suele considerar para el cálculo de un elemento estructural.

En la **figura 7** se indica el canto eficaz considerado en el cálculo de una viga de hormigón armado.

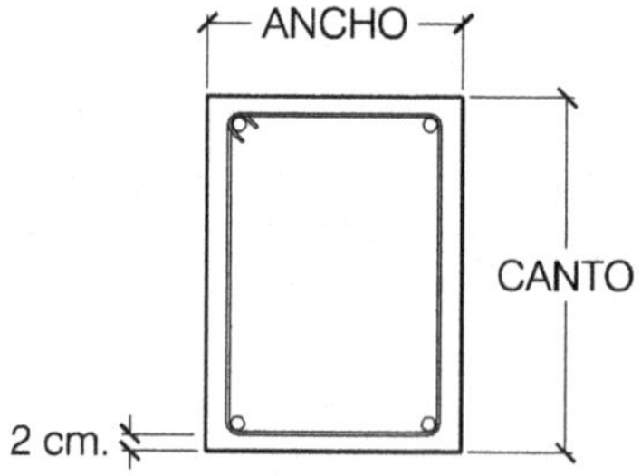

SECCION

Figura 7

Comentarios

En obra hay veces que se omiten los separadores en la zona inferior de las vigas y apoyan directamente los estribos sobre el encofrado, soliendo quedar las vigas con 2 cm menos de canto eficaz que el considerado en los cálculos (**Figura 8**). Esto también tiene el inconveniente de que la armadura inferior queda con menos recubrimiento, adherencia y más expuesta a la corrosión.

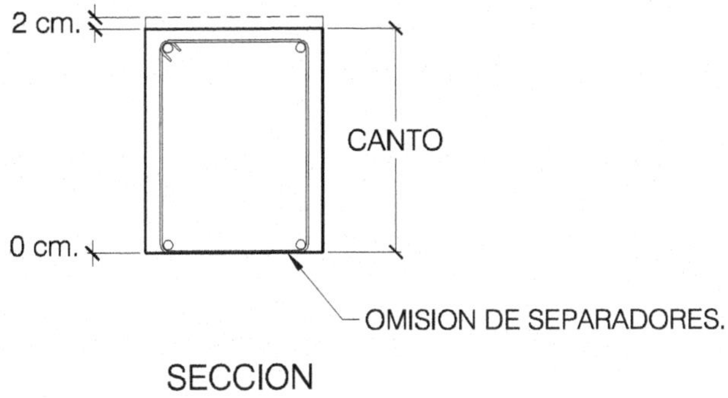

Figura 8

CANTO ÚTIL

Es la distancia del eje de la armadura de tracción al borde más comprimido de la sección.

En la **figura 9** se indica el canto útil en una viga de hormigón armado situada cerca del apoyo en la zona de flexión negativa, es decir con tracciones en su cara superior.

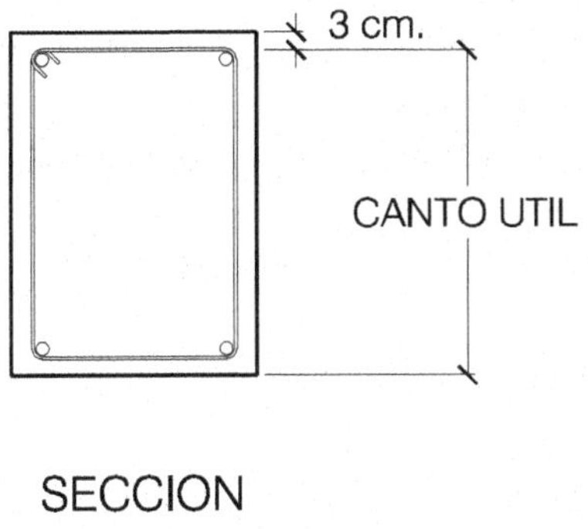

Figura 9

C

Comentarios

Cuando en obra se omiten los separadores, las barras quedan más bajas, y aunque la viga se construya con su canto total como se indica en la **figura 10**, se está reduciendo el canto útil, lo cual hace que la viga quede con menos resistencia que la considerada en los cálculos y por tanto la armadura inferior con menos adherencia y la longitud de anclaje insuficiente, en este caso la armadura superior queda con un recubrimiento excesivo.

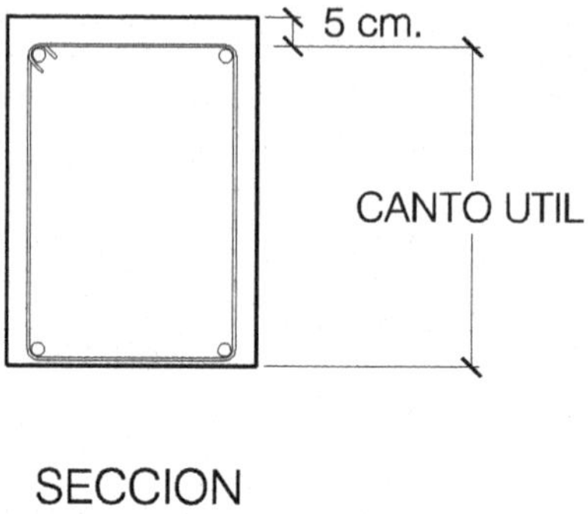

Figura 10

CAPACIDAD MECÁNICA

Es el resultado de multiplicar la sección del elemento por la resistencia de cálculo del material.

Comentarios

En el caso de una viga de sección rectangular la capacidad mecánica sería el resultado de multiplicar su ancho por su canto y por la resistencia de cálculo del hormigón que se suele obtener dividiendo la resistencia del hormigón entre el coeficiente de minoración que normalmente es 1,5 (**Figura 11**).

$$Cap = A.B.\ fck$$

La capacidad mecánica de la armadura es su sección por la resistencia de cálculo del acero.

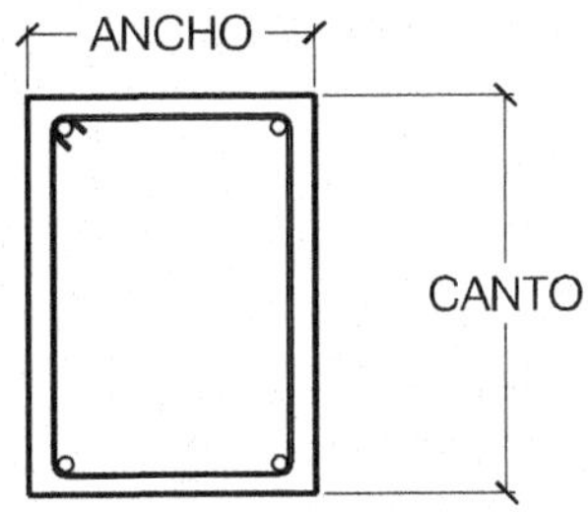

SECCION

Figura 11

CAPA DE COMPRESIÓN

Hormigón que se vierte de forma continua y superficial sobre las bovedillas para formar un forjado (**Figura 12**), también se denomina losa superior de hormigón.

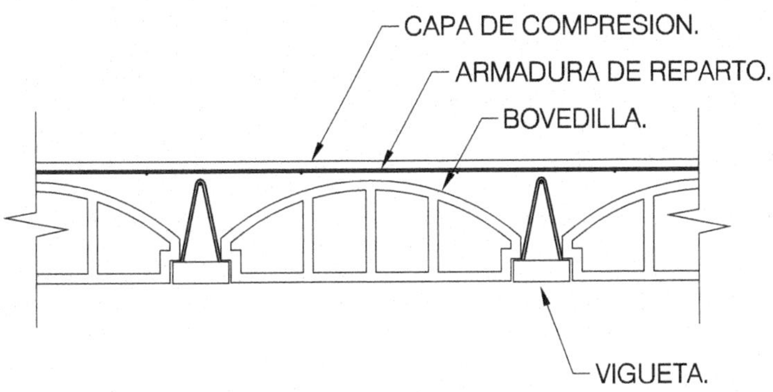

SECCION

Figura 12

Comentarios

Cuando por error no se coloca armadura de reparto en la capa de compresión de un forjado, que debe quedar en su zona más alta, en época calurosa suelen surgir en el hormigón fisuras de retracción hidráulica durante su fraguado. Además si la armadura queda baja por omisión de separadores, la fisura suele surgir en el centro de la luz en sentido transversal a las viguetas como se indica en la **figura 13**.

C

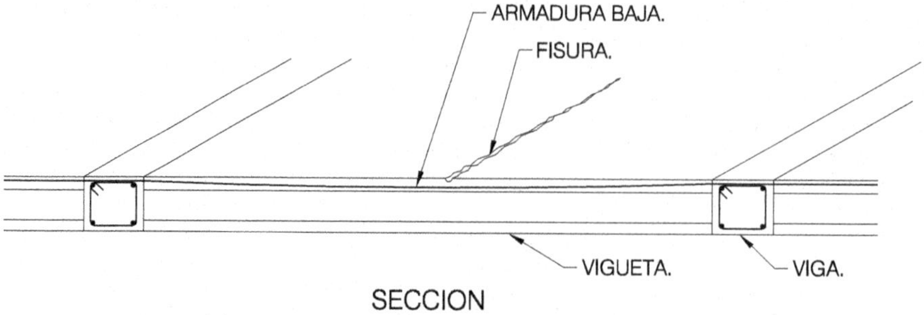

Figura 13

CAPA DE REGULARIZACIÓN

Lecho de hormigón poroso u otro material que se coloca sobre los forjados para unificar su superficie. (**Figura 14**).

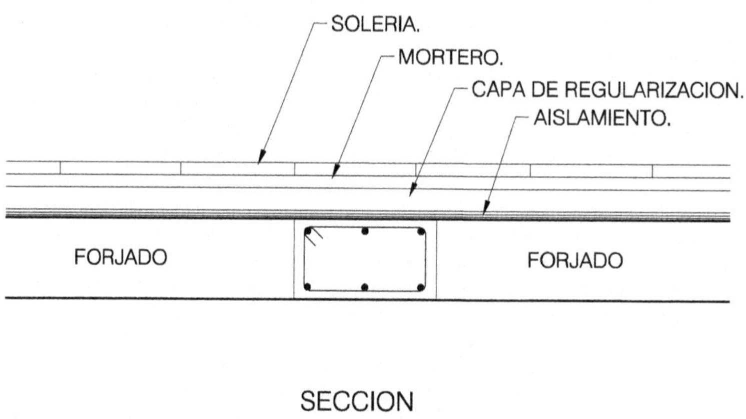

Figura 14

Comentarios

La capa de regularización tiene entre otras las finalidades siguientes:

- Absorbe parte de los movimientos que le transfiere la estructura a la solería por dilataciones o deformaciones.
- Evita la rotura por compresión en la solería en el centro de las viguetas de mayores luces. (**Figura 15**).
- Evita la rotura de flexión en la zona de negativos de las viguetas. (**Figura 15**).

- Reduce los daños en tabiques por cambios dimensionales de la estructura y por deformaciones.

- Permite ejecutar vigas con resalte superior.

Si no se coloca la capa de regularización, pueden surgir los daños indicados en la **figura 15**.

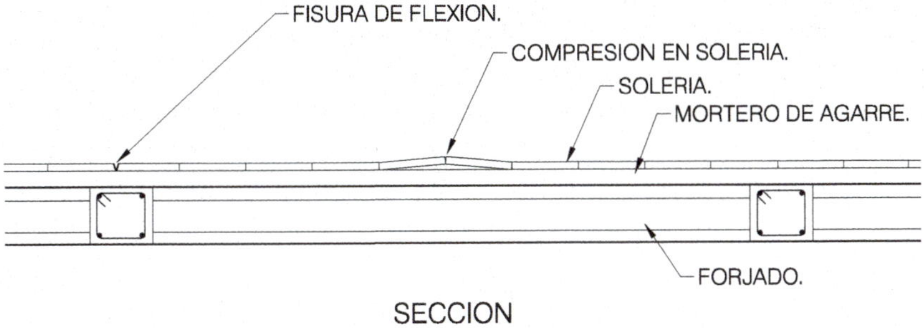

Figura 15

En la **fotografía 2** aparece una solería en el centro de la luz de un forjado que se ha elevado por compresión al no tener capa de regularización.

Fotografía 2

CAPILARIDAD

Propiedad por la cual un cuerpo sólido hace ascender por sus paredes el líquido que lo moja. Con capilares muy finos la humedad de capilaridad alcanza cotas más altas.

C

Comentarios

Los muros de planta baja introducidos en el terreno suelen absorber por capilaridad la humedad de las tierras, que cuando contienen sales suelen surgir en la superficie de las paredes en el nivel de evaporación manchas blancas pulverulentas de eflorescencias.

Cuando se colocan aplacados en las bases de los muros para ocultar la humedad de capilaridad, se altera el equilibrio y se produce un "efecto chimenea", subiendo el agua a una cota más alta y creando una nueva superficie de evaporación. Al tener el agua mayor recorrido deteriora más los morteros y sigue introduciendo agua vaporizada en las habitaciones, que si no tienen la ventilación suficiente, termina ocasionando humedad de condensación (**Figura 16**).

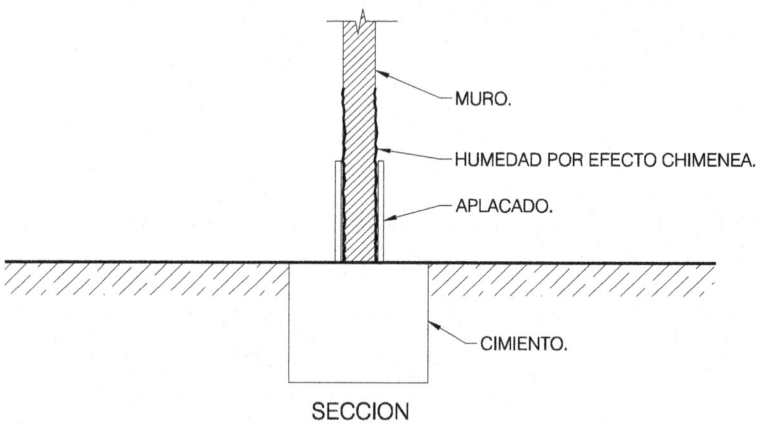

Figura 16

CAPUCHINA

Muro formado por dos tabiques separados que forman una cámara y quedan trabados con ladrillos para aumentar su rigidez y reducir su esbeltez (**Figura17**).

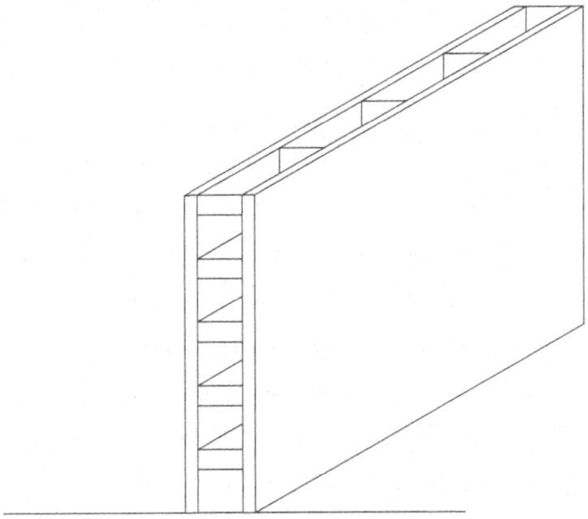

Figura 17

Comentarios

Al tratarse de dos tabiques se considera un mayor aislamiento térmico y acústico, pero si se colocan en exteriores, como pueden ser cerramientos en patios, al mojarse el tabique exterior por la lluvia le transmite la humedad por absorción al que está en el interior, y al estar conectados se produce un puente térmico, pudiéndole ocasionar manchas circulares por humedad de condensación. Esto suele pasar también cuando se colocan cerramientos de bloques de hormigón aligerado.

CARBONATACIÓN

Reducción de la alcalinidad del cemento del hormigón. Es más acentuada en la superficie de los elementos vistos situados en ambientes agresivos, sobre todo en los más porosos con menos dosificación del cemento.

Las superficies del elemento carbonatado deja menos protegida a la armadura frente a la corrosión.

Comentarios

La profundidad de carbonatación es mayor cuanto menor sea la dosificación del hormigón y se encuentre más húmedo el elemento.

En las cabezas de los pilares, durante el vibrado se acumula el agua y el árido fino, quedando el hormigón más poroso, con menos resistencia y más expuesto a la carbonatación. Cuando estos pilares quedan situados cerca del mar o en sótanos con humedad de capilaridad que ocasiona humedad de condensación, quedan más afectados por la carbonatación y la armadura más expuesta a la corrosión.

En la **figura 18** se representa un pilar donde el hormigón de su zona superior se obtiene más deficiente.

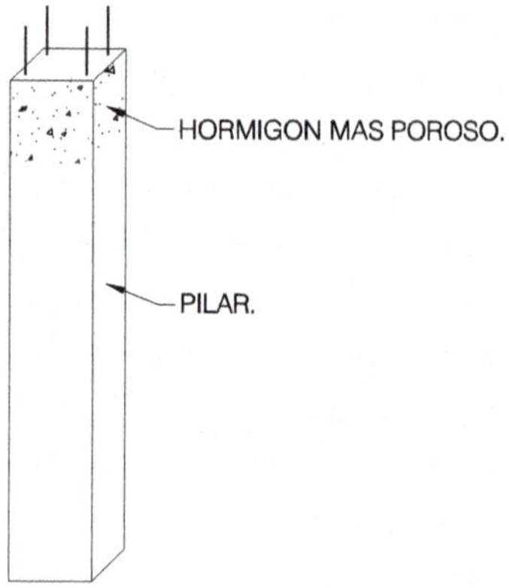

Figura 18

CASETONES RECUPERABLES

En construcción, se le llama a las piezas que actúan de bovedillas y que una vez hormigonado el forjado y ha tomado resistencia el hormigón son retiradas.

Para quedar más familiarizado, se presenta en la **fotografía 3** casetones recuperables que se están colocando para ejecutar un forjado reticular.

Fotografía 3

Comentarios

Los casetones recuperables son muy utilizados en forjados reticulares con la finalidad de que los nervios queden vistos y sean más decorativos, al mismo tiempo que obtener economía al poder recuperar las piezas empleadas para poder hormigonar el forjado.

Tienen el inconveniente de precisar una ejecución más esmerada, se suelen originar mayores deformaciones que cuando se emplean casetones perdidos y los nervios vistos situados en zonas muy húmedas quedan más expuestos a la carbonatación y la armadura a la corrosión y al fuego. En viviendas no se suelen emplear al no cumplir con las condiciones acústicas.

CATA O CALICATA

Excavación o pozo que se realiza en un suelo para orientar sobre la composición de las capas más superficiales del mismo y determinar si es apto para cimentar en él, al mismo tiempo que se puede apreciar si el nivel freático está alto.

Se suele realizar hasta una profundidad de 3 o 4 m antes de edificar. (**Figura 19**).

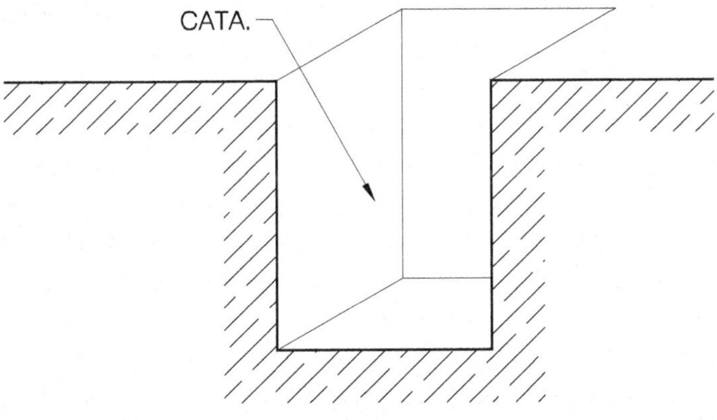

Figura 19

Comentarios

Para el cálculo de la cimentación es necesario la realización de un estudio geotécnico, ya que pueden existir estratos de menor resistencia a mayor profundidad que pueden presentar problemas.

C

En caso de precisar una cata, no se debe realizar donde se va a situar una zapata, pues al rellenar la cata de hormigón, su base quedará a mayor profundidad y sobre diferente estrato que las otras zapatas. En estos casos es usual que surjan asientos diferenciales con aparición de fisuras inclinadas en cerramientos y tabiquerías de planta baja.

CEMENTO SULFORRESISTENTE

Cemento con características especiales indicado en cimentaciones que tienen que soportar las agresiones de los terrenos que contienen sulfatos, como los yesíferos.

Comentarios

Las aguas selenitosas procedentes de terrenos yesíferos atacan fuertemente al hormigón de las cimentaciones, desmoronándolo cuando no se ha empleado en su ejecución un cemento sulforresistente para soportar estas agresiones.

En las tierras agresivas, aunque se emplee en la ejecución de la cimentación un cemento adecuado, el agua puede penetrar hasta la armadura y ocasionar su corrosión, por lo que también es conveniente antes de hormigonar la cimentación colocar por su exterior una lámina protectora como se indica en la **figura 20**.

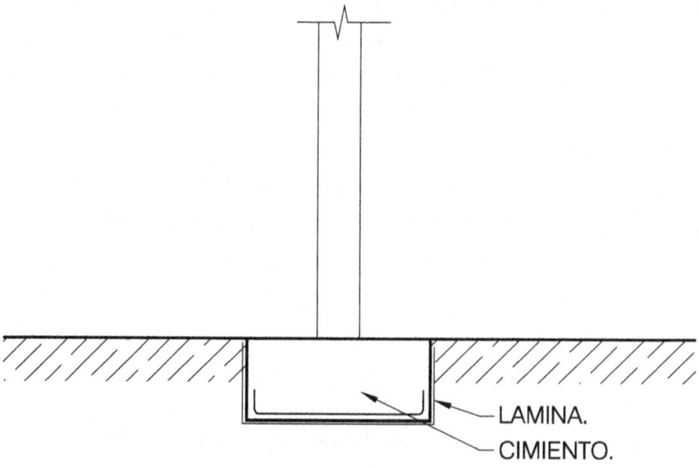

SECCION

Figura 20

CERCHA

Estructura formada por tirante, pendolón, pares, que soportan las correas y la cubierta (**Figura 21**).

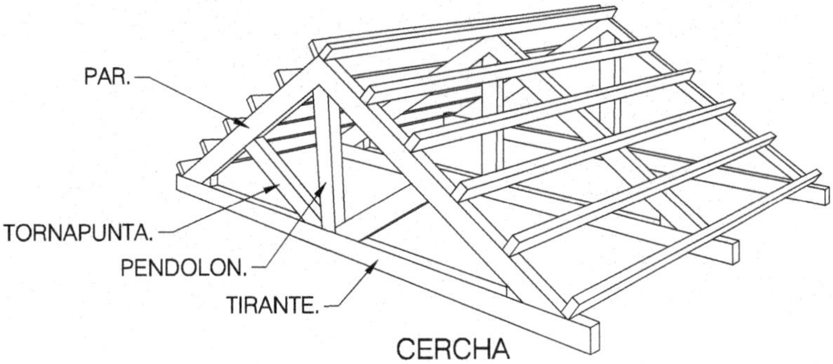

Figura 21

Comentarios

Las cerchas se suelen emplear en cubiertas de naves para salvar grandes luces.

Cuando se ejecutan de madera, con el paso del tiempo se desecan y fisuran en el sentido de las fibras, quedando seccionada en dos partes, reduciéndose su resistencia a la mitad, en estos casos es conveniente colocarles grapas de acero que unan las dos partes, como se indica en la **figura 22**, ya que entre las dos zonas también se origina un esfuerzo rasante.

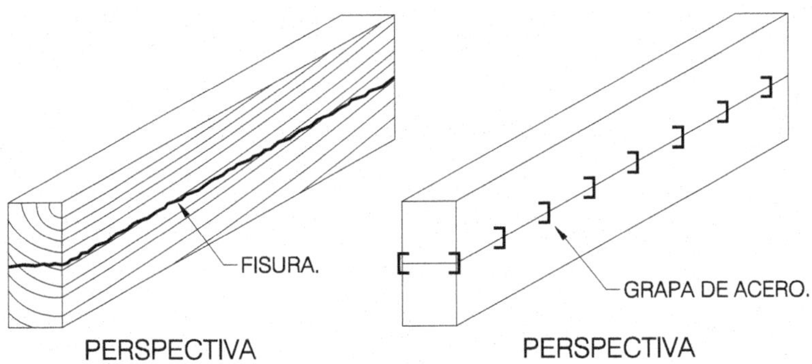

Figura 22

En la **fotografía 4** aparece el tirante de madera de una cercha que rompe longitudinalmente seccionándola.

C

Fotografía 4

CERCOS

En estructura de edificios es frecuente denominar así a la armadura que ata las barras de los pilares y suelen tener 6 u 8 mm de diámetro.

Tienen la misión de confinar el hormigón, evitar que las barras pandeen cuando entren en carga y soportar esfuerzos cortantes (**Figura 23**).

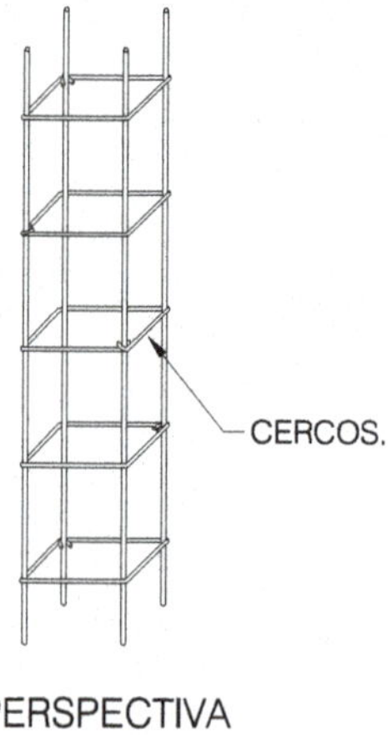

Figura 23

Comentarios

Los cercos en los pilares se deben cerrar alternativamente en cada barra, pues si todos se cierran en la misma barra y quedan mal cerrados, al entrar el pilar en carga, la barra de la esquina donde no han quedado bien cerrado intenta pandear y aparece una fisura vertical de compresión, como se indica en la **figura 24**, que no debe confundirse con una de corrosión de la barra, esto también sucede cuando se corroen y desaparecen los cercos de la esquina de un pilar.

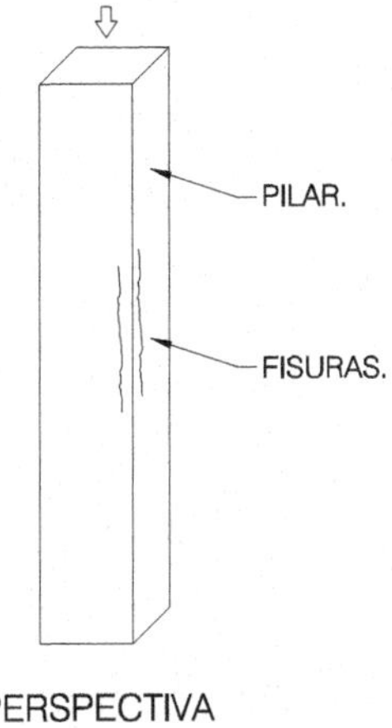

Figura 24

CIMENTACIÓN COMPENSADA

Método consistente en igualar el peso del edificio al de las tierras excavadas (**Figura 25**). La cimentación se suele ejecutar mediante una losa.

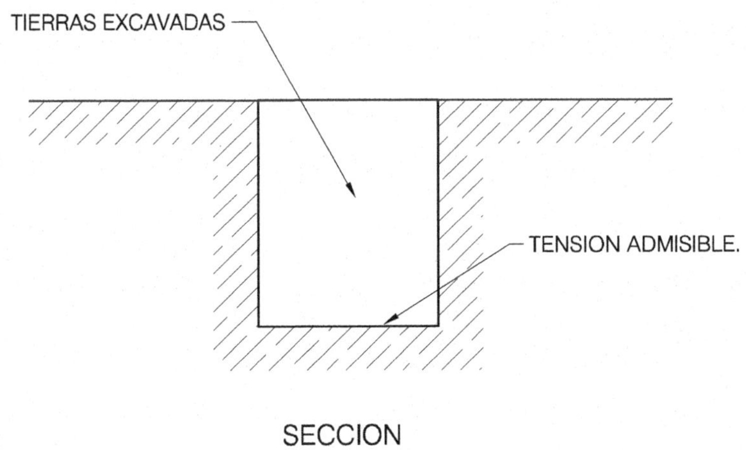

Figura 25

Comentarios

Este sistema tiene el inconveniente que desde la excavación de las tierras hasta la ejecución de la cimentación ha pasado un tiempo y las tierras se pueden descomprimir, o puede existir en la base de la cimentación un estrato menos resistente **figura 26**, incluso se corre el riesgo de superar la tensión admisible del terreno.

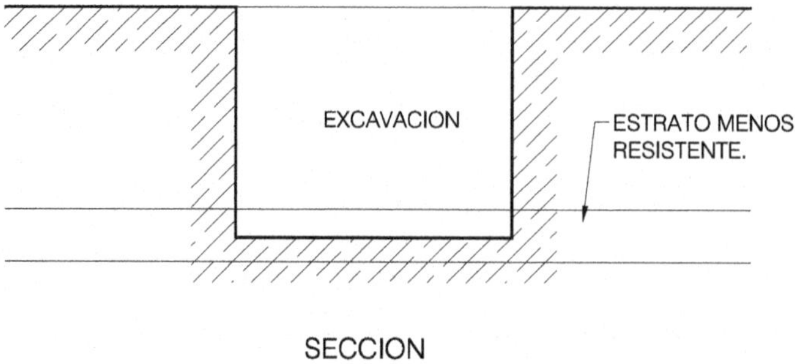

Figura 26

CIMENTACIÓN SEMICOMPENSADA

Método consistente en igualar el peso de las tierras excavadas con una parte del peso del edificio, el resto del peso del edificio se le asigna a la resistencia del terreno.

Comentarios

Este sistema es más arriesgado que considerar una cimentación compensada porque somete al terreno a una tensión superior a la admisible y también porque las tierras se pueden descomprimir antes de aplicarle el peso de la edificación.

Para una mejor compresión se detalla en la **figura 27** como una parte del peso del edificio se compensa con el de las tierras excavadas, y la otra parte se le asigna a la tensión admisible del terreno.

Esta hipótesis es dudosa en terrenos expansivos, saturados de agua, y cuando existen excavaciones en el solar medianero. Al considerarse muy arriesgado, se estima que no es aconsejable este sistema.

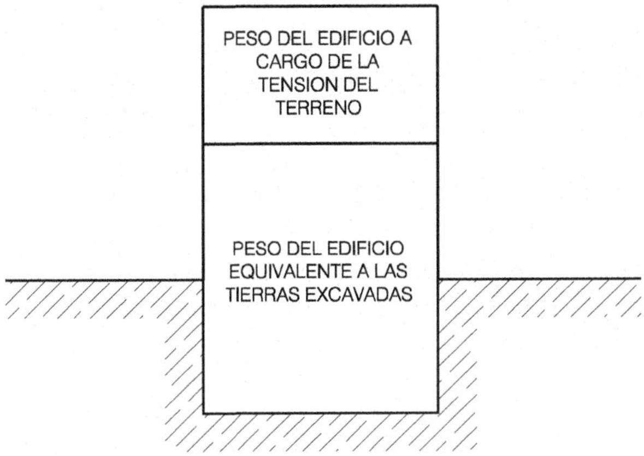

SECCION

Figura 27

CIMIENTO POR ZANJA CORRIDA

Excavación continua superficial que se llena de hormigón para apoyar en ella los muros de carga (**Figura 28**).

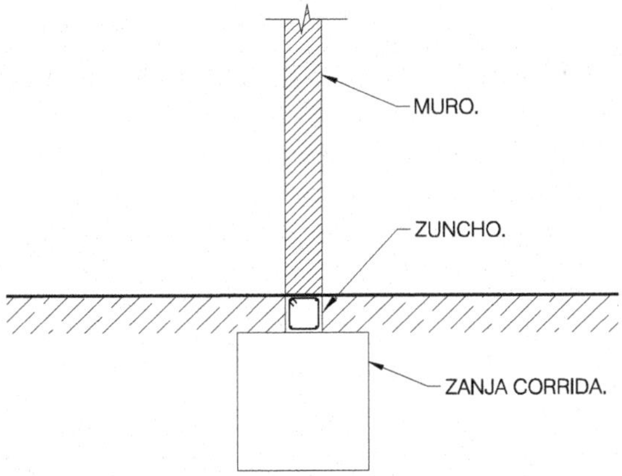

SECCION

Figura 28

Comentarios

Las cimentaciones de zanja corrida, al quedar muy superficiales, quedan más afectadas por los movimientos del terreno, sobre todo por las desecaciones de las tierras que le afectan bastante, pudiendo decir que no se deben ejecutar en terrenos expansivos, ya que dependiendo del grado de expansividad hay veces que la edificación entra en ruina antes de finalizar la obra.

C

En viviendas aisladas en el campo es usual que surja descenso de la cimentación y aparezcan grietas inclinadas en los muros al desecarse las tierras, quedando más afectadas las esquinas.

CIMIENTO DE ZANJA DISCONTINUA

Como su nombre indica, en vez de realizar una cimentación corrida se ejecuta de forma discontinua como se detalla en la **figura 29**.

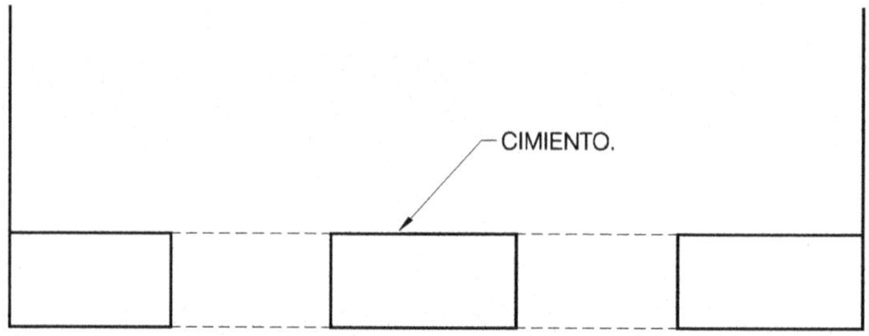

PLANTA DE ZANJA DISCONTINUA

Figura 29

Comentarios

Cuando se proyectan estructuras con muros de carga y pórticos se suelen producir asientos diferenciales entre las zanjas corridas y las zapatas. Una forma de reducir los asientos y unificar más las tensiones del terreno, consiste en realizar zanjas discontinuas sobre las que se coloca un zuncho, y sobre estos el muro de carga, obteniéndose así economía y reduciendo los asientos diferenciales (**Figura 30**).

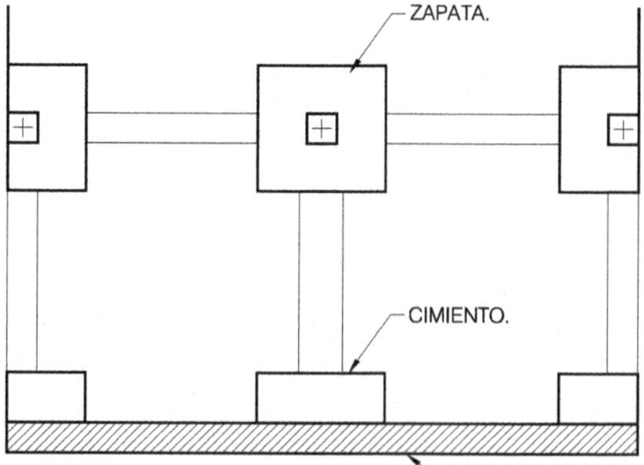

PLANTA DE CIMIENTOS

Figura 30

CÍRCULO ACTIVO

Linea de rotura aproximadamente circular que se produce en un terreno cuando en una excavación se supera la profundidad que puede soportar las tierras por su propia cohesión y rozamiento interno. (**Figura 31**).

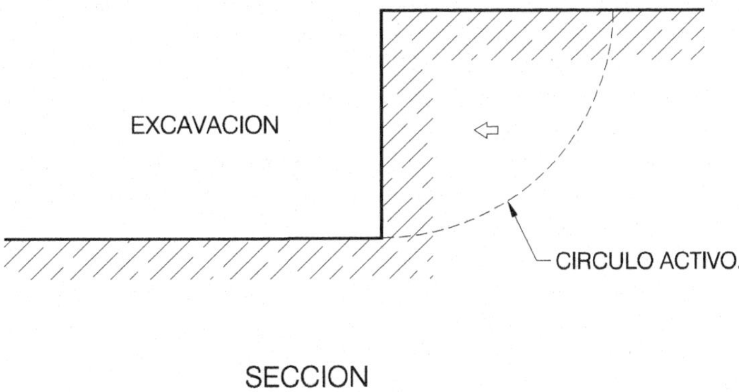

Figura 31

Comentarios

Antes de proceder a la excavación de un terreno es importante conocer la altura crítica, pues si se supera las tierras se desprenden con una línea de rotura llamada círculo activo, o cuña activa.

La altura crítica depende de la naturaleza del terreno, del ángulo del talud, del estado de saturación de agua que tenga, o de la sequedad, influyendo también en él las vibraciones que se puedan producir, como son las de maquinarias empleadas para poder construir la edificación.

En caso de existir el peso de una edificación medianera que aumenta el empuje lateral de las tierras, éstas se desprenderían antes y la altura crítica sería menor.

COACCIÓN INTERNA

Cuando un elemento intenta retraer y no puede porque otro se lo impide, entonces se fisura por esta causa.

Comentarios

Cuando se ejecuta la cimentación de un muro de contención de sótano en época muy calurosa, ha transcurrido más de 28 días y se ejecuta el muro de contención con escasa armadura longitudinal, al retraer se lo impide la cimentación y pueden surgir en su zona inferior fisuras verticales muy finas a distancias periódicas llamadas de coacción interna, por las que suele penetrar el agua existente en el terreno y que terminan colmatándose con la cal del agua, como se indica en la **figura 32** y como han surgido en el muro de la **fotografía 5**.

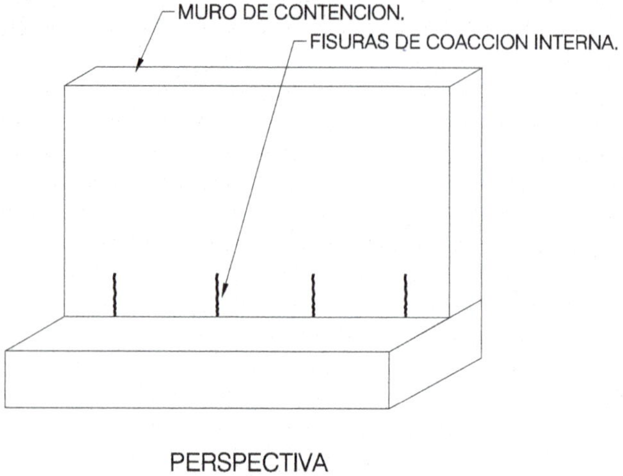

Figura 32

Fotografía 5

COARTADO

Quiere decir impedido en su movimiento, como sucede en algunos elementos estructurales que al retraer durante su fraguado se encuentran impedidos y se fisuran.

Comentarios

Las vigas riostras se encuentran coartadas durante su fraguado por las zapatas.

En los muros de contención de sótano cuando se ejecutan primero las esquinas y después la zona central, al retraer y encontrarse coartados, suelen aparecer fisuras verticales de retracción hidráulica que lo seccionan como se indica en la **figura 33**.

Los forjados de sótanos, al quedar unidos a los muros de contención, también quedan impedidos o coartados en su retracción y se fisuran a retracción con frecuencia.

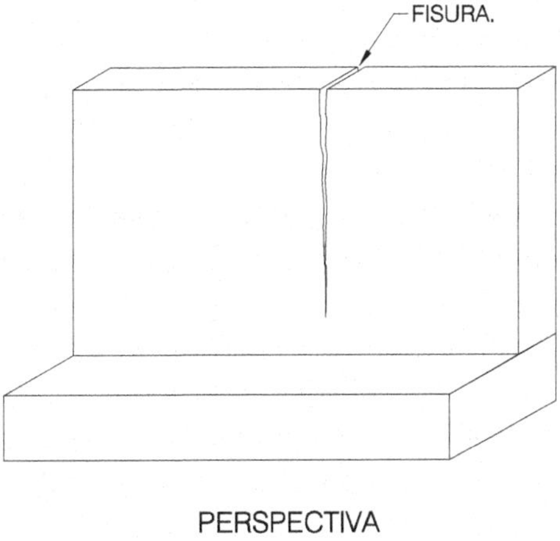

Figura 33

En la **fotografía 6** se presenta un muro de contención visto por su zona superior en el que se observa como queda seccionado por retracción hidráulica. Al surgir la rotura durante el endurecimiento del hormigón, sus bordes son más redondeados. La rotura por retracción térmica es más rectilínea y sus bordes son más perfilados.

Fotografía 6

C

COEFICIENTE DE BALASTO

Dato que se obtiene realizando pruebas de carga en el terreno mediante una placa para conocer el asiento que se produce. A este coeficiente también se le conoce con el nombre de "módulo de reacción". Se puede resumir diciendo que es la relación entre la presión aplicada al terreno y su asiento correspondiente.

Comentarios

Este coeficiente es necesario conocerlo para el cálculo de una losa de cimentación, ya que sin él no es posible obtener los asientos que se pueden producir.

Si se desea conocer los asientos que se pueden originar en una cimentación con zapatas, también es necesario conocer el coeficiente de balasto.

El coeficiente de balasto se suele obtener aplicando una carga sobre una placa de 30x30 cm apoyada en el terreno. Al hundimiento que se produce se le aplica un coeficiente corrector **(Figura 34**).

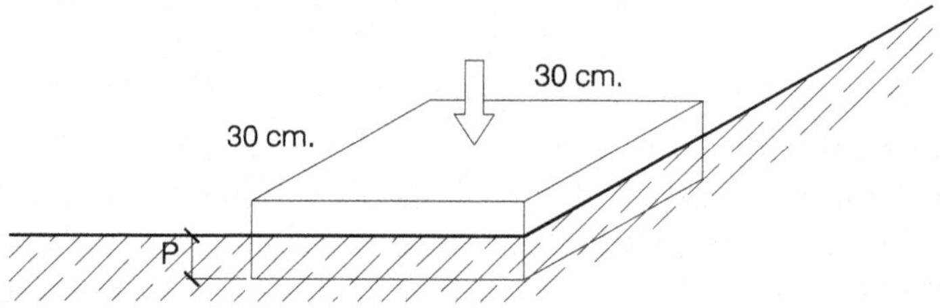

SECCION

Figura 34

COHESIÓN APARENTE

Cuando se realiza una excavación poco profunda y las tierras se mantienen en vertical dando la impresión de no precisar muro de contención, a esto se le denomina "cohesión aparente", pero con la lluvia, la sequedad y las vibraciones, terminan desprendiéndose las tierras.

Comentarios

La profundidad a la que se puede llegar en una excavación sin tener que entibar depende de la cohesión que tengan las tierras. Si se supera la altura crítica, que es hasta donde puede mantenerse por sí mismo el terreno, entonces se desprende (**Figura 35**).

Los terrenos arenosos son de los que menos cohesión tienen y precisan entibarlos con excavaciones a escasa profundidad, mientras que los arcillosos tienen mayor cohesión y permiten realizar excavaciones a mayor profundidad.

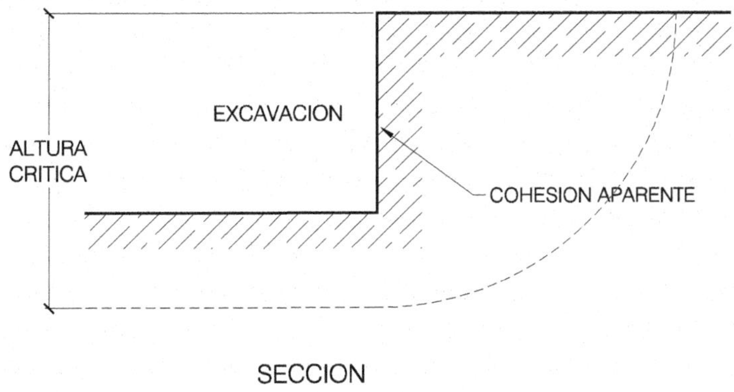

Figura 35

COLAPSABLE

Se denomina de esta forma a los terrenos que en determinado momento pierden su resistencia, como puede ser un terreno yesífero que se satura de agua, o un terreno con arena sin compactar saturado de agua, donde durante un movimiento sísmico se puede producir una licuefacción, convirtiéndose la arena en una masa fluida.

Comentarios

Las edificaciones situadas en terrenos colapsables están muy expuestas a que se produzcan en ellas grandes asientos diferenciales cuando quedan afectadas por el agua. Debido a ello es muy importante protegerlas de posibles inundaciones y de posibles fugas de agua en las redes de alcantarillado.

COLAPSO

Cuando la estructura de un edificio, no puede soportar la carga que sobre ella gravita, se desploma, entonces se dice que se ha producido el colapso de la estructura.

C

Comentarios

El colapso de la estructura se suele producir durante la ejecución si existen errores muy graves de cálculo de la estructura o de ejecución.

Si los errores son graves, el colapso se produce al entrar en servicio con la sobrecarga de uso. Si no se ha previsto el cálculo por sismo y la estructura entra en resonancia o se produce una licuefacción de las tierras, el colapso sucede durante el movimiento sísmico.

También se produce el colapso en los aumentos de números de plantas cuando no se ha previsto el incremento de carga que van a tener los pilares existentes. Como este es un tema muy delicado en el que suele ser necesario aumentar las dimensiones de los pilares y de la cimentación, se aconseja tener bastante prudencia tanto en los cálculos como en la ejecución.

COLLARÍN

Elemento metálico que se suele colocar alrededor de las cabezas de los pilares para reforzarlas cuando se ha obtenido en esa zona un hormigón de menor resistencia, o para poder sujetar perfiles metálicos a los pilares (**Figura 36**).

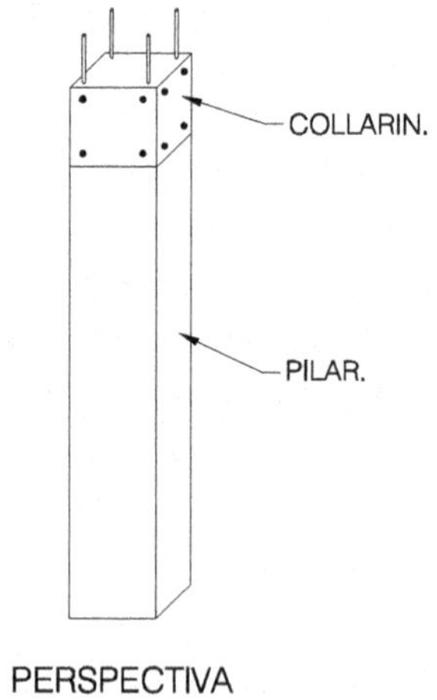

Figura 36

Comentarios

Los collarines se suelen colocar para soldar en ellos cartelas o vigas metálicas cuando se desea apoyar en ellas vigas de hormigón que no tienen la resistencia suficiente como se indica en la **figura 37**.

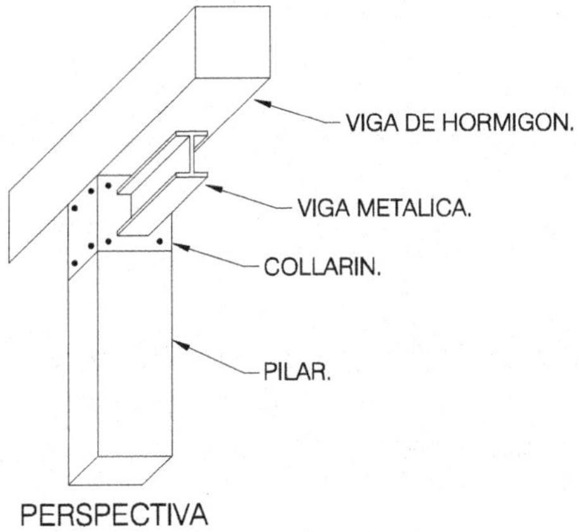

Figura 37

COLMATAR

Rellenar los huecos existentes u obturarse.

Las fisuras muy finas de retracción en los muros de contención por donde penetra el agua se suelen obturar o colmatar con la cal que contiene el agua.

Comentarios

En los mechinales situados en los muros de contención, las tierras que se introducen en ellos y las hierbas que suelen crecer terminan colmatándolos, y al no poder salir el agua se acumula detrás del muro (**Figura 38**).

Los terrenos expansivos al humedecerse aumentan de volumen las tierras y los huecos existentes en él terminan colmatándose o cerrándose.

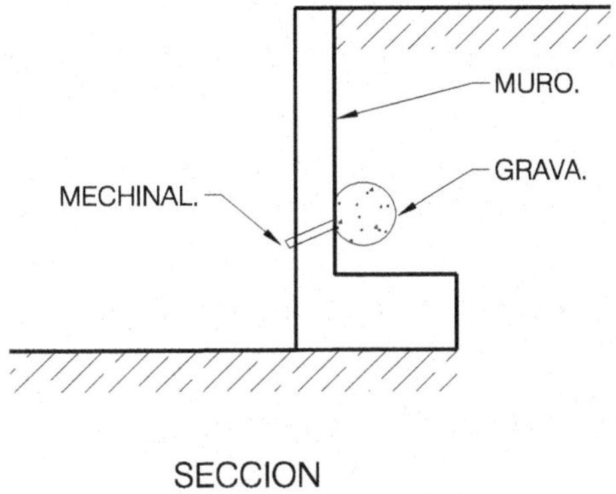

Figura 38

C

COMPACTACIÓN

Operación consistente en comprimir las tierras eliminando el aire existente en ellas y aumentando su densidad.

Comentarios

En los terraplenados de terrenos expansivos cuanto más compactados queden al humedecerse más se manifiesta la expansividad, debido a ello no se debe realizar terraplenados con terrenos expansivos.

En las edificaciones ejecutadas sobre terraplenados deficientemente compactados se suelen producir grandes descensos que le ocasionan daños considerables.

No es recomendable ejecutar edificaciones sobre terraplenados en laderas, o como se indica en la **figura 39**, ya que se originan grandes asientos diferenciales. No es recomendable que superen el espesor de las tongadas de tierra los 30 cm con el fin de que puedan quedar muy bien compactadas.

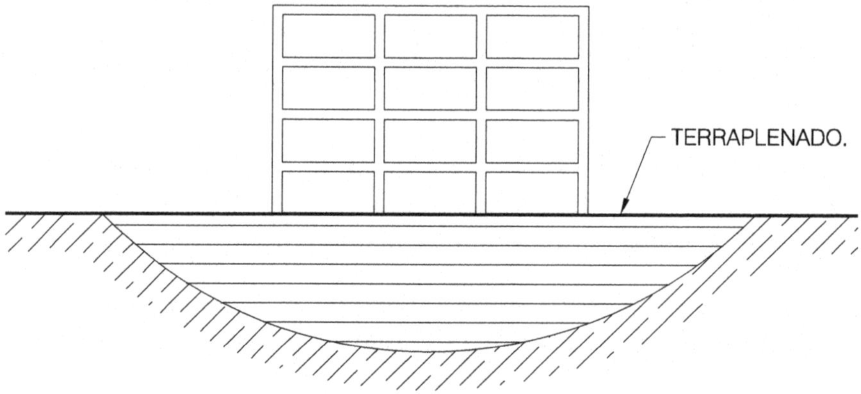

SECCION

Figura 39

COMPRESIÓN COMPUESTA

Sucede en un elemento sometido a compresión y a un momento pequeño , como puede ser un pilar situado entre dos vigas con diferentes luces, como el número 2 indicado en la **figura 40**.

C

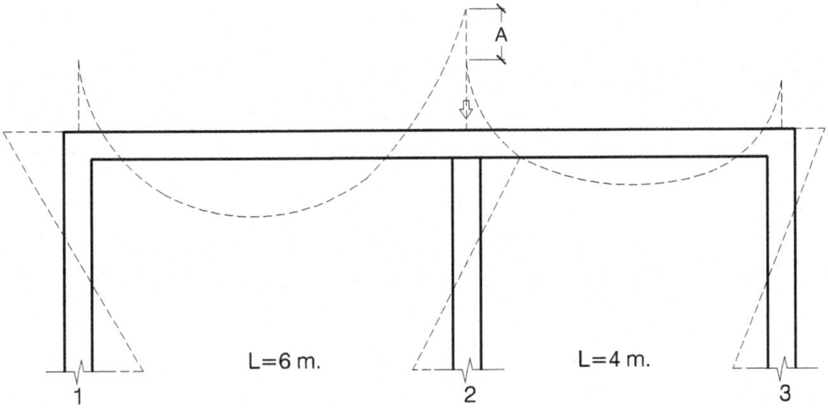

PORTICO

Figura 40

Comentarios

En estructuras de hormigón armado la mayoría de los pilares centrales suelen trabajar a compresión compuesta, y en caso de producirse un fallo en ellos sería por compresión, manifestándose con fisuras verticales como se indica en la **figura 41**.

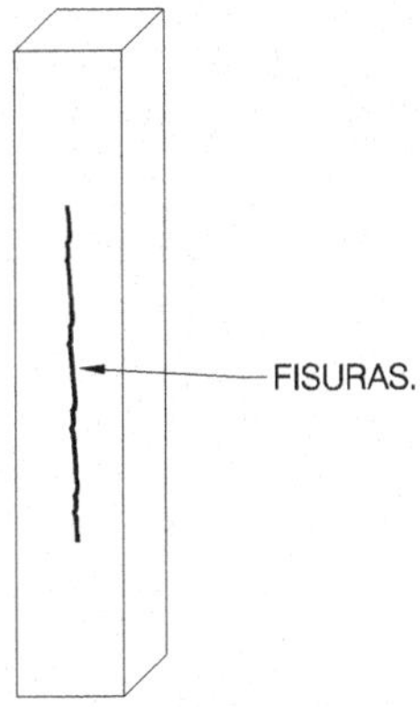

PERSPECTIVA PILAR

Figura 41

COMPRESIÓN SIMPLE

Situación cuando un pilar tiene que soportar una carga totalmente centrada y sólo sufre compresión (**Figura 42**).

C

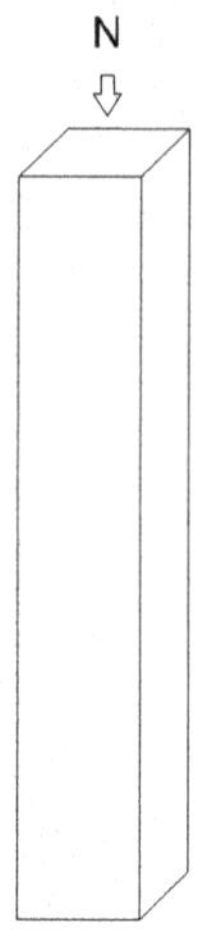

PERSPECTIVA

Figura 42

Comentarios

En las edificaciones no suele existir este caso, ya que todos los pilares tienen momentos, como pueden ser porque tengan los pórticos luces diferentes, y si son iguales les ocasiona el momento cuando existe alternancia de sobrecargas. También puede suceder por un movimiento sísmico o simplemente que se lo ocasione un descenso de la cimentación.

Aunque los pilares sólo tengan un esfuerzo axil, en los cálculos se suele considerar un momento ocasionado por una excentricidad mínima de la carga de 2 cm, o el lado menor del pilar dividido entre 20.

COMPRESIÓN TRUNCADA

Es una rotura que puede suceder en pilares con grandes axiles que se encuentran muy comprimidos y no pueden soportar la carga que le llega, que suelen estar confeccionados con hormigones muy secos.

Comentarios

La rotura es muy grave, es cerrada y tiene una inclinación aproximada de 60º en dos caras seccionando el pilar, mientras que en las otras dos caras son en horizontal, quedando como se indica en la **figura 43**.

C

Al descender el pilar en su zona superior el forjado se inclina y los tabiques rompen a tracción con fisuras inclinadas que se alejan del pilar afectado. Tienen las mismas características que un descenso de la cimentación.

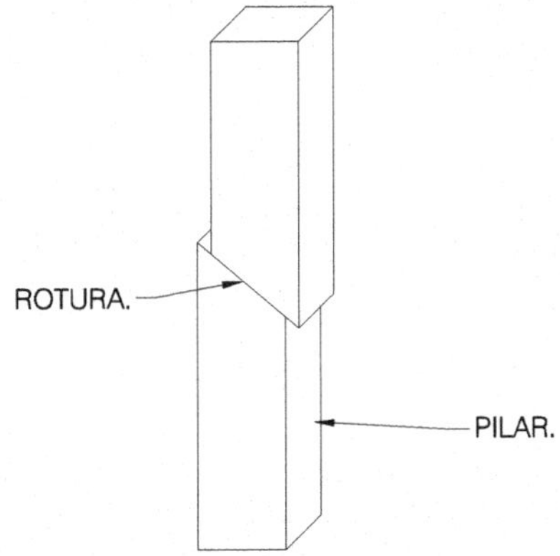

PERSPECTIVA

Figura 43

CONFINADO

Significa encerrado. El hormigón situado en el núcleo de un pilar envuelto por los cercos se encuentra confinado por estos, como se indica en la **figura 44**.

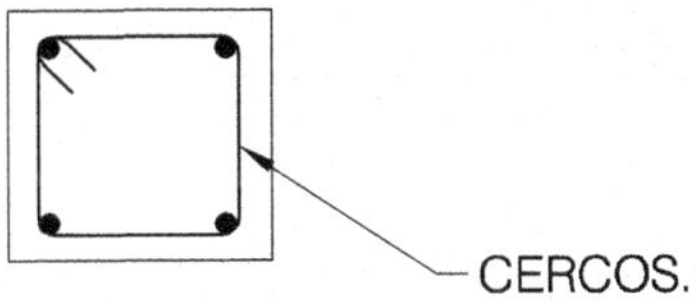

PLANTA DE PILAR

Figura 44

Comentarios

En las vigas de cuelgue de hormigón armado de mayor canto cuando no se colocan estribos en su zona central y comienzan a trabajar, al no quedar confinado el hormigón se puede elevar su zona central por compresión y aparecer una fisura abierta en horizontal que la secciona, como se indica en la **figura 45**.

C

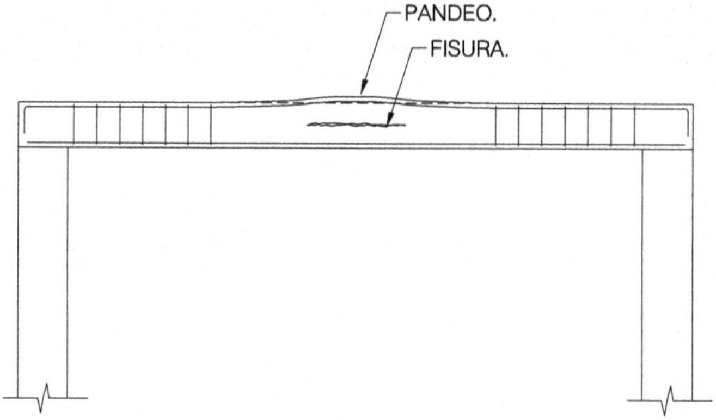

PORTICO

Figura 45

CONSOLIDACIÓN DEL TERRENO

Técnica que consiste en aumentar la capacidad portante del terreno. Las técnicas más usuales consisten en inyectar a presión una mezcla de cemento o resinas, que endurece la capa superior del terreno y las tierras quedan más solidarias, o clavar micropilotes que al comprimir las tierras y desplazar el agua existente en ellas aumenta considerablemente su resistencia.

A estas operaciones se les conoce también como "estabilización de suelos".

Comentarios

En terrenos muy blandos en su superficie hasta una profundidad de 3,50 m se pueden consolidar las tierras de forma eficaz y económica de la forma siguiente:

Marcar la parcela con recuadros de un metro y en el centro de ellos clavar una vigueta "doble T" para comprimir las tierras y expulsar el agua existente en ellas. Si el terreno lo admite en una segunda vuelta se puede clavar otras viguetas en las intersecciones (**figura 46**), quedando de esta forma las tierras muy comprimidas.

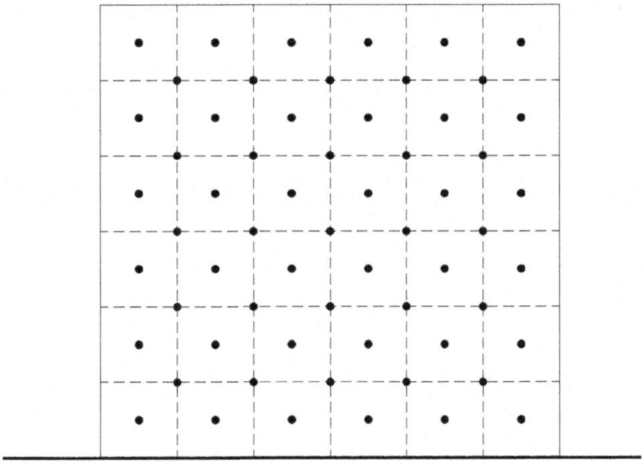

PLANTA SOLAR

Figura 46

Lo comentado se puede comprobar fácilmente tomando un trozo de madera muy blanda a la que se le coloca un marco metálico. Se comienza a clavar puntillas que al principio clavan fácilmente y cada vez presenta más dificultad, ya que la madera dentro del marco se va comprimiendo. (**Figura 47**).

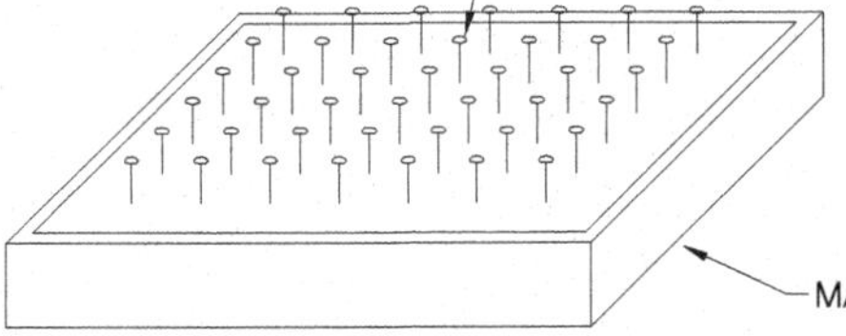

PERSPECTIVA

Figura 47

CONTRACCIÓN TÉRMICA

Retracción que se origina durante el fraguado y endurecimiento en los elementos de mayores dimensiones entre el primero y el quinto día desde el hormigonado a causa de la diferencia de temperatura entre el exterior del elemento que se enfría y la del interior que se encuentra más caliente.

En la **figura 48** se representan las fisuras que pueden surgir por el exterior en un pilar de mayores dimensiones, pero al no llegar al centro no lo secciona.

C

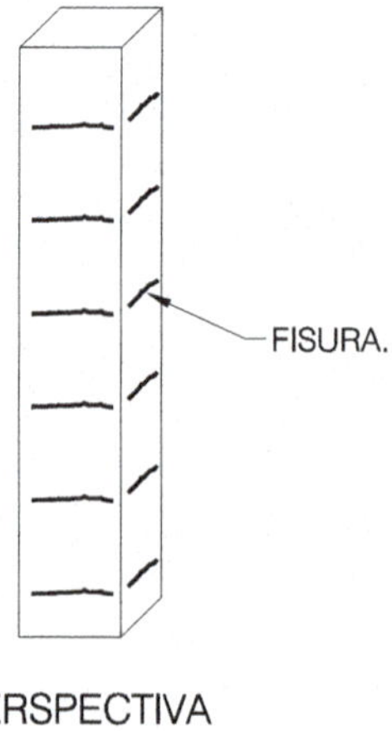

Figura 48

Comentarios

Las fisuras de contracción térmica son más probables que surjan en época muy fría en elementos de mayores dimensiones, ya que su interior se encuentra caliente y el exterior frío. Para evitarlas se le pueden añadir al hormigón aditivos y cubrir el elemento durante los primeros días.

Las fisuras comentadas no se deben confundir con las de retracción hidráulica que surgen en época muy calurosa cuando el hormigón no se ha curado durante su fraguado, como le ha sucedido al pilar de la **fotografía 7**.

Fotografía 7

CONTRAFLECHA

Deformación invertida con la que se ejecuta una viga o vigueta cuya finalidad es que al entrar en carga y flectar quede horizontal .(**Figura 49**).

También se denomina contraflecha a la deformación inversa, es decir hacia arriba, que se le aplica a las vigas y viguetas de hormigón pretensado.

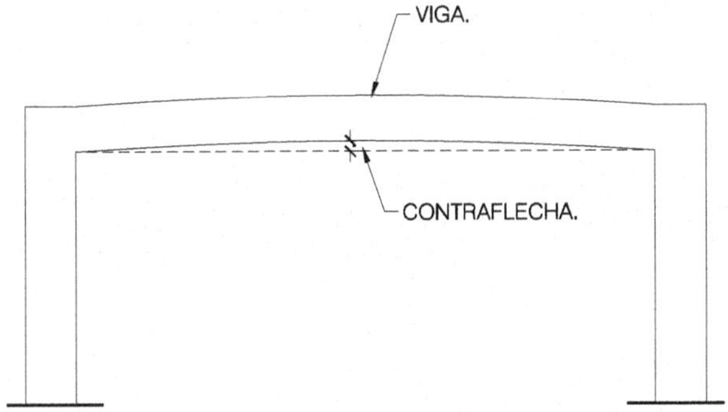

PORTICO

Figura 49

Comentarios

Cuanto menor sea la rigidez y mayor la carga que se le va a aplicar a la viga, mayor será su deformación y va a precisar mayor contraflecha.

En las vigas planas de mayores luces ejecutadas en obra, el encofrado se debe realizar con su contraflecha correspondiente.

Las placas de forjados alveolares y las viguetas prefabricadas de mayores luces se suelen ejecutar con la contraflecha prevista, y debe tenerse en cuenta para que no ocasionen inconvenientes en la colocación de bovedillas o piezas de entrevigados.

CONTRAFUERTE

Parte que sobresale de un muro al cual está adosado y que sirve para reforzarlo (**Figura 50**).

C

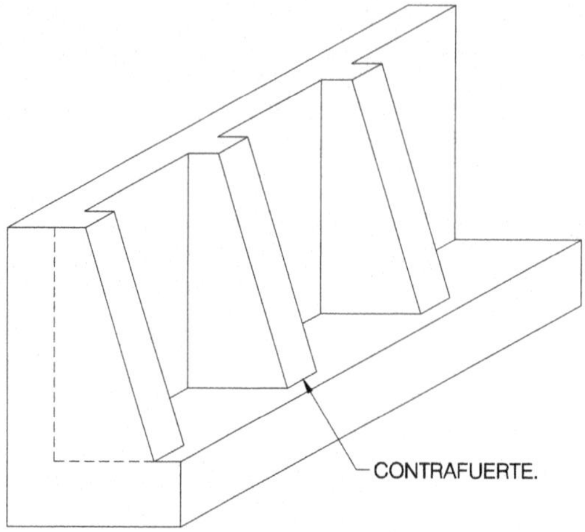

SECCION

Figura 50

Comentarios

Los contrafuertes se colocan para dotar al muro de contención de tierras de mayor rigidez y poder obtener mayor altura, pero se ha de tener en cuenta que estos no reducen el vuelco ni el deslizamiento.

Los muros de contención se calculan para trabajar en ménsula, pero es importante saber que cuando se colocan contrafuertes, su esquema de trabajo cambia y trabajan a flexión horizontal como se indica en la **figura 51**. En estos casos se precisa más armadura en horizontal.

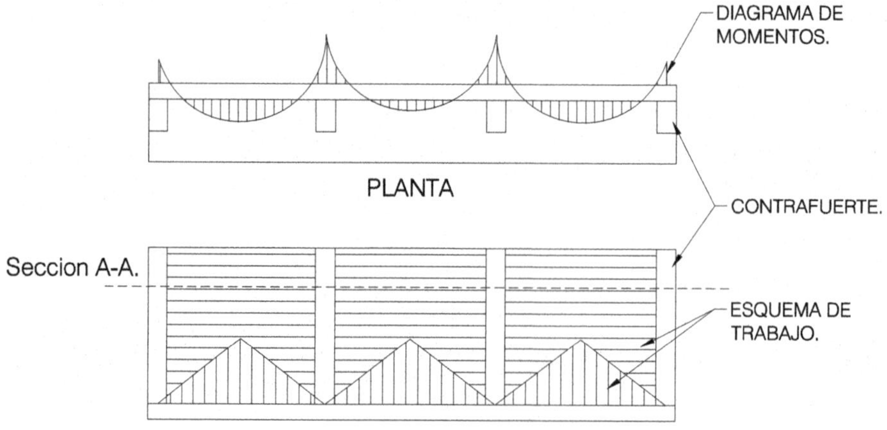

Figura 51

CONTRAPEAR

Colocar un elemento contra otro de forma que se crucen y queden en contacto.

Comentarios

Las viguetas que apoyan en vigas metálicas donde no tienen superficie suficiente para apoyarlas de forma que queden enfrentadas y en continuidad, se sitúan ligeramente desplazadas y en contacto sus cabezas, de forma que se crucen y tengan apoyo suficiente. A esta forma de colocarlas se le suele llamar contrapeado (**Figura 52**).

Aunque las viguetas no queden totalmente enfrentadas sólo precisan armadura negativa para las dos viguetas que se encuentran contrapeadas.

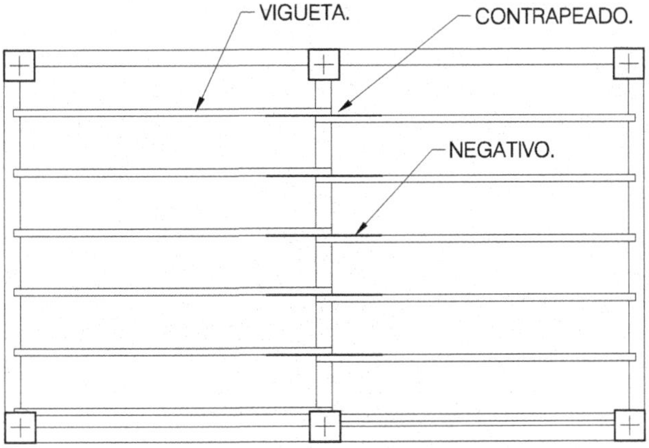

PLANTA DE FORJADO

Figura 52

COQUERA

Espacio que queda sin hormigonar en el interior de un elemento como puede ser un pilar, (**figura 53**) o como el que aparece en la **fotografía 8**.

C

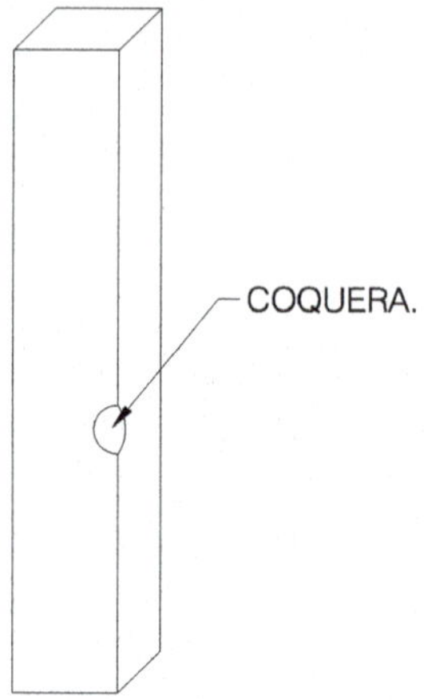

Figura 53

Fotografía 8

Comentarios

Las coqueras reducen la superficie del elemento que trabaja a compresión, al mismo tiempo que el hormigón de alrededor de éstas suele obtenerse con menor resistencia que la del elemento, por lo que lo deja menos capacitado para soportar axiles, y en caso de un movimiento sísmico quedaría más expuesto a producirse un fallo por compresión.

Las coqueras suelen surgir en elementos muy armados deficientemente vibrados o con hormigones muy secos.

Con áridos de machaqueo al ser más irregulares existe mayor posibilidad de aparición de coqueras que con árido de canto rodado que son los procedentes de los ríos.

El árido de machaqueo tiene el inconveniente de que al tener más angulares suele precisar mayor cantidad de cemento, lo cual facilita la aparición de fisuras por retracción.

CORROSIÓN BAJO TENSIÓN

Cuando una armadura activa, es decir, que se encuentra tensionada, situada en un elemento pretensado, al corroerse se le denomina “corrosión bajo tensión” por estar muy tensionada (**Figura 54**).

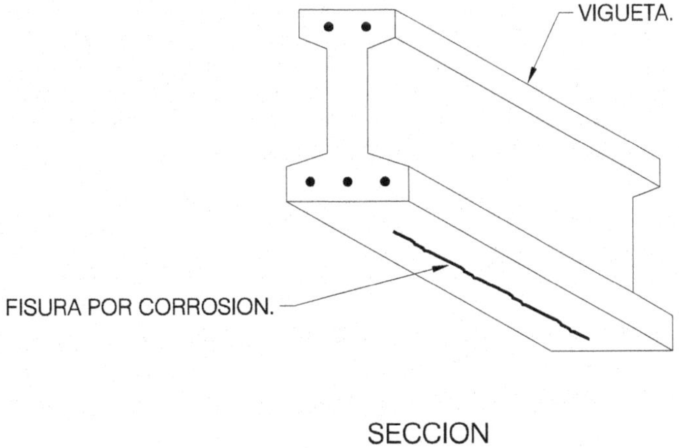

Figura 54

C

Comentarios

Esta corrosión es muy grave, ya que una vez comenzada su velocidad es mayor que en una armadura pasiva empleada en hormigones "in situ".

La corrosión en toda la longitud de la armadura es muy grave, pues al deslizar esta en el hormigón se desploma la viga o vigueta sin previo aviso, aumentando la gravedad si el elemento queda a la intemperie en zona muy expuesta, como ambientes marítimos o zonas industriales perjudiciales húmedas.

En caso de incendio, al calentarse la armadura se reduce el tensado, y al deslizar esta en el hormigón se produce el desplome igual que en una corrosión.

En la **fotografía 9** se presenta un forjado que se ha desplomado por corrosión ya que las armaduras de las viguetas son activas.

Fotografía 9

CORROSIÓN GENERALIZADA

Es un deterioro de la armadura que se origina en la superficie de las barras en toda su longitud que reduce su sección, como se indica en la **figura 55**. También recibe el nombre de "corrosión uniforme".

C

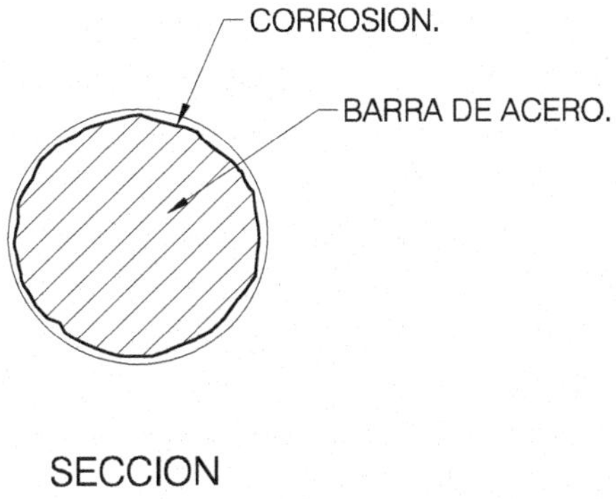

Figura 55

Comentarios

Se suele producir la corrosión en las barras situadas en la zona inferior de las vigas cuando se omiten los separadores durante su ejecución y quedan con escaso recubrimiento. También ocurre cuando se emplean hormigones de baja alcalinidad y los elementos estructurales vistos quedan situados en zonas marítimas o industriales agresivas húmedas.

Al reducirse la adherencia de la armadura con el hormigón aumentan las deformaciones, y al deslizar la armadura sucede la rotura por flexión.

En zonas húmedas y con hormigones de baja alcalinidad, antes de que surjan fisuras sobre las barras, aparecen manchas de óxido, lo cual indica que las barras se están corroyendo.

En la **fotografía 10** se presenta una corrosión generalizada en las barras de una viga que ha hecho que se fisure el hormigón. La causa ha sido la entrada continua de agua por una junta de dilatación.

C

Fotografía 10

CORROSIÓN POR EXFOLIACIÓN

Anomalía también conocida como por "laminación", las barras se corroen formando capas, aumentando aproximadamente hasta 5 ó 6 veces su volumen inicial (**Figura 56**).

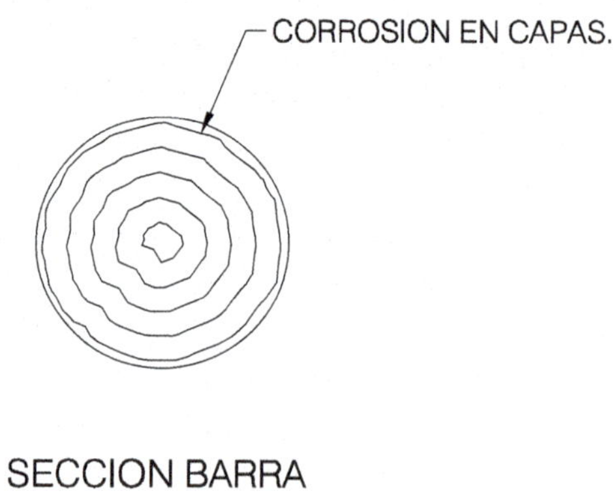

Figura 56

Comentarios

Suele suceder en elementos sin proteger situados en terrenos muy agresivos y cuando se han empleado áridos muy contaminados. Arruina al elemento y ocasiona su caída.

Al desprenderse el acero en lascas o capas, se debe tener la precaución de no tocar las barras, ya que se incrusta en las manos siendo un grave riesgo para la salud.

En las zapatas situadas en terrenos yesíferos se suele corroer la armadura por exfoliación.

En la **fotografía 11** se presenta la corrosión de barras de acero por exfoliación, que al aumentar bastante de volumen se han quedado sin espacio entre ellas. En estos casos las barras afectadas tienen que sustituirse por otras nuevas y también hay que colocarles estribos, ya que al tener menor diámetro y quedar más superficiales son los primeros que desaparecen.

Fotografía 11

CORROSIÓN POR PICADURA

Esta corrosión también llamada "localizada" sucede cuando existe una fisura y por ella penetra la humedad de un ambiente agresivo que hace que se reduzca la sección de la barra en una zona, como se indica en la **figura 57**.

C

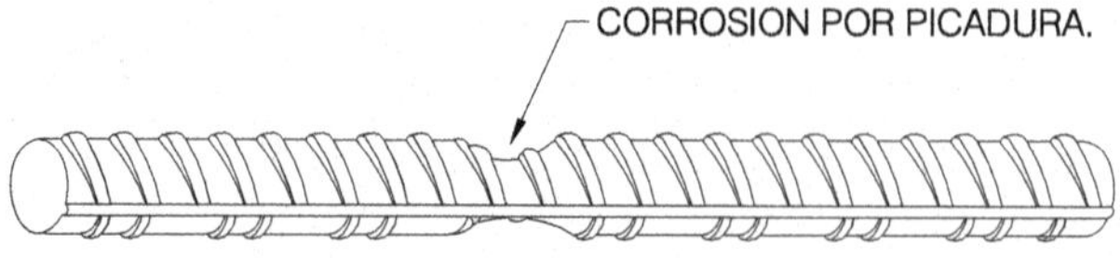

BARRA DE ACERO

Figura 57

Comentarios

Esta corrosión suele aparecer en la zona inferior de vigas, en su centro. A medida que se reduce la sección de las barras, aumenta la gravedad, ya que la rotura sucede por tracción de forma muy rápida.

Se ha de tener en cuenta que esta corrosión es progresiva, y que cuanto más tensionada se encuentre la armadura mayor es su velocidad. En caso de acero B 500 S, al quedar más tensionado que el B 400 S su velocidad sería un poco más rápida y la gravedad mayor.

En estos casos la solución es fácil, ya que consiste en soldarle un trozo de barra de igual diámetro.

COSTEROS

Encofrado lateral que se coloca en las vigas de cuelgue para poder hormigonarla, como se indica en la **figura 58**. También suele recibir el nombre de guarderas.

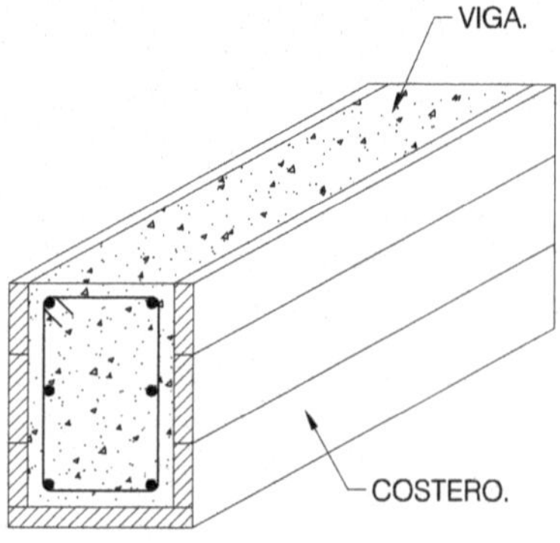

PERSPECTIVA

Figura 58

Comentarios

En época muy calurosa, cuando los costeros tienen grandes dimensiones, hay veces que el agua de curado no llega a la zona inferior de la viga, como se indica en la **figura 59**, y cuando se desencofra aparecen fisuras transversales de retracción hidráulica en la zona inferior de la viga en toda su longitud, como se representa en la **figura 60**.

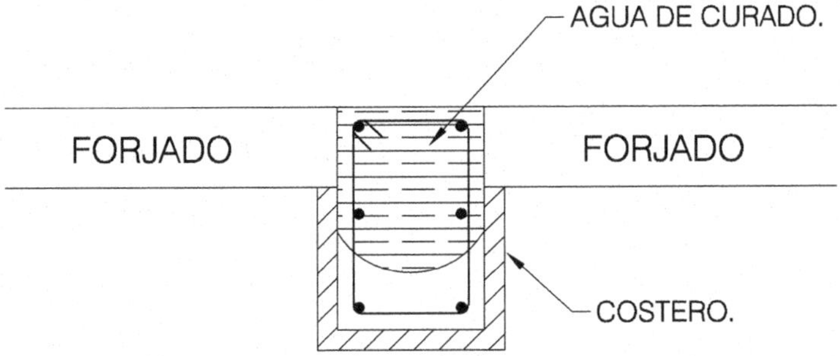

SECCION

Figura 59

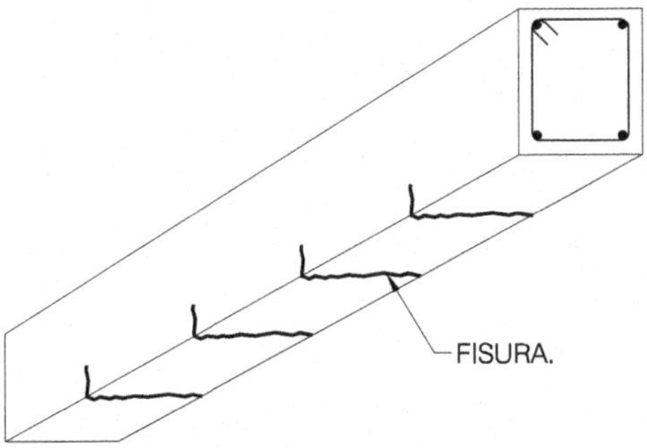

VIGA VISTA POR SU CARA INFERIOR

Figura 60

CRÁTER DE ASIENTO

Cuando se ejecuta un edificio nuevo, al aplicarle una carga al terreno se produce un asiento llamado de consolidación. La zona que desciende se le suele llamar “cráter de asiento” (**Figura 61**).

C

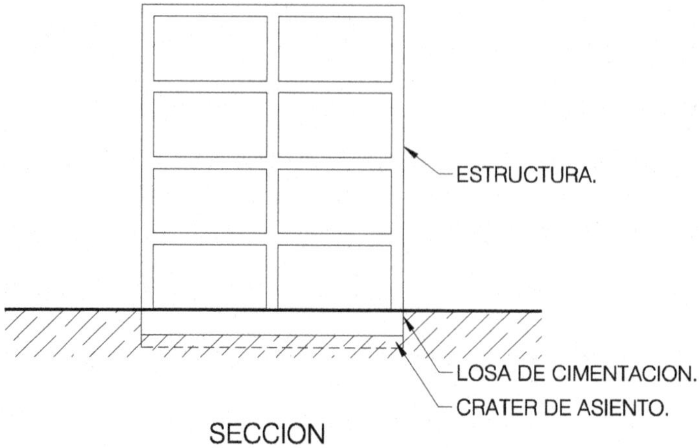

Figura 61

Comentarios

En la ejecución de un edificio alto al lado de otro existente, al producirse el cráter de asiento, deja más flojas las tierras bajo la cimentación del edificio medianero y suelen aparecer grietas inclinadas, como las que se indican en la **figura 62** y en la **fotografía 12**.

Si el mortero de agarre ha perdido sus propiedades se produce un reajuste de la fábrica y no rompe deformándose como aparece en la **fotografía 13**.

El daño comentado, se evita o se reduce, ejecutando la cimentación con pilotes y si se trata de una losa de cimentación, consolidando las tierras, es decir aumentando su resistencia.

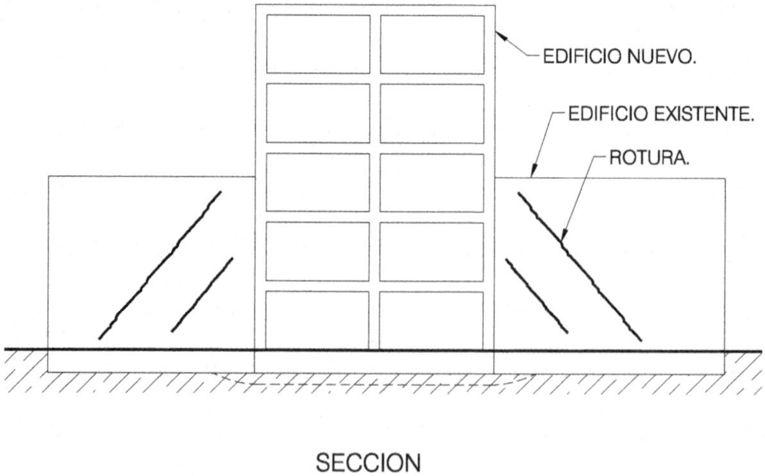

Figura 62

Fotografía 12

Fotografía 13

CRIPTOFLORESCENCIA

Depósitos de sulfatos que se depositan detrás de la superficie del ladrillo deteriorándolo, pudiéndose decir que es una eflorescencia oculta (**Figura 63**).

C

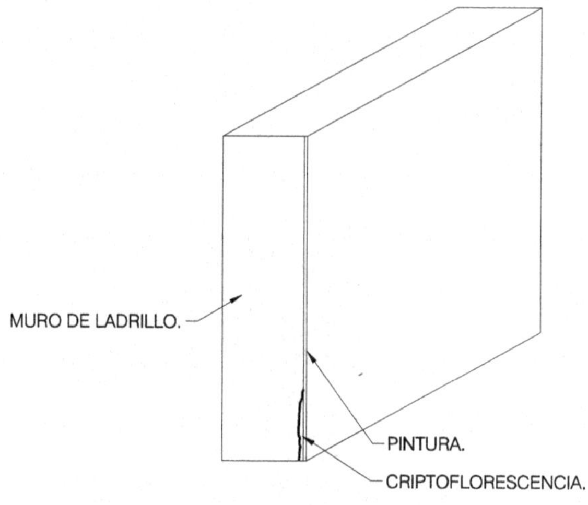

Figura 63

Comentarios

Cuando las sales existentes en la arcilla con la que se ha confeccionado el ladrillo, o la existente en el mortero intentan salir al exterior, al humedecerse el elemento y encontrar un tratamiento exterior como pinturas, enlucidos o la capa del ladrillo, estas al no poder salir se producen fuerzas expansivas, entonces deterioran a los ladrillos en su superficie, lo cual se le denomina criptoflorescencia.

Los ladrillos con insuficiente cochura suelen quedar muy afectados tanto por la humedad como por la criptoflorescencia.

CRUJÍA

Espacio intermedio entre dos muros de carga o dos pórticos que forman una estructura unidireccional.

En la planta de la **figura 64** se presentan dos crujías de diferentes luces, también llamadas vanos.

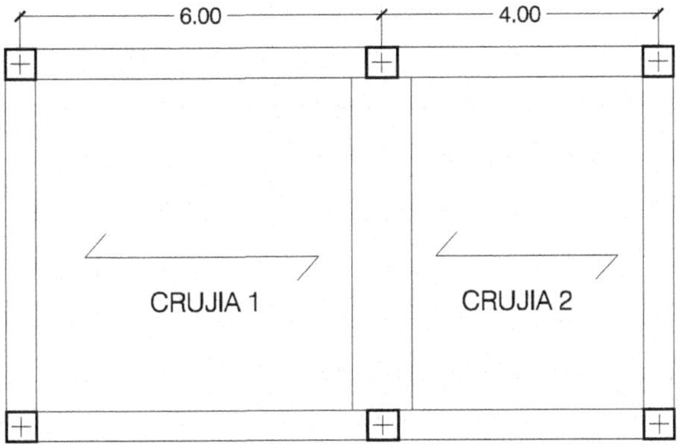

PLANTA DE FORJADO

Figura 64

Comentarios

Las viguetas intentan girar a las vigas en el sentido que se indica con las flechas y las someten a torsión secundaría o de compatibilidad, afectándole más a las vigas de borde (**Figura 65**).

Las vigas entre dos crujías, cuando tienen distintas luces también quedan torsionadas hacia la luz mayor, incluso con iguales luces también se producen pequeñas torsiones por alternancias de sobrecargas.

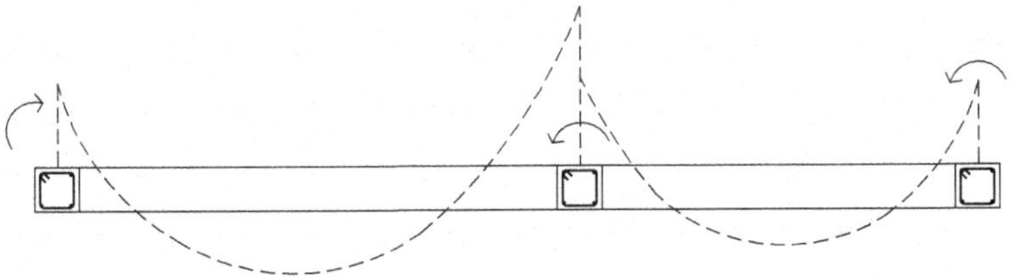

SECCION

Figura 65

CRUZ DE SAN ANDRÉS

Es un tipo de triangulación formada por dos diagonales que se suele emplear para arriostrar las estructuras metálicas en su entramado vertical y dotarlas de mayor rigidez como se indica en la **figura 66**.

C

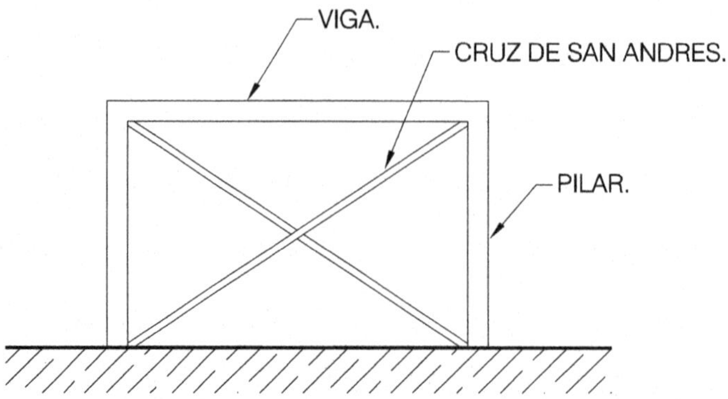

PORTICO

Figura 66

Comentarios

Las cruces de San Andrés se suelen emplear en estructuras metálicas que tienen que soportar empujes horizontales, especialmente de sismos o viento, con el fin de reducir los desplazamientos horizontales, pues cuando una diagonal trabaja a tracción la otra trabaja a compresión y viceversa.

En el caso de un descenso de la cimentación también colaboran aunque no se suelen colocar con esa finalidad.

Las cruces de San Andrés se suelen colocar sólo en los pórticos con mayores desplazamientos, ya que estas dificultan la funcionalidad de la edificación.

CUANTÍA GEOMÉTRICA

Es el resultado de dividir el área de la sección de la armadura entre la sección del hormigón.

Comentarios

En el ejemplo de una viga de hormigón armado habría que hallar los centímetros cuadrados del área de las barras longitudinales traccionadas y dividirlo entre la superficie de la sección de la viga (**Figura 67**).

Su finalidad es controlar la fisuración debida a las deformaciones impuestas producidas por temperatura y retracción.

Con cuantías pequeñas de armadura es frecuente la aparición de fisuras de origen térmico y la rotura de flexión en vigas es más grave por ser más frágil.

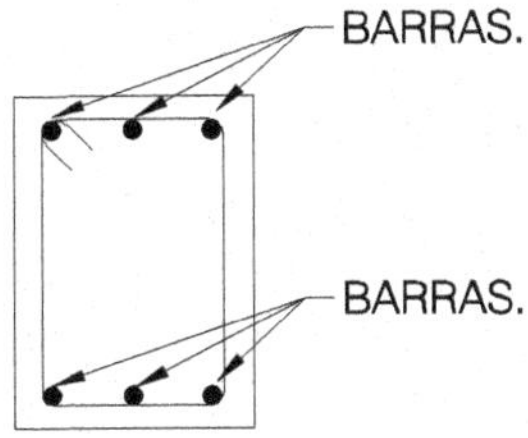

SECCION VIGA

Figura 67

CUANTÍA MECÁNICA

Es el resultado de dividir la capacidad mecánica de la armadura entre la capacidad mecánica del hormigón.

Comentarios

La capacidad mecánica de la armadura o del hormigón se obtienen multiplicando su sección por la resistencia de cálculo del material.

En el ejemplo de una viga, para hallar la cuantía mecánica, se tendría que dividir la capacidad mecánica de la armadura entre la capacidad mecánica del hormigón.

Su finalidad es asegurar la transferencia de esfuerzos a la armadura de tracción.

CURADO DEL HORMIGÓN

Consiste en aplicar agua al hormigón durante su fraguado hasta que alcance su resistencia para que no se afogare. Se puede realizar mediante riego con mangueras o aspersores, o cubriéndolo con arpilleras y regándolas.

Comentarios

El curado del hormigón mediante regado ocasiona mayor porosidad que mediante cubrición, queda más expuesto a la carbonatación (reducción de su alcalinidad) y la armadura más expuesta a la corrosión, por lo que si se trata de elementos exteriores situados en ambientes muy agresivos como pueden ser estructuras a pie de playa o zonas muy húmedas, industriales o agresivas, es preferible realizar el curado mediante cubrición.

Los curados de poco tiempo, sobre todo en época calurosa, ocasionan mayor número de fisuras por retracción.

Los elementos de poco espesor con armadura mínima, como pueden ser las soleras, precisan de mayor tiempo de curado si se desea evitar la aparición de fisuras de retracción.

LETRA D

DEFORMACIÓN DIFERENCIAL

Diferencia de descenso que se origina entre los extremos de las viguetas o de las vigas que están embrochaladas en un extremo.

Cuando se proyectan estructuras con pilares no enfrentados, se produce una deformación diferencial entre el extremo de la vigueta que apoya en el pilar y el otro extremo que llega al centro de una viga, como se representa en la planta y sección de la **figura 1**.

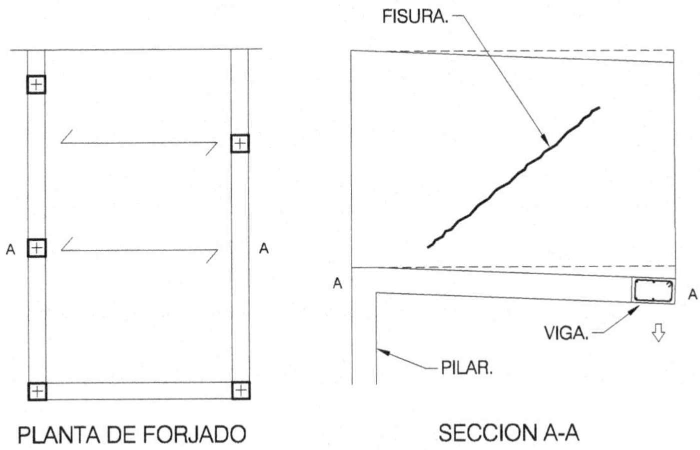

Figura 1

Comentarios

La deformación diferencial es usual en el forjado primero, cuando la planta baja queda diáfana y los pilares no quedan enfrentados. Se manifiesta con una fisura de tracción diagonal en los tabiques, como se indica en la sección de la **figura 1** y en la **fotografía 1**, donde se observa que esta fisura se aleja de forma descendente de la zona que ha bajado.

En el caso expuesto, mientras mayor sea la deformación de la viga y menor luz tengas las viguetas, mayor es la posibilidad de que aparezca la fisura por deformación diferencial.

D

Fotografía 1

DEFORMACIÓN REMANENTE

Descenso que se produce en un elemento al flectar por aplicarle una carga, que al retirar esta, recupera su posición inicial.

Se puede citar como ejemplo una tabla apoyada en sus extremos, al pasar una persona por ella, flecta y una vez que ha pasado vuelve a su posición inicial (**Figura 2**).

Figura 2

Comentarios

En el cálculo de las edificaciones se prevén las deformaciones que se producen en los forjados por su peso propio y la deformación por la sobrecarga de uso, procurando no superar la deformación remanente, ya que ello ocasionaría daños en tabiquerías y cerramientos.

Durante el hormigonado de los forjados, hay veces que a través del apuntalamiento se le transmite a los forjados inferiores una carga superior a la prevista en los cálculos y si se ha retirado el apuntalamiento del forjado inferior, al tener este poca edad, se produce una deformación no remanente, es decir, que no recobra su estado inicial y queda flectado, lo cual no significa que no puedan soportar las solicitaciones para las que han sido calculados, aunque ello obliga a colocar mayores grosores de tendidos de yesos en los techos.

DESAGREGACIÓN

Destrucción de un elemento a causa de una acción química de los componentes con los que se ha confeccionado el hormigón, o por estar el elemento en contacto con productos que le atacan y terminan desmoronándolo.

En la **figura 3** se representa un pilar que se desmorona por estar confeccionado con un producto que le ataca desde su interior.

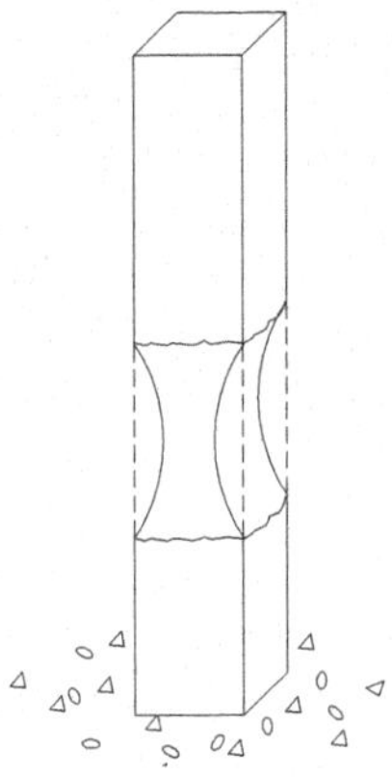

PERSPECTIVA

Figura 3

En la **fotografía 2** aparece un pilar que se está desagregando por ser atacado desde el exterior por un ambiente agresivo húmedo de una zona industrial.

D

Fotografía 2

Comentarios

Los elementos de hormigón confeccionados con áridos contaminados que contienen piritas o yesos, desagregan el hormigón y terminan desmoronándose.

En las cimentaciones situadas en terrenos yesíferos donde no se ha empleado cemento sulforresistente, también se reducen sus dimensiones por desagregación, incluso los pilares de planta baja también quedan afectados en su zona inferior.

Si la desagregación la ocasiona una causa exterior, hay que proteger al elemento y si la causa es del interior, lo más probable es que precise ser sustituido en su cometido.

DESCALZAR

Se denomina así a la pérdida de apoyo en el terreno de una cimentación.

Comentarios

Una cimentación se puede descalzar por muy diferentes causas. Una de ellas, que va en aumento progresivo, es cuando queda situada la cimentación en un terreno en ladera y existe una corriente de agua que la va dejando sin apoyo (**Figura 4**).

En los deslizamientos de terrenos, al quedar estos menos compactados y con aparición de grietas, también se descalza la cimentación y se producen descensos.

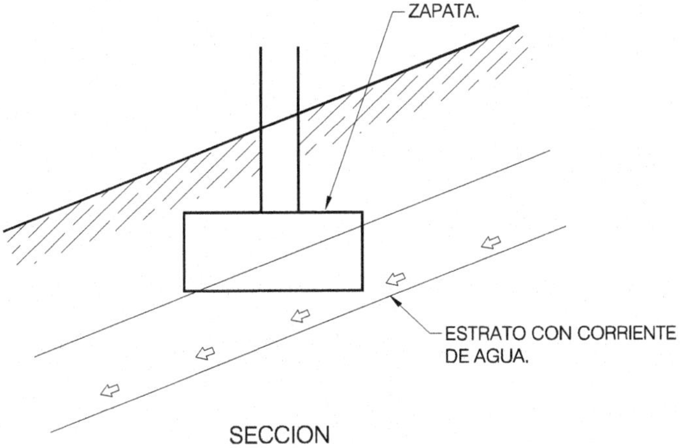

Figura 4

DESCIMBRADO

Operación consistente en retirar las sopandas que se han colocado en las vigas y viguetas para poder soportar el peso del hormigón del forjado durante el hormigonado y el fraguado.

Comentarios

En las vigas y viguetas los puntales se deben retirar desde el centro de la luz hacia los apoyos para que entren lentamente en carga, mientras que en los voladizos desde el extremo del vuelo hacia dentro (**Figura 5**).

Durante el hormigonado es importante tener en consideración la carga que se le transmite a los forjados inferiores a través del apuntalado.

Los descimbrados prematuros ocasionan mayores deformaciones en los forjados, pues cuanto menos edad tenga un hormigón, mayor es la deformación que experimenta , sobre todo si se trata de época fría, ya que el hormigón tarda más tiempo en adquirir su resistencia.

D

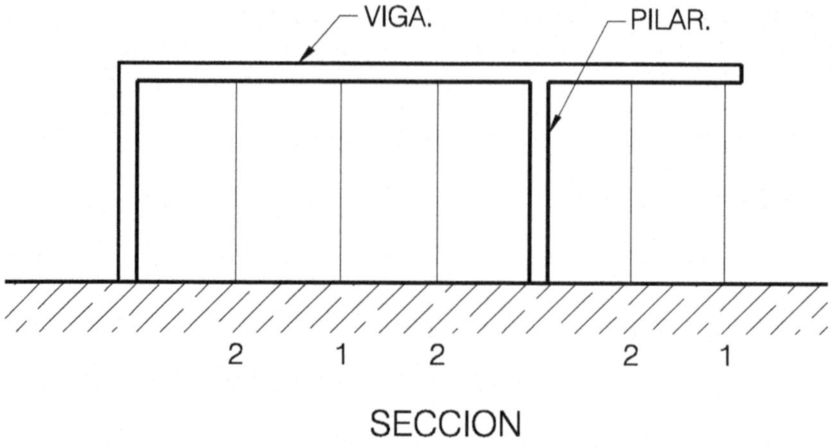

Figura 5

DESENCOFRAR

Eliminar el encofrado que se coloca para hormigonar los elementos estructurales. En la **figura 6** se indica el encofrado de una viga de cuelgue y el de un pilar.

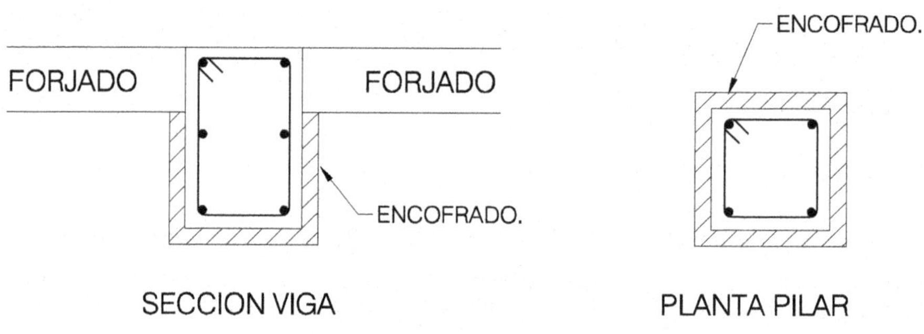

Figura 6

Comentarios

El empleo de encofrados metálicos en épocas muy calurosas, cuando están muy calientes por la acción solar por no haberlos regado para enfriarlos, ocasionan mayor número de fisuras de retracción en los elementos de hormigón formados por el encofrado.

En época calurosa, como el hormigón se endurece más rápido, el encofrado se puede retirar antes, mientras que en época fría el fraguado del hormigón es más lento y requiere que el encofrado permanezca más tiempo.

Los golpes en el encofrado para retirarlo dañan más al hormigón cuanto menor tiempo tenga, esto es más acusado en época fría.

DESLIZAMIENTO

Acción de deslizar un elemento sobre otro como puede ser el caso de diferentes estratos de terreno situados en laderas que se desplazan entre ellos (**Figura 7**).

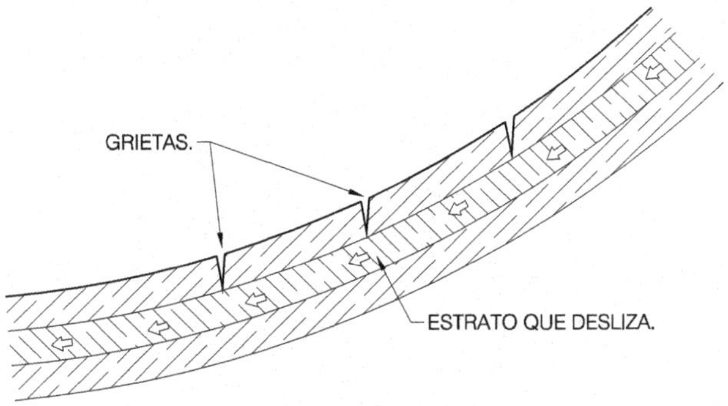

SECCION TERRENO

Figura 7

Comentarios

En los terrenos formados por diferentes estratos situados en laderas con pendientes superiores al 30 %, si discurre agua entre los estratos, están más expuestos a que se puedan producir deslizamientos entre ellos. Esto hace que las tierras queden menos compactas y ocasionen deslizamientos y asientos en las edificaciones situadas en ese terreno.

Cuando se tenga que ejecutar una edificación en una ladera, es muy importante conocer si existen estratos deslizables y que toda la cimentación apoye sobre un mismo estrato. Esto se consigue realizando toda la cimentación a la misma profundidad respeto a la rasante del terreno.

En la **fotografía 3** aparece una grieta en una acera ocasionada por el deslizamiento del terreno.

D

Fotografía 3

DESMOCHAR

Reducir a golpes los extremos de un elemento, como pueden ser las cabezas de los pilotes o pilares para igualarlos, o de las viguetas cuando tienen mayor longitud de la necesaria.

Comentarios

Las viguetas cuando tienen mayor longitud de la requerida, se deben cortar con una sierra de disco y no desmocharlas a golpes. Si se desmochan debilita el hormigón, y al entrar en carga con el peso propio del forjado hace que se fisuren las viguetas en su cara inferior cerca del apoyo, rompiendo a compresión. Estás fisuras son paralelas a las viguetas como se indica en la **figura 8** y como se puede apreciar en la **fotografía 4**.

Si las viguetas se han fisurado, cuando el forjado tenga que soportar la sobrecarga de uso, aumentarán los daños y las deformaciones. Para mejorar y hacer más solidaría la zona afectada se puede inyectar por las fisuras resina epoxi líquida a presión antes de que entre en carga.

Es importante tener en consideración que los daños son más graves si suceden en viguetas pretensadas y menos si son armadas.

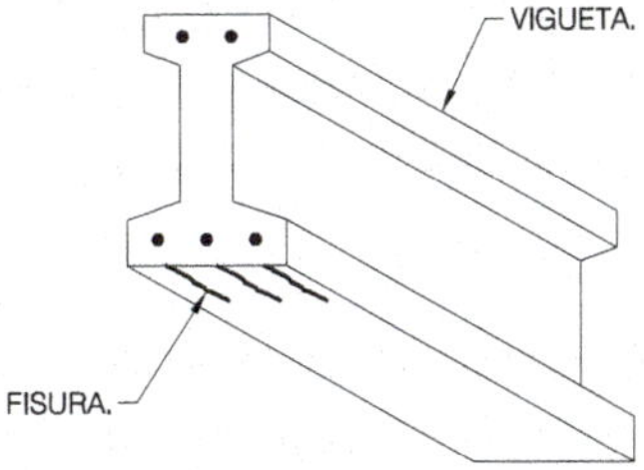

PERSPECTIVA

Figura 8

Fotografía 4

DESPUNTES

Restos o sobrantes de armadura que quedan cuando se corta una barra.

Comentarios

En caso de emplear algunos de los tipos de acero que ha continuación se mencionan, se ha de tener en consideración que los despuntes también suponen un mayor coste.

D

En estructuras muy expuestas a la corrosión de la armadura, se pueden emplear barras tratadas con resina epoxi que se aplica a 160º de temperatura en fábrica. En estas barras tratadas se reduce la adherencia con el hormigón y las longitudes de anclaje y solapes hay que aumentarlas en un 50%, lo cual incrementa más su coste.

También se pueden colocar barras de acero galvanizado recubiertas con un baño de zinc fundido, esto aumentará su coste, pero no precisará aumentar su longitud de anclaje.

Se pueden emplear barras de acero inoxidable, y aunque no precisen aumentar su longitud de anclaje, su precio es muy elevado.

DILATACIÓN TÉRMICA

Aumento de volumen que sucede en un elemento al aumentar su temperatura.

Los forjados de cubierta al aumentar su temperatura por la acción solar aumentan sus dimensiones, como se indica en la **figura 9**.

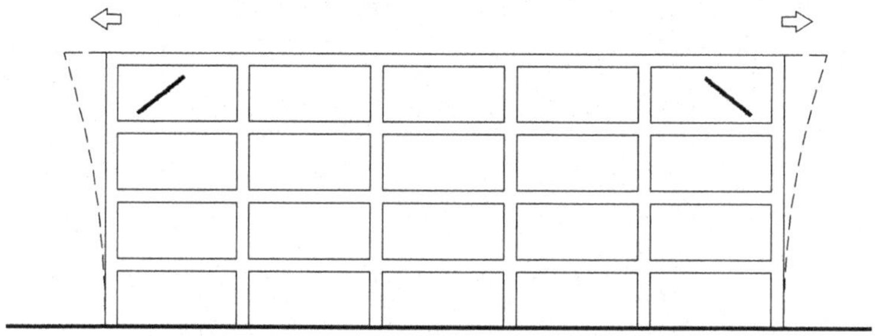

PORTICO

Figura 9

Comentarios

Los problemas de origen térmico, aunque la mayoría no son graves son de los más extendidos, y al ser tan amplios y variados se prestan a confusión.

Una rotura frecuente es en los tabiques del pórtico extremo de la planta de cubierta, ya que al dilatar la estructura el tabique rompe a tracción al tomar una diagonal mayor medida, como se indica en la **figura 10** y en la **fotografía 5**. Si el mortero de agarre tiene menos resistencia que la fábrica la rotura se sitúa en las llagas del ladrillo siendo las fisuras verticales abiertas y cerradas las horizontales, como se indica en el detalle de la **figura 10**.

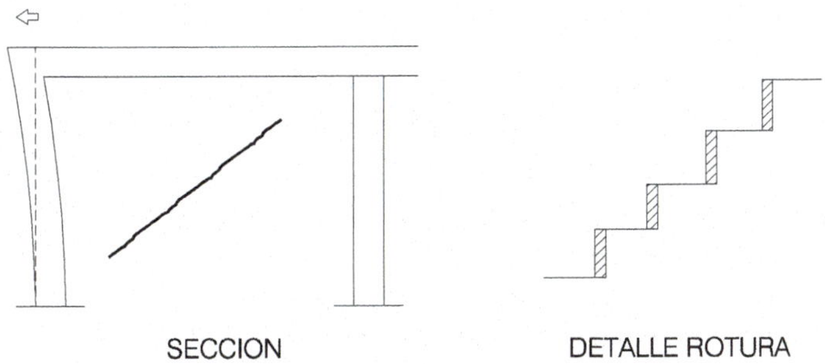

Figura 10

Fotografía 5

DINTEL

Elemento horizontal que se coloca en la zona superior de las puertas y ventanas, para soportar el peso del cerramiento sobre el hueco (**Figura 11**).

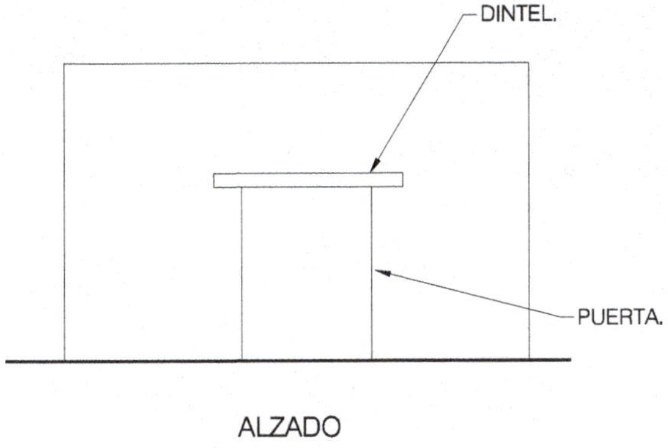

Figura 11

D

Comentarios

En los dinteles de ventanas apaisadas de mayor tamaño situados en colegios, hospitales o de puertas de garajes, la fábrica que apoya en ellos se suele fisurar como se indica en la **figura 12**, llegando incluso a deformarse las ventanas. La causa suele ser que se construyen vigas planas con insuficiente rigidez y al entrar en carga y flectar le transmiten cargas al dintel, que al no estar capacitado para esa solicitación flecta. En estos casos se debe proyectar la viga con mayor rigidez o capacitar al dintel para que pueda soportar mayor carga.

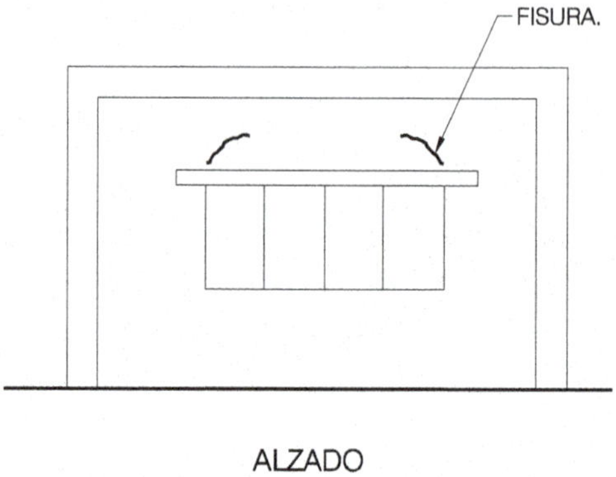

Figura 12

En la **fotografía 6** aparece en la zona superior de una puerta de garaje una fisura por flecha al recibir mayor carga al flectar el forjado.

Fotografía 6

DISGREGACIÓN

Destrucción total de un elemento debida a una acción física, como puede ser la demolición de un pilar. Lo que queda está disgregado, es decir, deshecho.

Comentarios

La disgregación total o parcial de un elemento en construcción suele suceder por impacto de maquinarias o vehículos contra un elemento estructural. También se puede producir la destrucción por un movimiento sísmico, mientras que la desagregación debida a una acción química es más usual.

Existen otras acciones lentas y progresivas que con el tiempo pueden terminar disgregando al hormigón, como pueden ser pilares vistos situados a pie de playa, con vientos predominantes del mar y la arena arrastrada por el viento erosionan el pilar, como le ha sucedido al de la **fotografía 7**.

Fotografía 7

DRENAJE

Consiste en dar salida al agua existente en un terreno mediante tubos que están provistos de orificios en su zona superior para que penetre por ellos el agua y poder canalizarla.

D

Comentarios

Los muros de contención de sótanos situados en terrenos de laderas suelen precisar en el trasdós una impermeabilización y un drenaje para que el agua no se acumule detrás de él, como se indica en la **figura 13**.

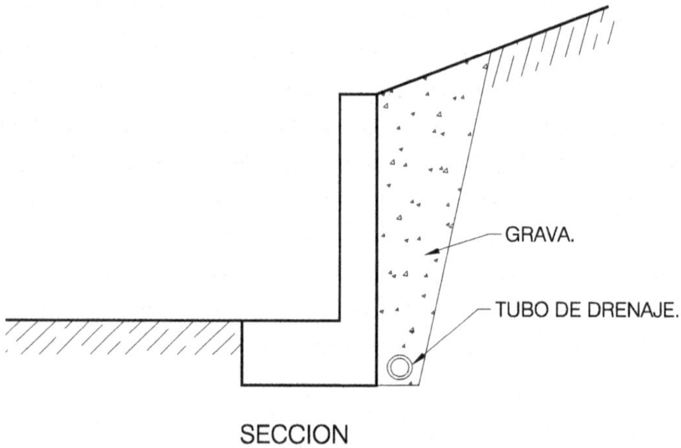

Figura 13

En caso de penetrar el agua en el interior del sótano y no poder colocar un drenaje por el exterior, se puede proceder a situar arquetas de drenaje por el interior del sótano o taladrar el muro sangrándolo y recoger el agua mediante canaletas, como se indica en la **figura 14**.

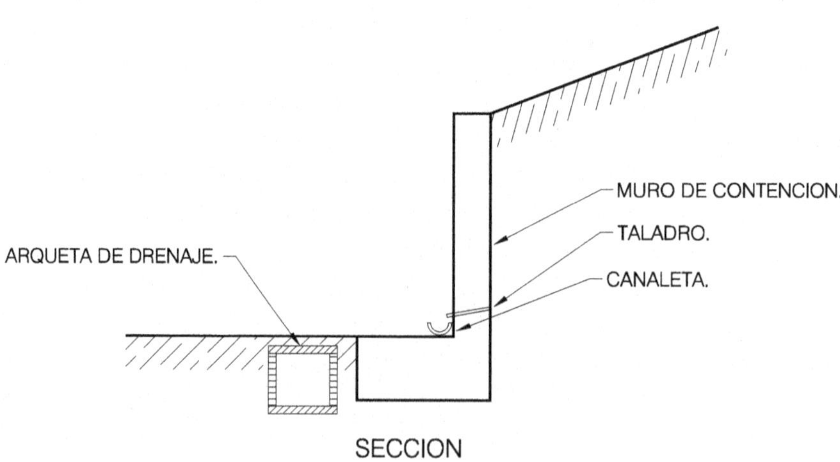

Figura 14

En la **fotografía 8** se presenta el interior de un sótano situado en ladera donde no se ha colocado drenaje por el exterior, brotando el agua por el suelo cada vez que llueve. Como en este caso el exterior es de otra propiedad y no se puede acceder, se le va a aplicar la solución de colocarle arquetas de drenaje por el interior del sótano.

Fotografía 8

DUCTILIDAD

Capacidad de un elemento para soportar deformaciones después de alcanzar la deformación de agotamiento, persistiendo la carga.

Comentarios

Es fundamental la ductilidad en la resistencia de un elemento de hormigón armado de una estructura para soportar acciones horizontales ocasionadas por un movimiento sísmico.

En zonas sísmicas con aceleración mayor de 0,16 está indicado el acero B 400 SD por su mayor ductilidad.

Las barras de acero cuando se corroen se hacen más frágiles y menos dúctiles, lo cual implica un mayor peligro durante un movimiento sísmico siendo más grave en acero ordinario, por lo que hay que prestarles más atención a las estructuras antiguas con acero ordinario liso que se han corroído.

La corrosión generalizada ocasiona que el elemento falle por pérdida de adherencia, mientras que en la corrosión por picadura el fallo será por falta de sección de la armadura.

LETRA E

EFECTO DE BORDE

Se conoce con este nombre a la rotura longitudinal que suele surgir en las aceras cuando descienden sus bordes por desecación de las tierras como se indica en la **figura 1** y como aparece en la **fotografía 1**.

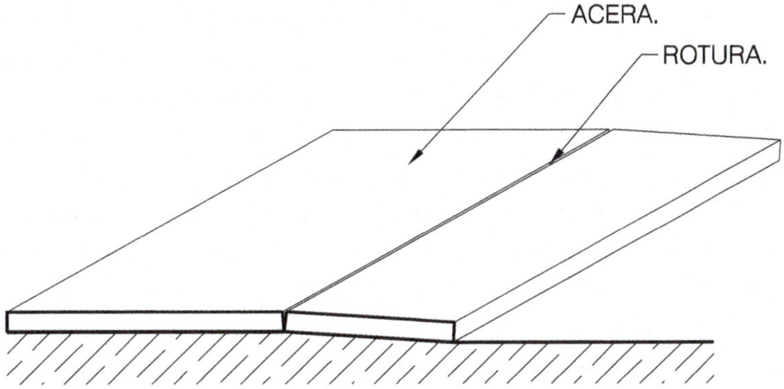

PERSPECTIVA

Figura 1

Fotografía 1

E

Comentarios

La rotura al quedar la acera en voladizo por desecación de las tierras se evita apoyándola en dados de hormigón que alcancen mayor profundidad o colocando armadura en su zona superior para que pueda trabajar como en voladizo (**Figura 2**).

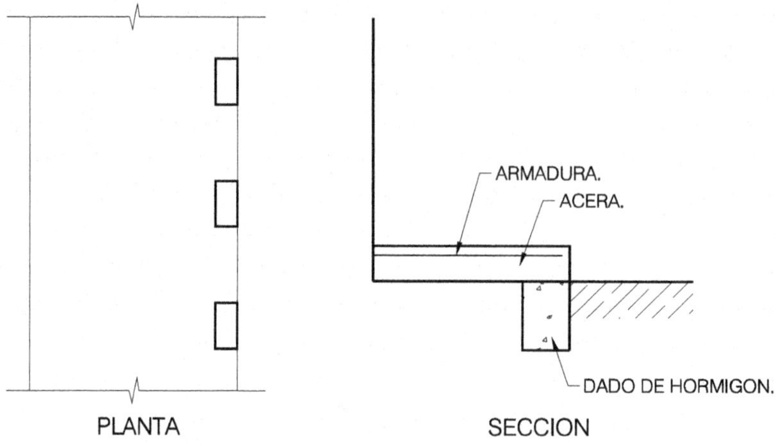

Figura 2

EFECTO CHIMENEA.

Cuando existe humedad de capilaridad en un muro y se le coloca un aplacado en su zona inferior, la humedad sube a una cota más alta creando un nuevo nivel de evaporación, denominado "efecto chimenea" (**Figura 3**).

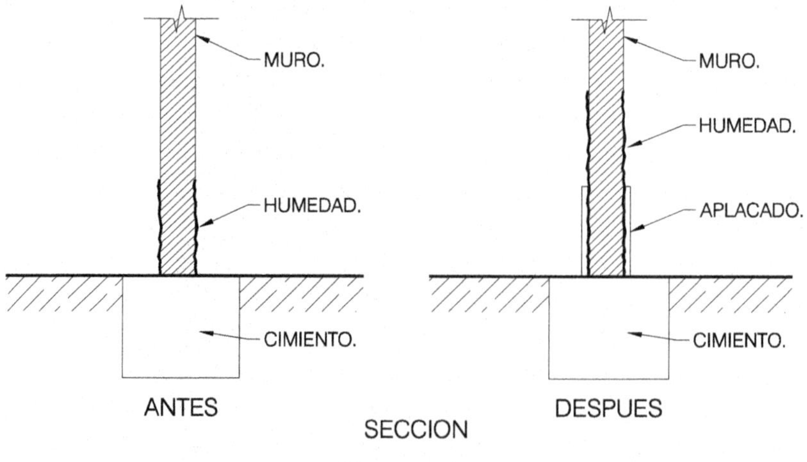

Figura 3

En la **fotografía 2** aparece una pared donde existe humedad de capilaridad a la que se le ha colocado un aplacado y la humedad, ha subido a una cota más alta por el efecto chimenea.

Fotografía 2

Comentarios

El recorrido del agua por humedad de capilaridad deteriora los morteros reduciendo su resistencia y aislamiento, al mismo tiempo que deteriora los ladrillos, sobre todo si están poco cocidos. Si se coloca un aplacado la humedad sube a una cota más alta debido al efecto chimenea, por lo que con ello no se elimina la humedad de capilaridad y el perjuicio es mayor.

Si el aplacado se coloca hasta una cota muy alta donde la humedad no puede llegar, al no poder evaporarse el agua existente en las tierras emigra a muros más próximos, aumentando en ellos la humedad de capilaridad.

EFECTO INVERNADERO

Cuando existe una cubierta inclinada sobre un forjado y no tiene la ventilación suficiente por no haberle colocado ventilación cruzada, al recibir un fuerte soleamiento aumenta considerablemente su temperatura interior. A esto se le suele llamar "efecto invernadero" (**Figura 4**).

E

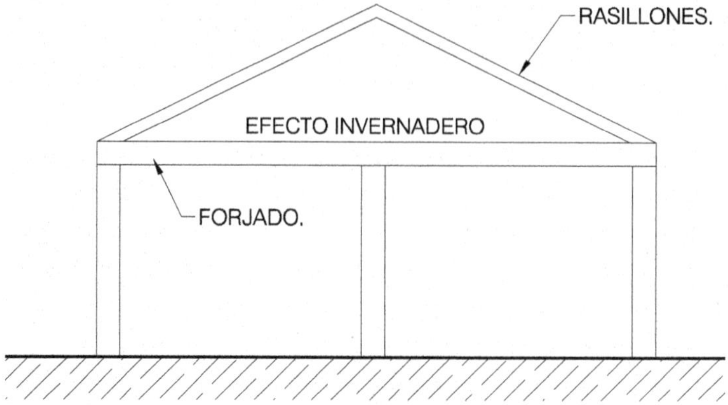

SECCION

Figura 4

Comentarios

El incremento de temperatura por efecto invernadero hace que aumenten las dimensiones del forjado de cubierta, marcándose la fisonomía de la estructura y rompiendo a tracción el frontón al tomar mayor longitud (**Figura 5**). En este caso la solución es fácil, ya que consiste en abrir huecos en los frontones para que se produzca una ventilación cruzada.

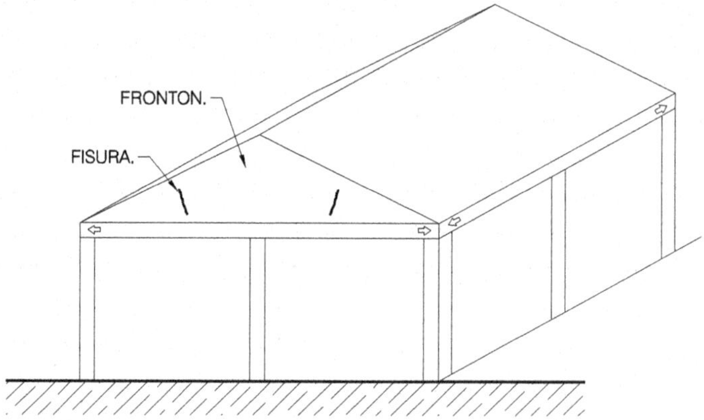

PERSPECTIVA

Figura 5

EFLORESCENCIA

Son depósitos de sulfatos o carbonatos alcalinos que aparecen en la superficie de los muros arrastrados por la humedad, formando manchas blanquecinas y espumosas. Las sales pueden proceder del ladrillo, del mortero de agarre o del terreno. Cuando contiene sales de hierro, la eflorescencia suele ser algo coloreada.

Comentarios

Al humedecerse el elemento las sales emigran al exterior hasta que terminan desapareciendo. Debido a ello, los muros antiguos no suelen tener eflorescencias a excepción de que proceda del terreno, como sucede en los arcillosos o yesíferos que contienen más sales.

La eflorescencia surge en el nivel de evaporación de la humedad y se puede eliminar mediante cepillado en seco y después aplicarle ácido acético, que es vinagre concentrado, pero si procede del terreno hay que eliminar primero la humedad de capilaridad.

La humedad por capilaridad siempre ha sido difícil de eliminar, sobre todo la de empuje hidrostático, aunque hoy día existen sistemas muy eficaces como la ventilación forzada, barreras químicas, electroósmosis o drenajes.

Para quedar más familiarizados, en la **fotografía 3** aparecen eflorescencias en la zona inferior de una pared.

Fotografía 3

EJE NEUTRO

Es la línea imaginaria en una viga apoyada que separa la zona inferior trabajando a tracción de la zona superior que trabaja a compresión. Como simplificación se suele representar recta, aunque ello depende del diagrama de momentos flectores y de la armadura de la viga. (**Figura 6**). También se le llama fibra neutra.

E

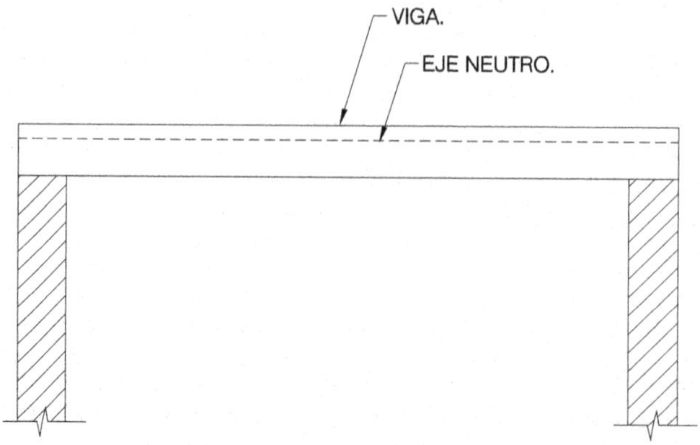

SECCION

Figura 6

Comentarios

Una forma de ver como trabaja a compresión el centro superior de una viga, consiste en coger varias láminas de maderas y unirlas en sus extremos, clavándolas, al intentar flectar, el centro se eleva por compresión como se indica en la **figura 7**.

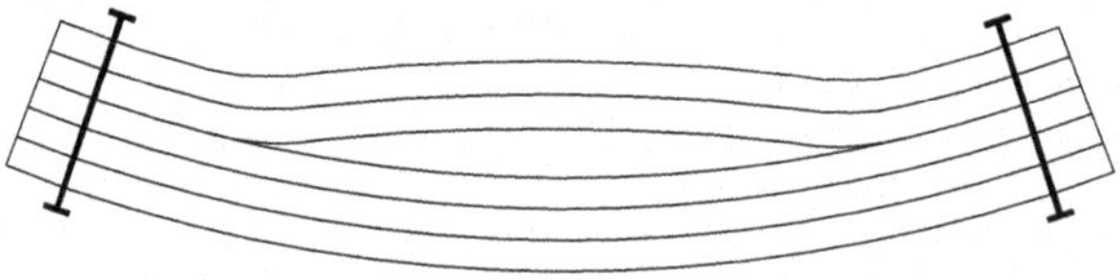

SECCION

Figura 7

EMPALOMADO

Entarimado que se realiza sobre un forjado para obtener un nivel más alto (**Figura 8**). Tiene el inconveniente de aplicarle mayor peso al forjado que lo soporta.

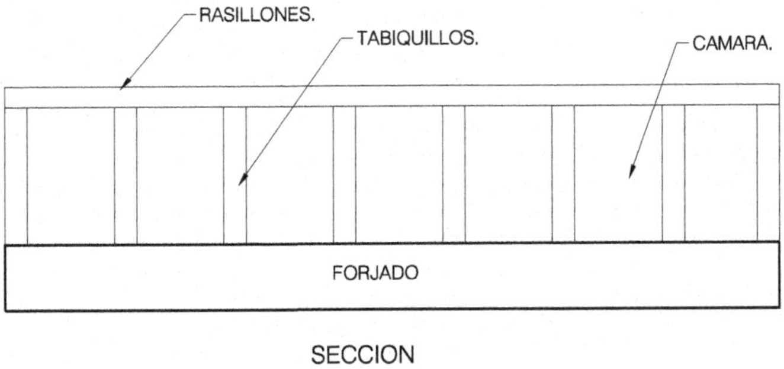

Figura 8

Comentarios

El empalomado se suele realizar sobre el forjado de cubierta para salvar distintas alturas, o en la entrada de los bloques para subir la cota del forjado y no tener que realizar fosos de ascensores colgados, como se indica en la **figura 9**.

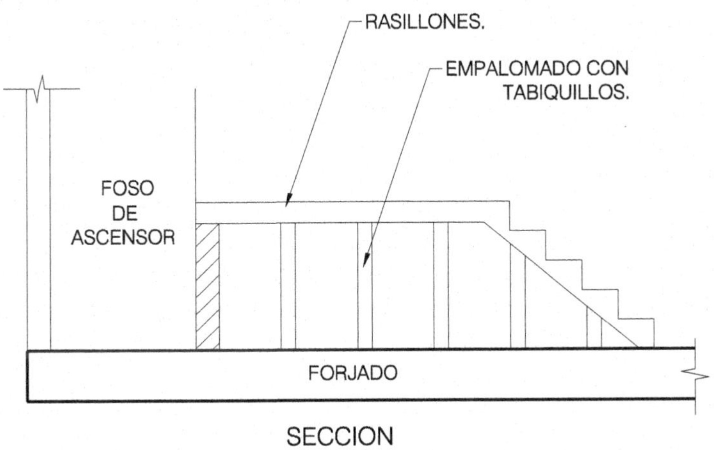

Figura 9

EMPRESILLAR

Acción de colocar presillas uniendo los angulares de las esquinas de los pilares. Es conveniente que las presillas queden en contacto con el hormigón para que actúen como estribos y quede más confinando (**Figura 10**).

E

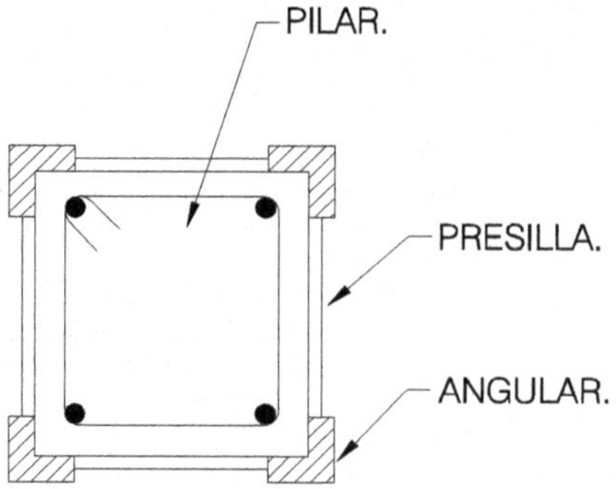

PLANTA

Figura 10

Comentarios

Los angulares se suelen colocar en los pilares para reforzarlos cuando no tienen la resistencia suficiente. Esta solución tiene el inconveniente de que los refuerzos se aprecian y quedan más afectados por la corrosión y en caso de incendio, incluso suelen tener distintas características que el acero existente en el pilar.

Una solución fácil de aplicar en la que no se aprecien los refuerzos, consiste en colocar alrededor del pilar existente la armadura que se desee, a continuación envolverlos por los cercos y aplicarle un hormigón proyectado de 4 ó 5 cm de espesor (**Figura 11**). Esta solución va muy bien en los casos en los que se han corroído la armadura de los pilares.

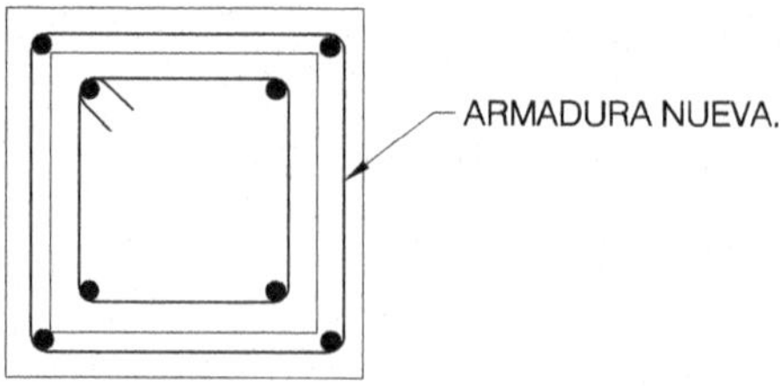

PLANTA

Figura 11

EMPUJE ACTIVO

Cuando se ejecuta un muro de contención existe en su trasdós un empuje de tierra triangular llamado activo que se representa en la **figura 12**.

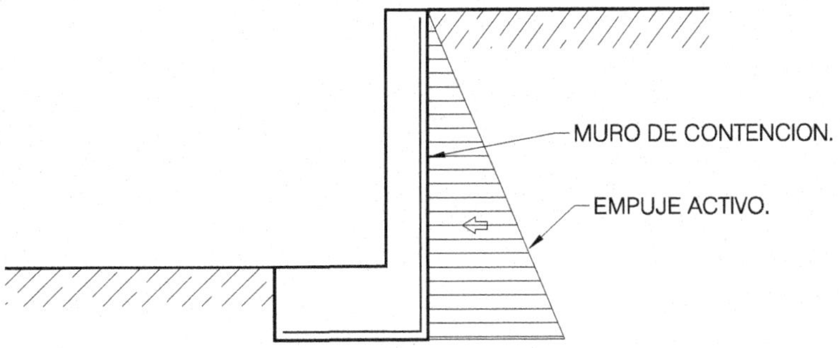

SECCION

Figura 12

Comentarios

Los muros de contención se suelen calcular en ménsulas con un empuje de tierras en triángulo como el muro 2 indicado en la **figura 13**, pero hay veces que al quedar dentro del círculo activo el empuje es mayor convirtiéndose en un trapecio, como le sucede al muro 1 de la **figura 13**, y al tener una mayor solicitación queda más expuesto al vuelco y al deslizamiento, al mismo tiempo que va a precisar mayor cimentación y sección de armadura.

En empuje en trapecio también lo tienen que soportar los muros de contención de sótanos cuando en el terreno medianero existe una edificación.

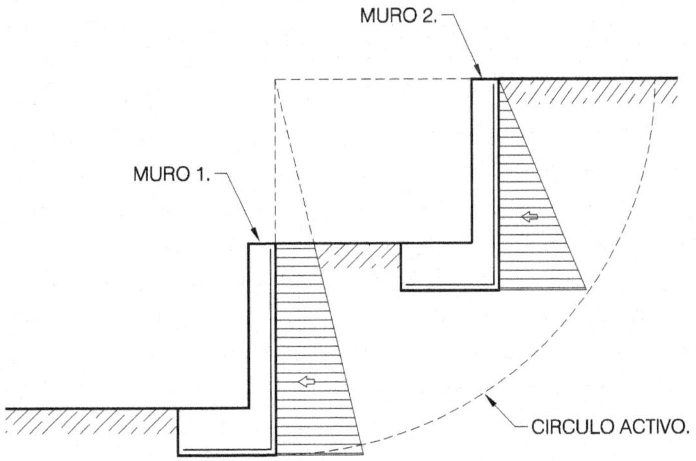

SECCION

Figura 13

E

EMPUJE AL VACÍO

Suele suceder cuando la compresión empuja al hormigón hacia el exterior y la tracción tiende a enderezar las barras haciendo que el hormigón salte. Suele suceder en las losas de escaleras donde se montan las barras sin patillas en los cruces y éstas tienden a salirse del hormigón como se indica en la **figura 14**.

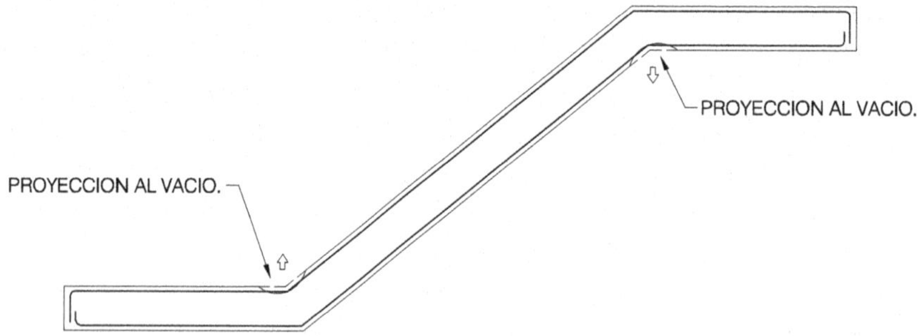

SECCION LOSA DE ESCALERA

Figura 14

Comentarios

En las losas de escaleras se deben montar las barras con patillas como se indica en la **figura 15**, para que el hormigón no se desprenda en los entrantes al intentar enderezarse las barras.

En caso de un deficiente montaje se puede solucionar como se indica en la **figura 16**, atando la armadura superior con la inferior mediante estribos.

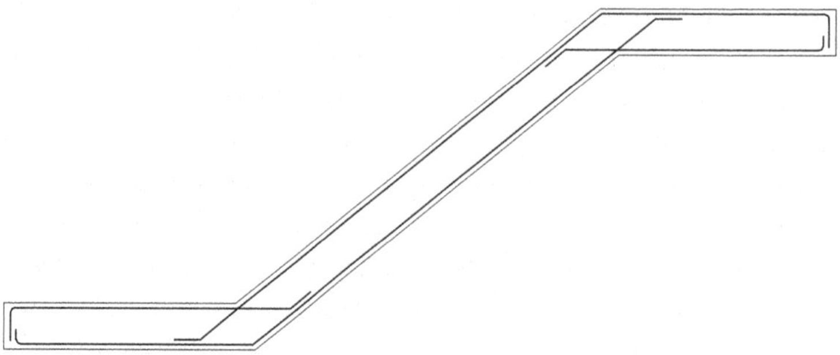

SECCION

Figura 15

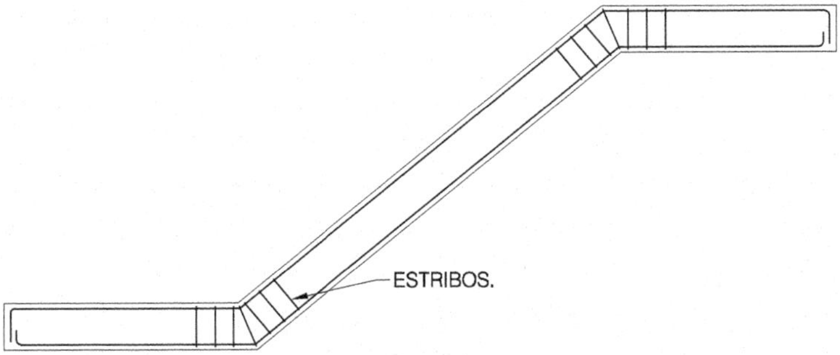

Figura 16

EMPUJE PASIVO

En los muros de contención existe un empuje de tierras delante de la cimentación llamado "empuje pasivo" que contrarresta en parte al empuje activo y reduce el deslizamiento (**Figura 17**).

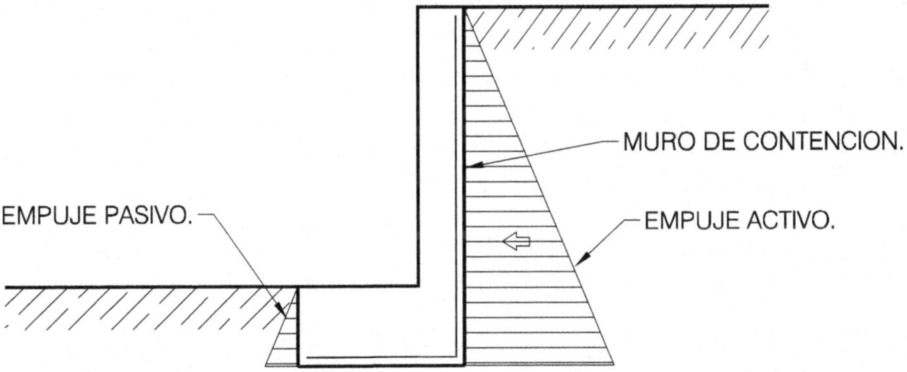

Figura 17

Comentarios

Cuando se realizan excavaciones en el terreno para ejecutar muros de contención, al excavar las tierras se esta eliminando el empuje pasivo, y si el muro no posee la suficiente estabilidad se producirá su deslizamiento. Si existen distintos estratos de tierras en laderas y alguno es más fluido hay que extremar las precauciones durante la propia excavación, ya que el entibado puede ser insuficiente y se produzcan desplomes (**Figura 18**).

E

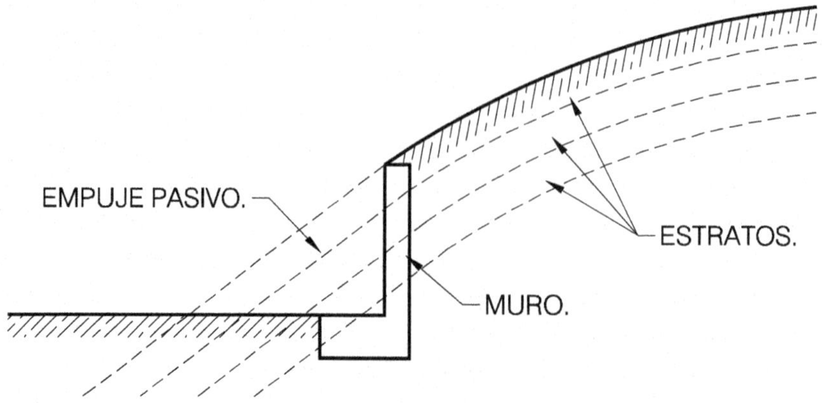

Figura 18

ENCARAR

Colocar un elemento ajustándolo a una cara. Esto se suele realizar en los pilares que van reduciéndose de dimensiones en los edificios con mayor número de plantas.

Comentarios

En el cálculo de estructura suele ser necesario situar los pilares encarándolos para que se reduzcan en un lado determinado.

Los pilares de fachadas se reducen como se indica en la **figura 19 letra A** para que siempre se respete la cara de la fachada.

Los pilares de esquinas se fijan permaneciendo fija la cara de la esquina como se indica en la **figura 19 letra B**.

En los pilares centrales se suele fijar en el centro (**figura 20 letra C**), aunque en edificaciones de mayor número de plantas hay veces que conviene encararlos en un lateral o una esquina (**figura 20 letra D**) para que las habitaciones tengan las mismas dimensiones en todas las plantas, con los tabiques enrasados con los pilares.

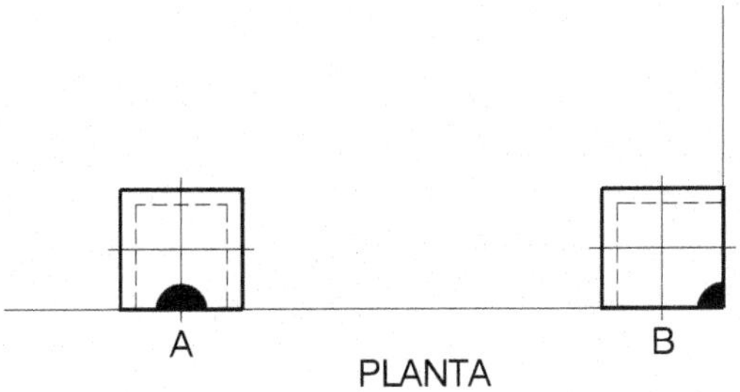

Figura 19

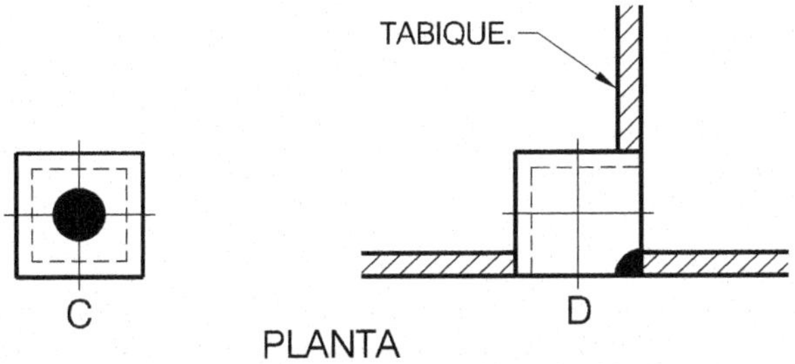

Figura 20

ENCOFRADO PERDIDO

Encofrado que se emplea durante la ejecución de la estructura y no se recupera, como puede ser el encofrado utilizado para la construcción de forjados sanitarios con vigas de cuelgue (**Figura 21**).

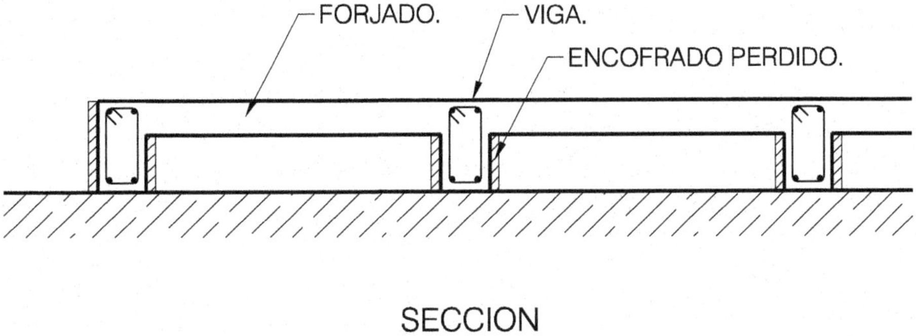

Figura 21

E

Comentarios

En los forjados sanitarios ejecutados con viguetas donde se emplean puntales perdidos para que durante el hormigonado no se deforme el forjado, cuando se trata de viguetas de mayores luces, al quedar los puntales tiene el inconveniente de que al entrar en servicio con la sobrecarga de uso al alterar el diagrama de momentos flectores se puede fisurar el forjado.

En la **figura 22** se representa con línea continua el momento a que estarían sometidas las viguetas con la sobrecarga de uso y con línea de trazos si los puntales quedan perdidos.

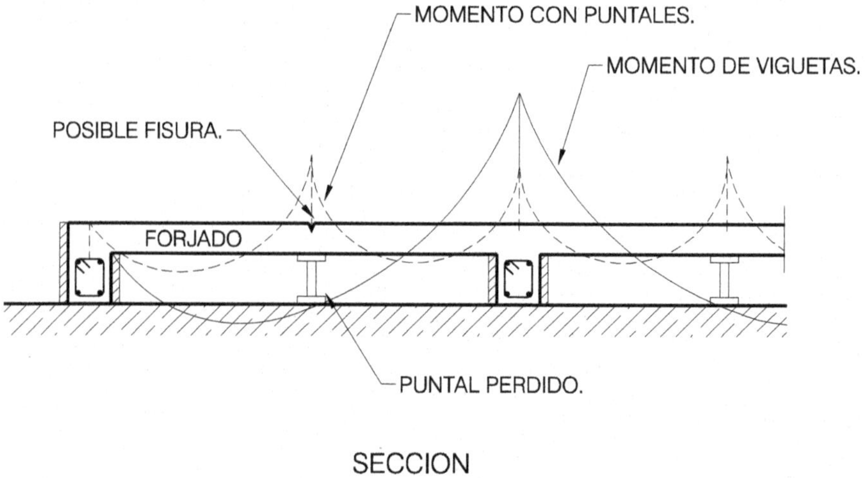

Figura 22

ENFOSCADOS

Revestimiento continuo de mortero de cemento o de cal y cemento, que se aplica a los paños de fábrica para eliminar sus irregularidades y que sirve de base para aplicar un enlucido que puede ser de yeso u otro tipo de acabado posterior más fino (**Figura 23**).

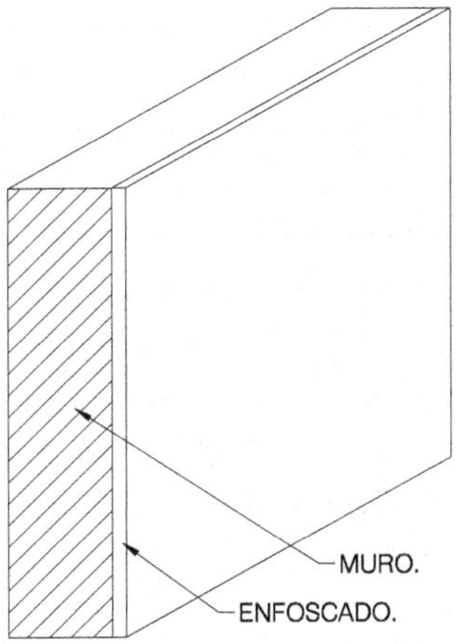

PERSPECTIVA

Figura 23

Comentarios

Los enfoscados muy irregulares con grandes espesores, si no se le colocan una malla de acero o fibras, se suelen fisurar por retracción durante su propio fraguado al existir un cambio brusco de rigidez (**Figura 24**).

Si el paño está muy caliente por la acción solar y la evaporación del agua es muy rápida, pueden surgir fisuras de retracción por afogarado parecidas a la piel del cocodrilo. Esto se evita manteniendo el paño húmedo.

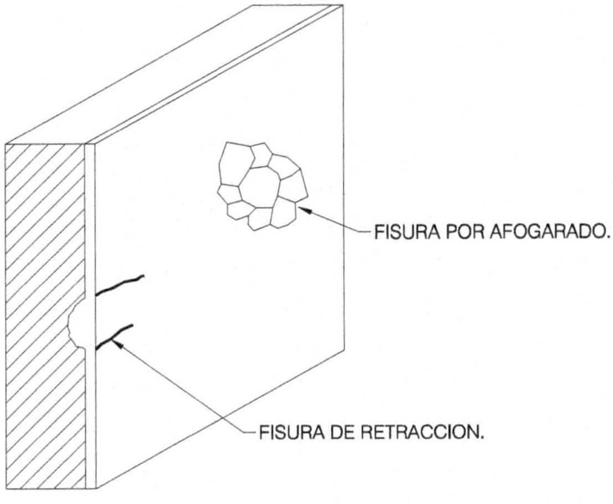

PERSPECTIVA

Figura 24

E

ENLECHAR

Acción de aplicar mezcla de agua y cemento a las juntas de un pavimento rellenando el espacio existente entre las baldosas.

Comentarios

No es conveniente enlechar la solería hasta que se haya evaporado el agua empleada en el mortero de agarre.

En época fría cuando se enlechan las solerías de mármol o granito sin que se haya evaporado el agua del mortero de agarre, suelen surgir manchas oscuras en las juntas que tardan más en desaparecer si se acristala la solería muy pronto, ya que el agua tiene más dificultad para evaporarse (**Figura 25**).

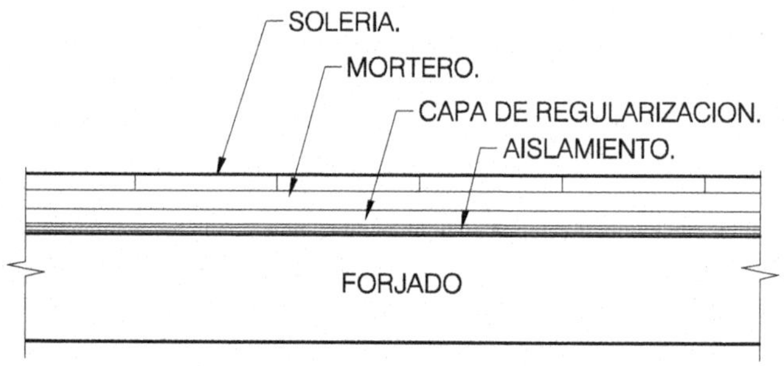

SECCION

Figura 25

ENLUCIDOS

Operación consistente en aplicar una capa muy fina de yeso u otro producto en un paño para obtener una superficie de acabado lisa y suave (**Figura 26**).

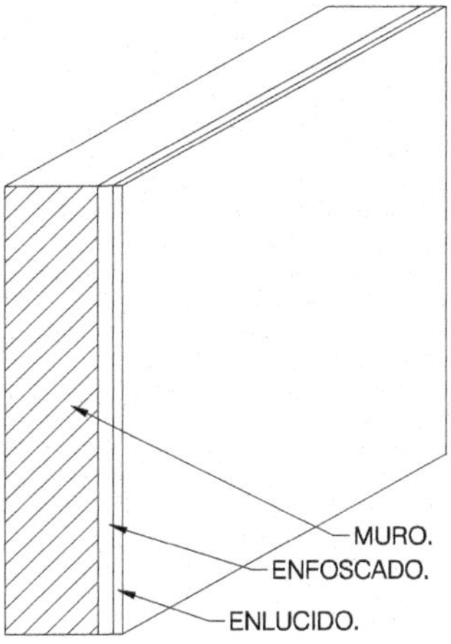

PERSPECTIVA

Figura 26

Comentarios

En las habitaciones donde se origina abundante humedad de condensación, los enlucidos de yesos absorben la humedad y suelen surgir manchas en ellas, mientras que si los enlucidos son de cemento, al condensarse el agua en ellos discurre como si fuera un cristal.

En zonas muy húmedas como las marítimas situadas muy cerca del mar, las paredes enlucidas con yeso, al absorber la humedad, las viviendas en invierno presentan un ambiente menos acogedor que si se enlucen con cemento.

ENSAYO ESCLEROMÉTRICO

Es un ensayo orientativo de la resistencia de un elemento, como puede ser un pilar de hormigón que según su dureza se obtiene un rebote con el esclerómetro que nos oriente sobre su resistencia.

Comentarios

Los hormigones carbonatados adquieren mayor dureza, y en estos tipos de ensayos se pueden obtener falsas resistencias, también cuando la prueba se realiza sobre una barra de mayor diámetro existente en el elemento ensayado.

Se obtienen resultados con más garantía sacando una probeta del elemento y ensayándola en un laboratorio de construcción, que en el caso de un pilar se puede obtener en su zona inferior (probeta 1) porque el hormigón es más compacto,

E

o en la zona del punto de inflexión del momento flector que suele quedar situado a la mitad de su altura.

La probeta 2 está situada en la zona de máximo momento y donde se acumula el árido fino y el agua, por lo que se obtendrá un hormigón de menor resistencia y puede ser necesario reforzar esa zona (**Figura 27**).

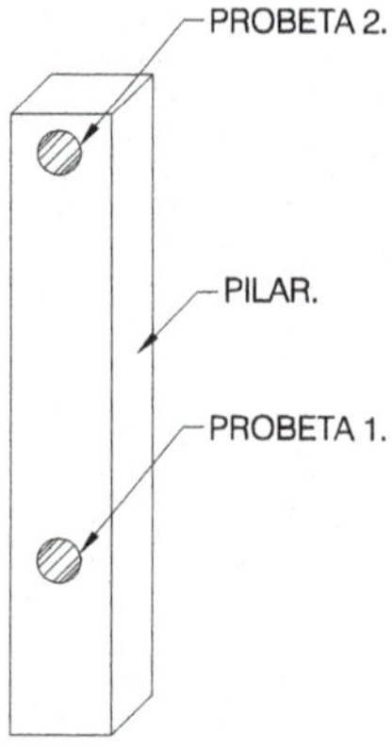

Figura 27

En la **fotografía 4** aparece un pilar donde se ha extraído una probeta a la mitad de su altura para ensayarla y conocer la resistencia del hormigón.

Fotografía 4

ENSAYOS GEOTÉCNICOS

Análisis y pruebas que se realizan en un terreno para conocer sus características y obtener los datos necesarios para proyectar el tipo de cimentación más adecuada.

Comentarios

Aunque la información que se puede obtener es muy amplia, las más necesarias suelen ser las siguientes:

- Capacidad portante del terreno a distintas profundidades.
- Profundidad del nivel freático y existencia de bolsas de aguas colgadas.
- Expansividad donde también sería conveniente que se indicase la profundidad activa.
- Agresividad de las tierras, su composición química y naturaleza.
- Coeficiente de balasto, especialmente si se va a proyectar una losa de cimentación.
- Peso de las tierras y ángulo de rozamiento si se van a realizar muros de contención.
- Cohesión de las tierras si se va a realizar excavación que en este caso también sería conveniente conocer la altura crítica.
- Detección de oquedades en el terreno, como galerías, túneles, etc.

ENTIBAR

Consiste en mantener mediante tableros y puntales las tierras que han quedado cortadas verticalmente en una excavación para que no se desplomen (**Figura 28**).

También se entiban o apuntalan las edificaciones que corren peligro de derrumbarse.

E

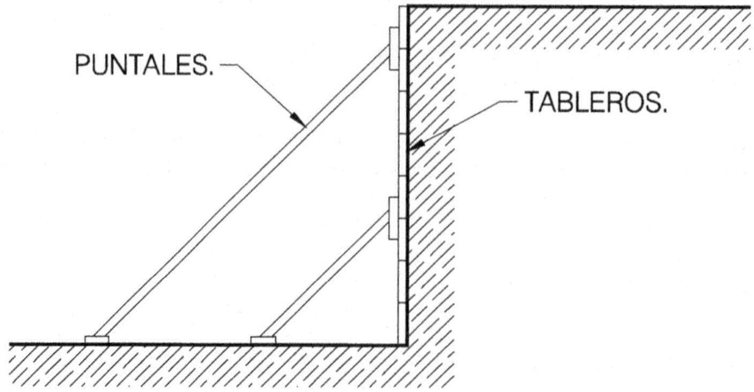

SECCION

Figura 28

Comentarios

Cuando la profundidad de excavación es mayor que la altura crítica (que es hasta donde las tierras se pueden soportar a sí mismas por su cohesión), estas se desprenden cuando no se han entibado.

También se debe entibar cuando la profundidad de excavación sea más profunda que la base de la cimentación de la edificación medianera, especialmente en terrenos blandos, ya que las tierras que se encuentran comprimidas se desplazan hacía la excavación realizada.

ENTUMECIMIENTO

Hinchamiento que se produce en un elemento que está continuamente sumergido en agua.

Comentarios

En los elementos de hormigón introducidos continuamente en agua, como puede ser pilares en interiores de depósitos, se puede producir un entumecimiento por la existencia de cal libre o por defecto del cemento, que es más acusado con dosificaciones de cemento elevada y de muy fina granulometría (**Figura 29**). Estos pilares si no están protegidos, debido a su estado de humedad y sequedad por la subida y bajada del agua, están más expuestos a que se corroa su armadura, debiéndose tener en cuenta que el cloro del agua facilita la corrosión de la armadura.

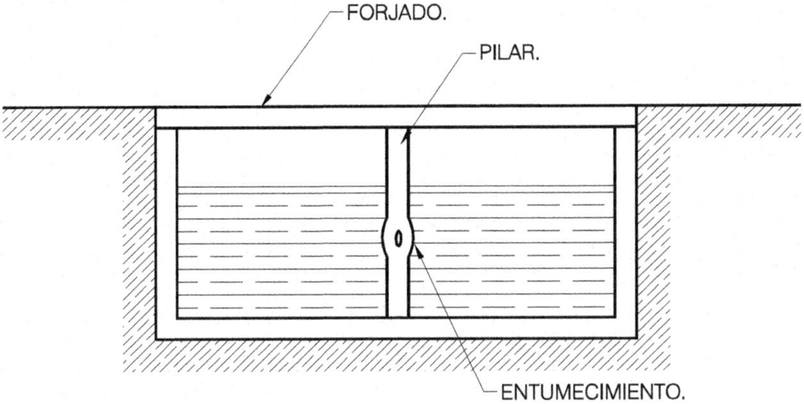

SECCION DEPOSITO

Figura 29

ESBELTEZ GEOMÉTRICA

Es el resultado de dividir la longitud del elemento entre su lado menor.

Comentarios

En el ejemplo de un pilar rectangular de lados 30x40 cm y altura 450 cm, la esbeltez geométrica sería 450/30 = 15 (**Figura 30**).

Los pilares muy esbeltos en caso de fallo, es por pandeo y no por compresión.

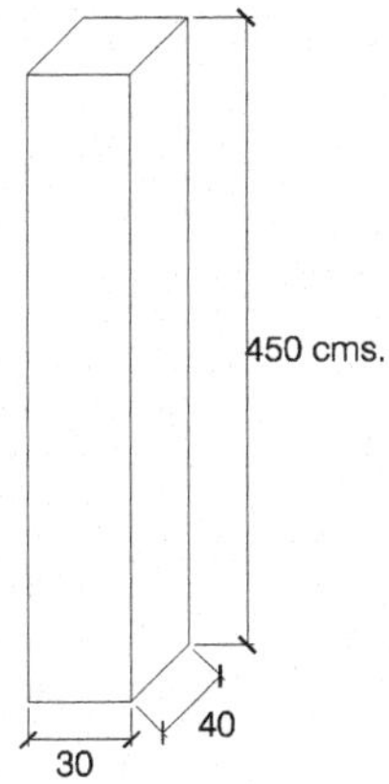

PERSPECTIVA PILAR

Figura 30

E

ESBELTEZ MECÁNICA

Es el resultado de dividir la longitud del elemento entre su radio de giro.

Comentarios

En el caso de un pilar rectangular habría que dividir su altura entre el radio de giro que tenga considerando b el lado de menor dimensión que sería:

$$\textit{Esbeltez mecánica} = \frac{\textit{Altura}}{\sqrt{b^2/12}}$$

ESFUERZO CORTANTE

Es un esfuerzo de cortadura o cizallamiento interno de las tensiones paralelas a la sección transversal de un elemento, como puede ser una viga, que es ocasionado por una fuerza interna.

Cuando una viga tiene un momento flector pequeño y un cortante elevado, lo más probable es que rompa por esfuerzo cortante, como se indica en la **figura 31** o como aparece en la **fotografía 5**.

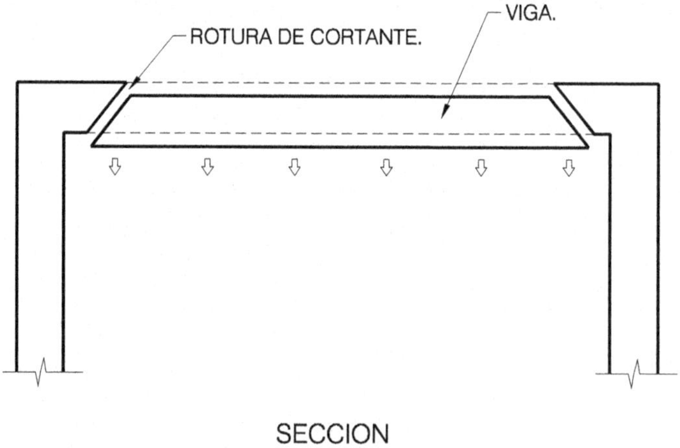

Figura 31

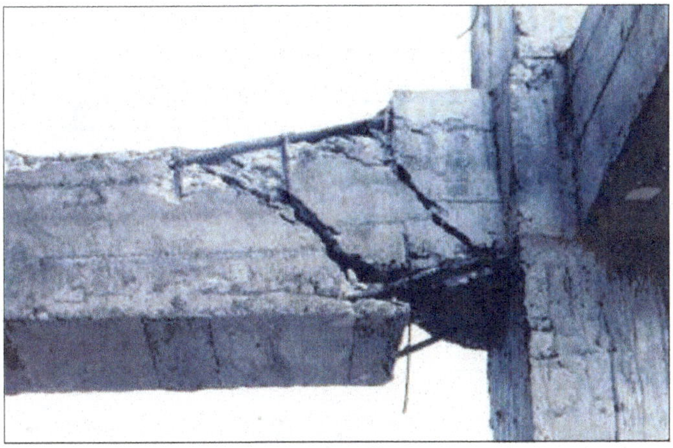

Fotografía 5

Comentarios

En vigas de hormigón armado muy estribadas, la rotura de cortante toma una inclinación aproximada de 45º, y dentro de la gravedad presenta mayor tiempo de aviso antes de su desplome.

En vigas con escasa armadura transversal, estribos muy separados, o que han desaparecido en su zona inferior por corrosión, la rotura por cortante suele suceder de forma muy rápida con una inclinación aproximada a los 35º respecto a la horizontal, y por lo tanto es más grave.

Como los mayores esfuerzos cortantes suceden cerca de los apoyos, ahí es donde se produce la rotura, y la rapidez depende de la cantidad de armadura transversal existente. Debido a ello los elementos que no contienen armadura transversal como las viguetas, en caso de desplome de los forjados por rotura de cortante este será muy rápido.

ESFUERZO RASANTE

Es un esfuerzo que se produce entre dos elementos cuando se les impide deslizar entre ellos.

Comentarios

Si se colocan dos tablas apoyadas, se le realizan marcas (**figura 32**) y se le aplica una carga, se podrá observar que la marca del centro permanece en su sitio mientras que las de los extremos se han desplazado, lo cual indica que los mayores esfuerzos rasantes suceden en los extremos (**Figura 33**).

E

Si las tablas estuviesen pegadas, comenzarían a romper por los extremos por esfuerzo rasante como se indica en la **figura 34**.

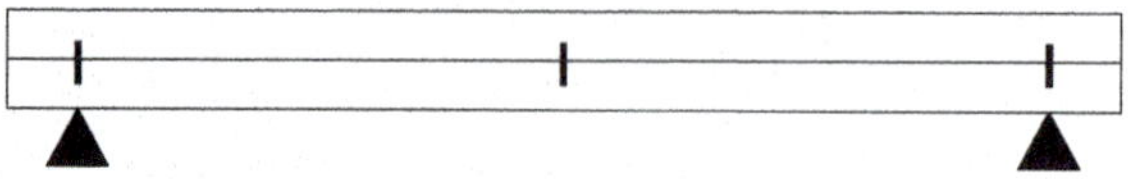

SECCION

Figura 32

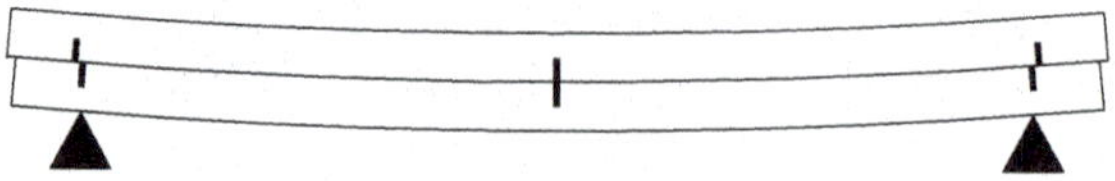

SECCION

Figura 33

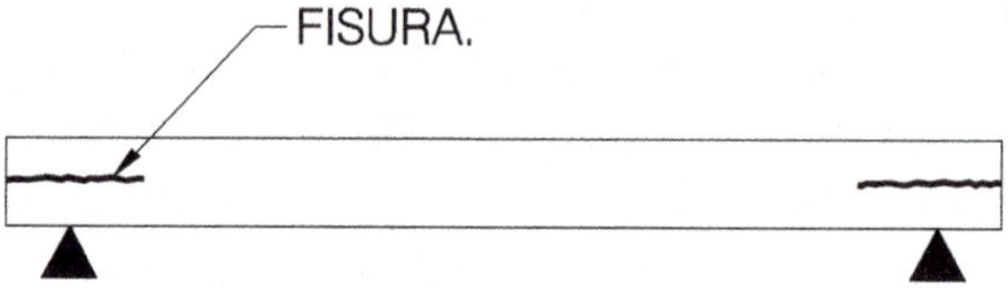

SECCION

Figura 34

En la **fotografía 6** se presenta como sería una rotura por esfuerzo rasante en una vigueta.

Fotografía 6

Una vigueta semirresistente apoyada que se ha hormigonado "in situ", si está muy caliente por la acción solar y el hormigón vertido no queda adherido a ella, al entrar en carga se produce un esfuerzo rasante y desliza en contacto con el hormigón.

Si un muro de contención no queda unido a su cimentación se produce un esfuerzo rasante o un deslizamiento, como se indica en la **figura 35**.

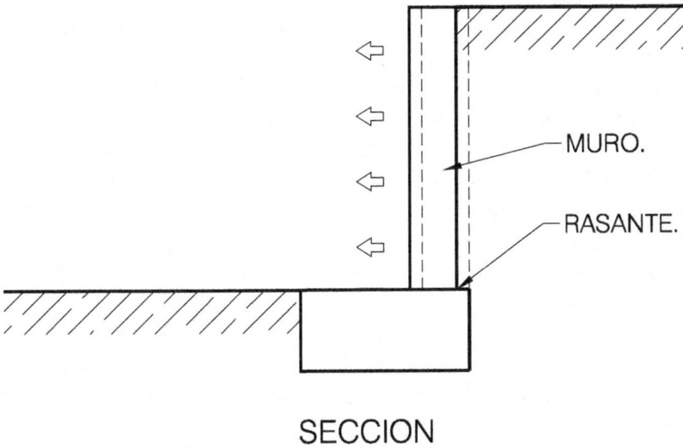

Figura 35

ESTRATOS

Capas de tierras existentes en los suelos con diferentes composiciones y resistencias.

En la **figura 36** se presenta distintos estratos de tierras que se pueden encontrar en la excavación de un terreno.

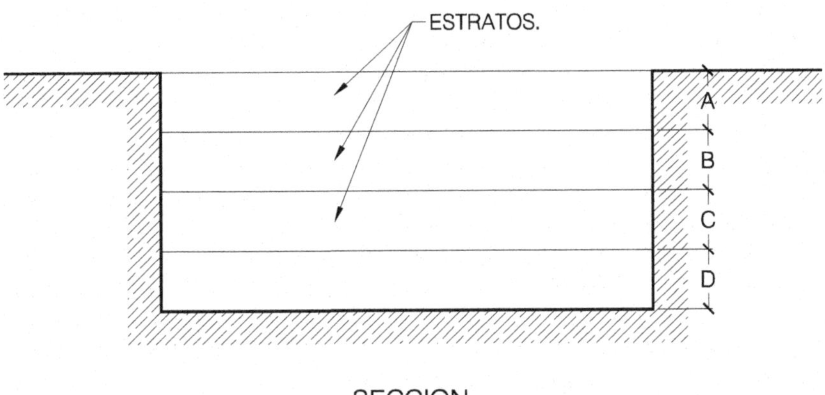

Figura 36

E

Comentarios

Los estratos son muy problemáticos cuando quedan situados en laderas con pendientes superiores al 30%, especialmente cuando son deslizables y quedan afectados por corrientes de agua.

Los estratos licuables saturados de agua son problemáticos si quedan situados en zonas sísmicas, pues, durante las vibraciones, se puede producir una licuefacción, es decir, las tierras se convierten en una masa fluida y la cimentación de la edificación se queda sin apoyo en el terreno.

Es importante conocer los estratos, ya que la cimentación puede apoyar en un estrato más resistente y unos centímetros más abajo puede existir otro de menor resistencia.

ESTRIBOS

Barras de acero que atan a la armadura longitudinal de las vigas de hormigón, soliendo tener un diámetro de 6 u 8 mm (**Figura 37**). En caso de precisar en el cálculo diámetros mayores que dificultan su elaboración, se suelen colocar dobles o pareados.

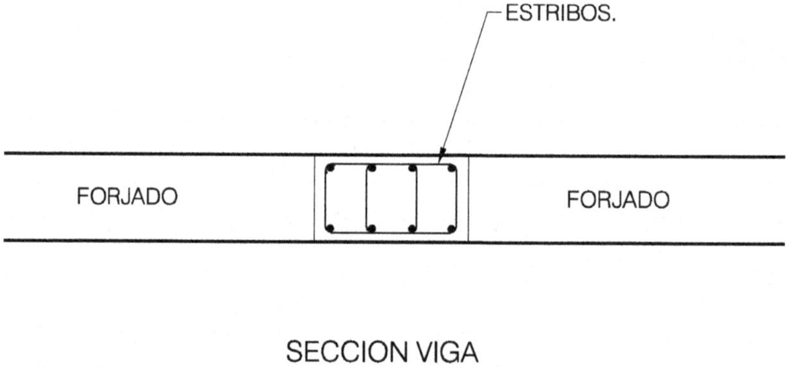

Figura 37

Comentarios

Los estribos atan a la armadura evitando que pandeen, confinan el hormigón y son los encargados de soportar los esfuerzos cortantes y los momentos torsores.

En la unión de dos elementos también se producen esfuerzos rasantes que colaboran los estribos soportándolos.

En las vigas, los estribos se deben cerrar en zona de compresión, que es en la cara inferior cerca del apoyo en un cuarto de la luz de la viga. Cerrar los estribos en la cara superior en el centro de la luz en una longitud de la mitad de la luz.

En los voladizos se deben cerrar los estribos en la cara inferior de las vigas.

Los estribos en vigas formados por dos piezas, como los indicados en la **figura 38**, quedan menos capacitados para soportar torsiones.

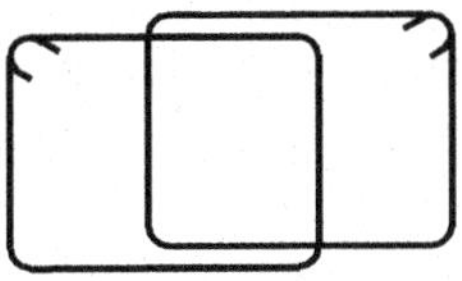

DESPIECE DE ESTRIBOS

Figura 38

ESTRUCTURA DUAL

Consiste en una estructura mixta compuesta por pilares y vigas que forman pórticos y también por muros pantallas ,(**figura 39**), muy eficiente para soportar movimientos sísmicos.

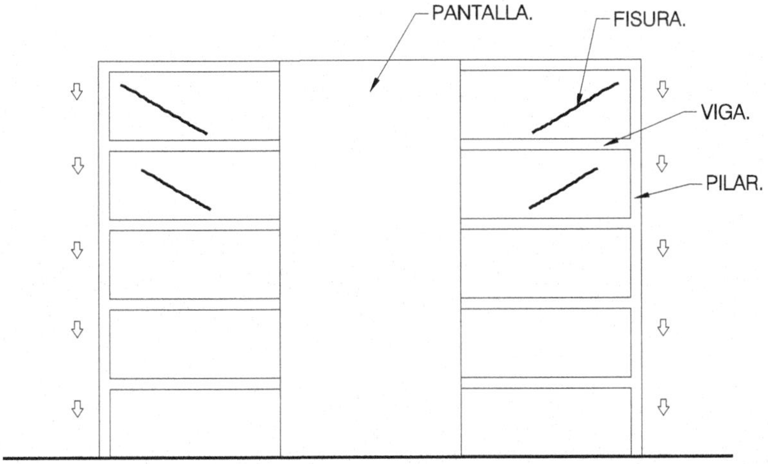

SECCION

Figura 39

E

Comentarios

La estructura Dual se suele emplear en zonas muy sísmicas para que la pantalla pueda absorber las mayores solicitaciones por empujes horizontales.

Al quedar la pantalla sometida a pequeñas cargas verticales y los pilares a mayores cargas, en estos se puede producir un acortamiento por fluencia, que se manifiesta en las plantas superiores con fisuras en la tabiquería, como se indica en la **figura 39**.

También se puede producir un acortamiento por recrecidos defectuosos de las cabezas de los pilares.

Es importante que estas pantallas se sitúen de forma simétrica en los laterales del edificio, ya que en caso contrario, durante el movimiento sísmico el edificio tiende a girar y ello puede no estar contemplado en los cálculos.

ESTRUCTURA HIPERESTÁTICA

Estructura formada por elementos para mantenerse estable. También se la conoce como estructura estáticamente indeterminada.

Esta estructura tiene mayores factores de seguridad en caso de fallo que una estructura isostática, por su capacidad de redistribución de sus solicitaciones internas.

Un pórtico formado por pilares y vigas es una estructura hiperestática (**Figura 40**).

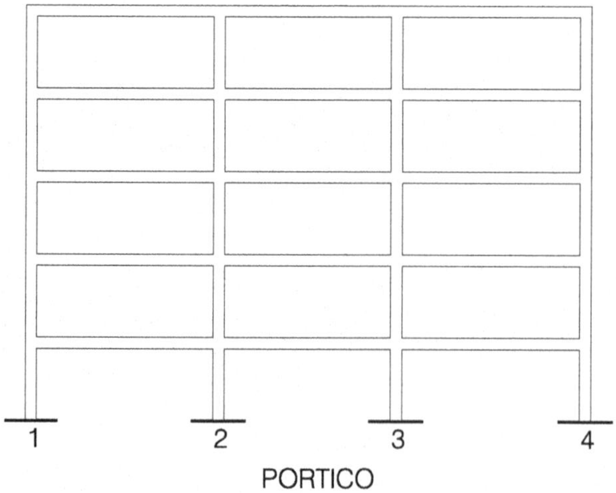

Figura 40

Comentarios

Las estructuras hiperestáticas más usuales están formadas por pilares de hormigón o metálicos, vigas y forjados que pueden ser unidireccionales, formados por nervios y viguetas, o bidireccionales, formados por nervios y ábacos, como los reticulares, aunque también pueden ser de losas macizas de hormigón que trabajan multidireccionalmente.

Estas estructuras quedan en equilibrio al trabajar todas en un conjunto y aunque la supresión de un elemento no conduce necesariamente al colapso, ello si modifica sus condiciones de funcionamiento estático alterando su esquema de trabajo.

Las estructuras bidireccionales, como pueden ser las reticulares, se imponen en el mercado por su diseño versátil y porque se pueden obtener mayores luces en un forjado plano.

ESTRUCTURA ISOSTÁTICA

Estructura que puede ser analizada mediante los principios de la estática. La supresión de cualquiera de sus ligaduras suele conducir al colapso. También conocida como estructura estáticamente determinada.

Dos muros de fábrica en los que apoya un forjado, es una estructura isostática (**Figura 41**).

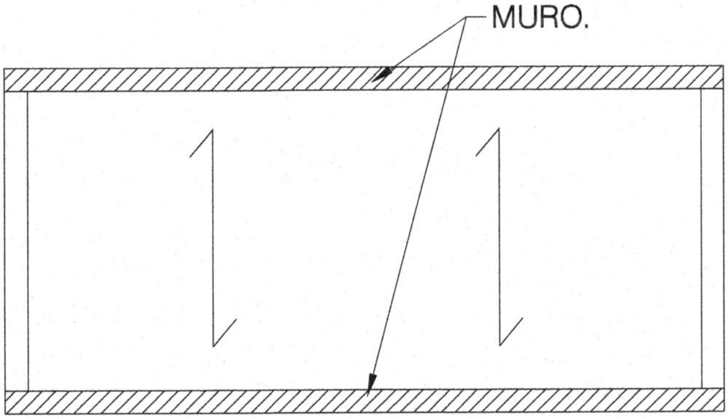

PLANTA DE FORJADO

Figura 41

E

Comentarios

Estas estructuras se suelen emplear con pocas plantas de altura y los muros trabajan independientemente entre ellos, por lo que se puede desplomar una zona de la edificación sin afectarle al resto.

Los muros de fábrica están capacitados para soportar cargas verticales, pero tienen escasa resistencia para soportar flexiones y esfuerzos cortantes, debido a ellos son muy vulnerables durante un movimiento sísmico.

Como los muros también tienen escasa resistencia para soportar tracciones, en cuanto se origina un descenso de la cimentación, que es usual, suelen romper con grietas inclinadas.

EXCAVACIÓN

Operación que consisten en extraer las tierras de un terreno (**Figura 42**).

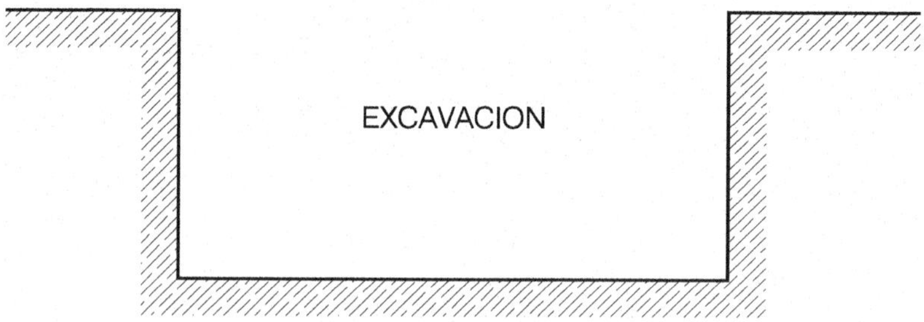

SECCION

Figura 42

Comentarios

En solares de mayores dimensiones, para facilitar la excavación de tierras y correr menos riesgos, conviene excavar primero la zona central, indicada con el número 1 de la **figura 43**, dejando el terreno ataluzado, después las zonas 2 y por último las esquinas indicadas con el número 3.

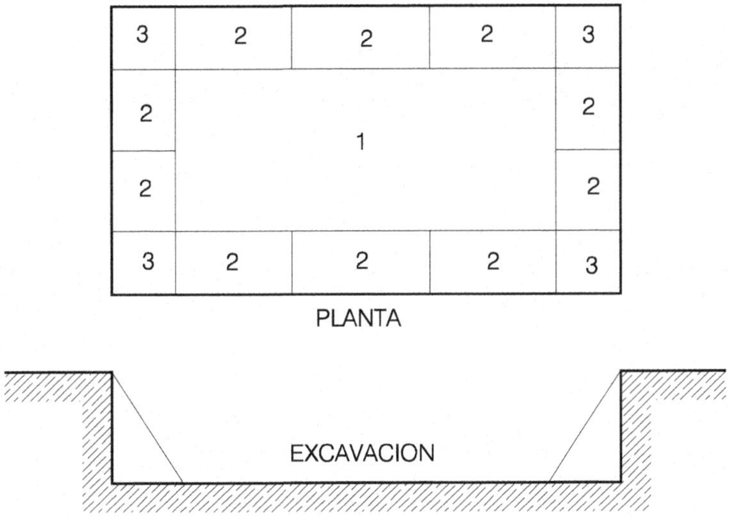

Figura 43

EXPANSIVIDAD

Propiedad que tienen los terrenos de aumentar de volumen cuando se humedecen y de contraerse cuando se desecan.

Comentarios

Conocer la expansividad de las tierras es necesario para elegir el tipo de cimentación, su profundidad y evitar elevaciones, asientos o giros de las cimentaciones.

Una edificación ejecutada sobre un terreno desecado, se elevará al humedecerse las tierras, y cuando estas se desequen y contraigan, la edificación descenderá, y así sucesivamente hasta arruinarla.

Una edificación ejecutada sobre un terreno húmedo, al desecarse las tierras se contraen y al perder apoyo la cimentación, suelen surgir grietas en los cerramientos.

Las vallas de fábrica, aceras y cimentaciones muy superficiales son las más afectadas por la expansividad.

El secreto de los terrenos expansivos está en que hay que situar la cimentación a una profundidad donde las tierras tengan una humedad constante, llamada "profundidad activa" que es mayor cuanto más alta sea la expansividad, encontrándose normalmente a una profundidad de tres o cuatro metros.

Se ha de tener presente que si alguna vez se incorpora cal a un terreno expansivo, esto va a reducir su expansividad pero no la va a eliminar.

En la **figura 44** se indica a la profundidad que conviene ejecutar la cimentación.

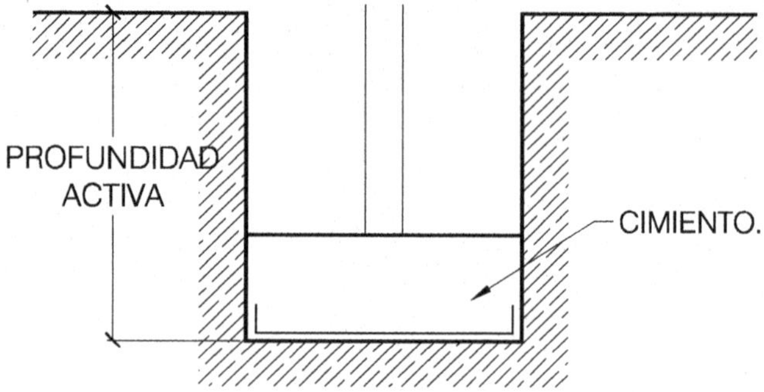

Figura 44

EXUDACIÓN

Descenso del hormigón y ascenso del agua hacía su superficie. Sucede en las tres primeras horas desde el hormigonado. Es más acusado cuando se produce un exceso de vibrado y en los hormigones más fluidos.

Comentarios

En las vigas de cuelgue donde el vibrado es excesivo existe mayor posibilidad de que se produzca una exudación con aparición de fisuras de retracción plástica.

En las cabezas de los pilares durante el vibrado se suele acumular el árido fino y el agua con la posibilidad de que se produzca una exudación y la aparición de fisuras por asentamiento plástico como se indica en la **figura 45**.

E

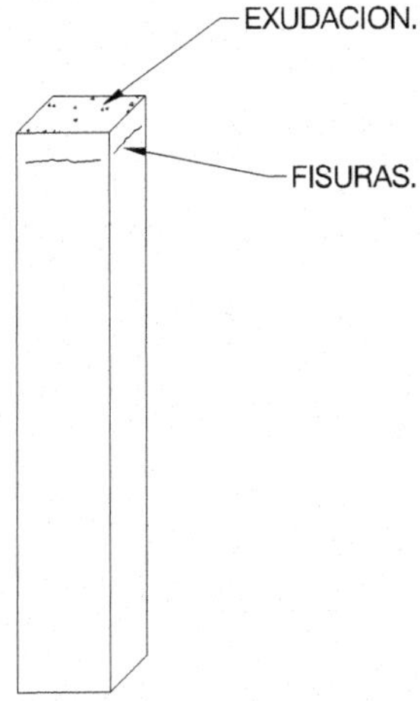

PERSPECTIVA PILAR

Figura 45

LETRA F

FALSOS TECHOS

Placas que se colocan bajo los forjados para ocultar elementos estructurales o para introducir instalaciones (**Figura 1**).

En edificios antiguos con techos muy altos se colocan para reducir la altura de las habitaciones y hacerlas más confortables.

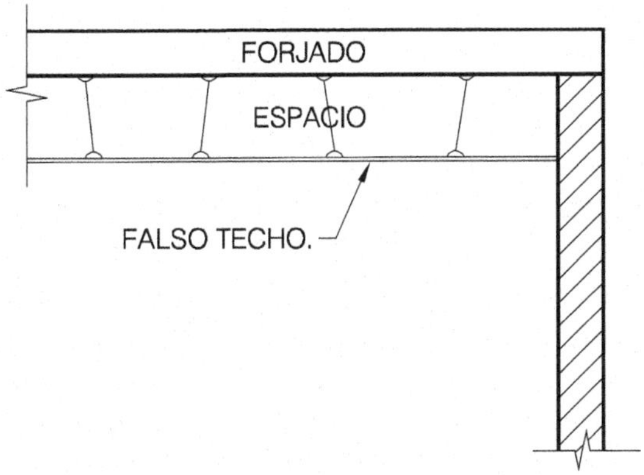

SECCION

Figura 1

Comentarios

Los falsos techos de escayola al ser muy frágiles se fisuran rápidamente ante cualquier movimiento y en los cambios de temperatura. Incluso con los saltos térmicos de las calefacciones se suelen fisurar.

Para evitar las fisuras es preferible colocar placas pequeñas aisladas y sueltas.

Los falsos techos situados en cuartos de baño en viviendas de planta de cubierta, tienen el inconveniente de que por la humedad de condensación se puede corroer la armadura inferior del forjado sin poderse observar.

FERRALLAR

Realizar el montaje de la armadura de un elemento estructural, como puede ser el de una viga (**figura 2**). Al operario que la realiza se le llama ferrallista.

F

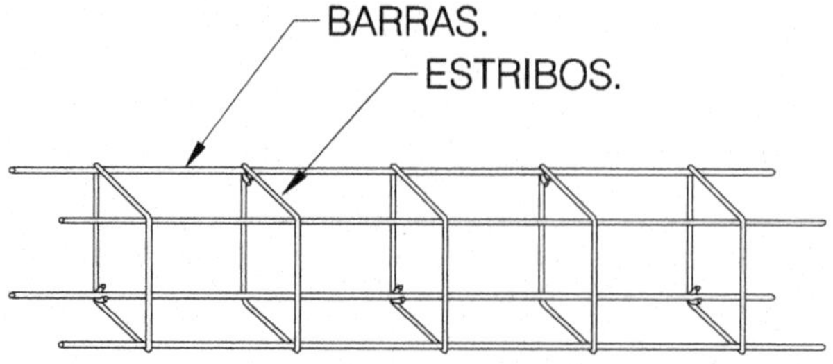

FERRALLA DE VIGA

Figura 2

Comentarios

Los ferrallistas deben saber muy bien interpretar los planos de estructuras para que realicen un montaje correcto de las armaduras, no alteren sus posiciones, se les olviden detalles tan importantes como la ejecución de patillas y conocer donde se deben cerrar los estribos en vigas y pilares.

Un error usual de estos operarios en obra consiste en cambiar la situación de las barras en pilares, es decir, si la posición correcta es la A de la **figura 3**, la sitúan erróneamente como se indica en la **figura 3** con la **letra B**.

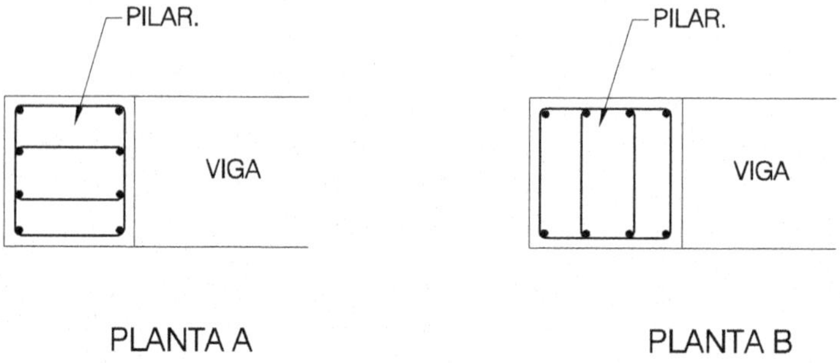

Figura 3

FISURA

Rotura muy fina que aparece en la superficie de un elemento, y que pueden ser por retracción plástica del mortero sobre un paño, como se indica en la **figura 4**. A las roturas en los elementos se les suele llamar fisuras hasta una abertura de dos milímetros, cuando es mayor suele recibir el nombre de grietas.

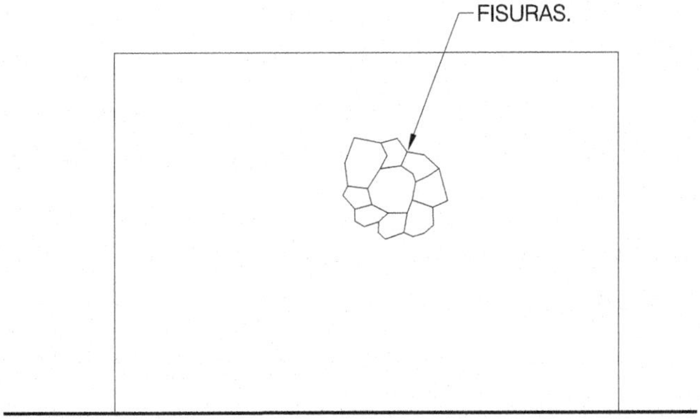

ALZADO

Figura 4

Comentarios

Aunque no está muy definido el límite entre fisuras y grietas, se suelen llamar fisuras cuando aparece sólo en la superficie del elemento y también cuando lo seccionan y su abertura no supera los dos milímetros.

La gravedad depende del elemento donde aparezca, ya que una fisura en un pilar suele ser grave, mientras que una grieta en un muro de fábrica no implica la misma gravedad.

FLECHA

Deformación que sucede en una viga o losa de forjado ocasionada por su propio peso y por la carga que recibe.

Esta flecha se divide en varias partes llamadas:

- Flecha instantánea.
- Flecha activa.
- Flecha diferida.

Las cuales se comentan cada una en sus apartados. En la **figura 5** se indica la flecha de una viga.

F

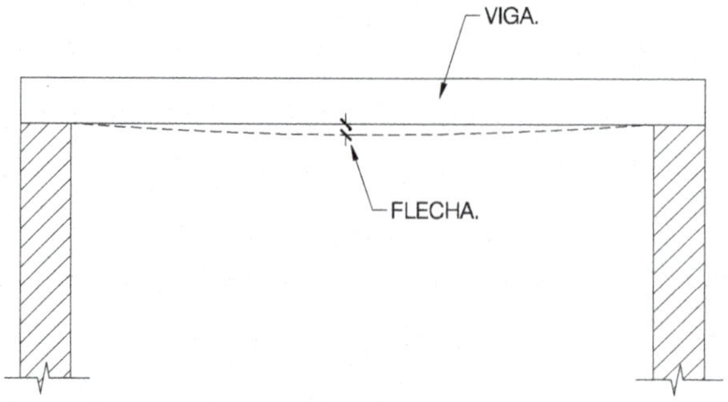

Figura 5

Comentarios

La flecha o deformación que puede tener una viga se obtiene en el cálculo, pero existen otras deformaciones difíciles de contemplar, como pueden ser las que suceden por realización de taladros en las vigas para paso de canalizaciones, o las que se producen cuando se corroe la armadura inferior de la viga que al deslizar en el hormigón aumenta su deformación, como le ha sucedido a la viga de la **fotografía 1** situada en una junta de dilatación que ha flectado al corroerse su armadura.

Fotografía 1

FLECHA ACTIVA

Deformación que se produce en una viga o forjado a partir del instante en el que se construye el elemento que apoya en él y que se puede dañar, como pudiera ser un tabique.

Comentarios

Se expone como ejemplo una viga situada en un pórtico ya ejecutada sobre la que se coloca un cerramiento. A partir de ese instante se produce una deformación que debe ser admisible para que el cerramiento no rompa, pero si la flecha es excesiva debido a que la viga no tenga la rigidez suficiente, el cerramiento se fisuraría como se indica en la **figura 6**.

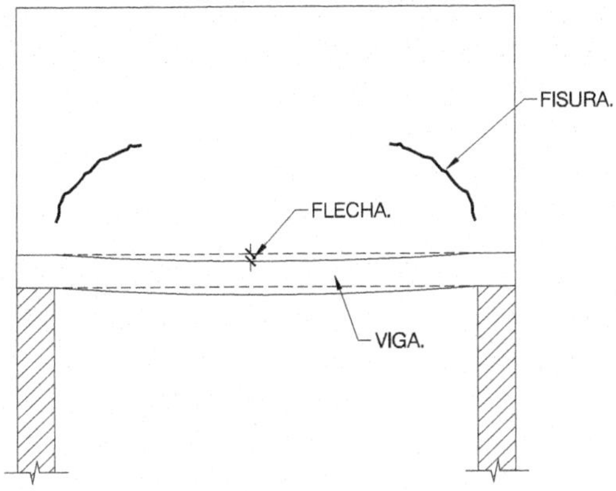

Figura 6

FLECHA DIFERIDA

Deformación que se produce con el paso del tiempo debido a cargas permanentes, como pueden ser el peso propio de la solería o de los cerramientos.

Los forjados que tienen que soportar mayor carga permanente y poseen grandes luces están expuestos a una mayor deformación por flecha diferida.

Comentarios

Si no existen errores de cálculo o de ejecución la fecha diferida suele quedar estabilizada entre los 5 y 7 años desde su ejecución, y en zonas húmedas suele quedar antes estabilizada.

En caso de existir errores la deformación es mayor y rompen los cerramientos, y si se trata de errores graves también rompen los elementos, como pueden ser vigas o forjados.

F

FLECHA INSTANTÁNEA

Deformación que se produce en una viga o en un forjado al aplicarle una carga.

Comentarios

En obras, después de la ejecución de la estructura, es usual que se realicen taladros en los forjados para el paso de canalizaciones, y cuando se perfora una viga, al reducir su sección, aumentan las deformaciones fisurándose los tabiques, no debiendose confundir con una flecha, ya que se trata de una anomalía de ejecución.

FLEXIÓN

Forma de trabajo que se somete a un elemento haciendo que flecte o se deforme. En la **figura 7** se representa una tabla apoyada en sus extremos que al aplicarle una carga flecta.

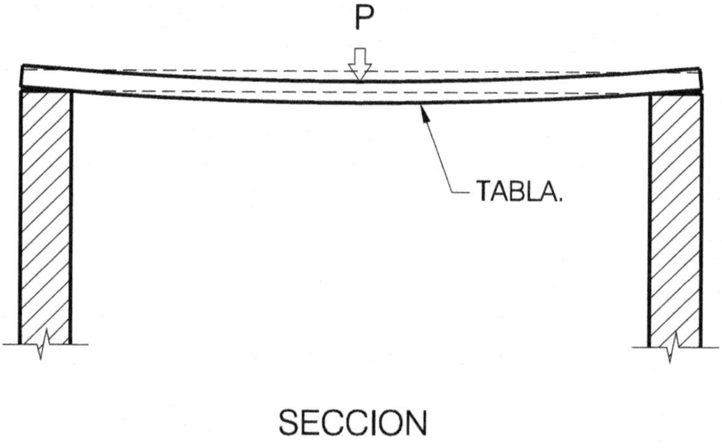

Figura 7

Comentarios

La mayoría de los elementos estructurales como vigas, viguetas, nervios y forjados bidireccionales suelen flectar ligeramente al aplicarle la carga que tienen que soportar.

Que un elemento tenga la deformación admisible no significa que no tenga su resistencia, lo que sí es importante es que sea compatible con la de los cerramientos y tabiquería que soporta.

Se ha de tener en cuenta en los elementos hormigonados "in situ", como vigas o forjados reticulares, que cuanto menor tiempo de curado hayan tenido mayor será su deformación, y a mayor duración de curado menor será su deformación.

FLEXIÓN COMPUESTA

Sucede en elementos sometidos a un momento grande y a una carga pequeña, como puede ser un pilar situado en el extremo de un pórtico que soporta una viga de mayor luz situado en planta de cubierta, como el nº1 de la **figura 8**.

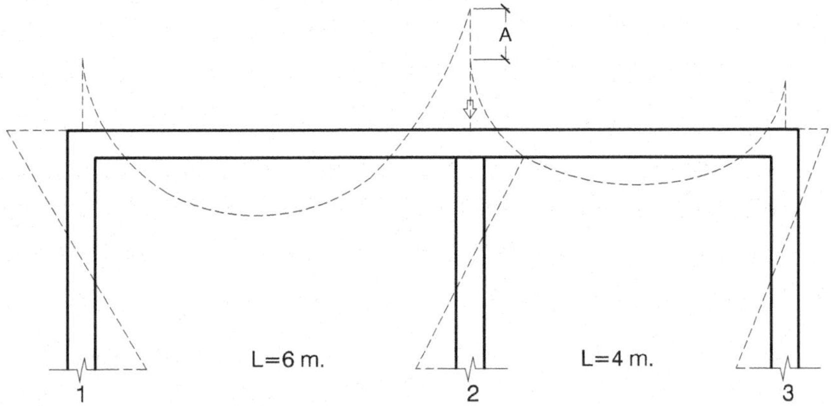

Figura 8

Comentarios

En estructuras de hormigón armado, la mayoría de los pilares extremos situados en la planta última suelen trabajar a flexión compuesta y suele obtenerse en el cálculo mayor número de barras que en el inferior, como el pilar nº1 representado en la **figura 9** que precisa ocho barras, mientras que el mismo en la planta inferior solo precisa cuatro barras.

F

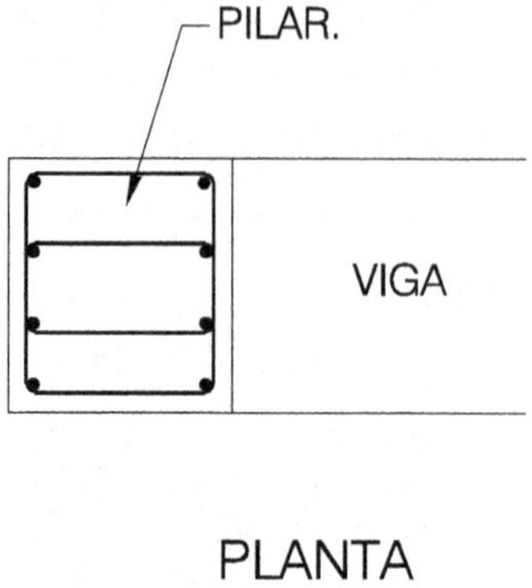

Figura 9

FLEXIÓN ESVIADA

Solicitación ocasionada por dos momentos que se producen en direcciones perpendiculares. En la **figura 10** se representa la planta de un pilar sometido a dos momentos flectores, y por lo tanto a una flexión esviada.

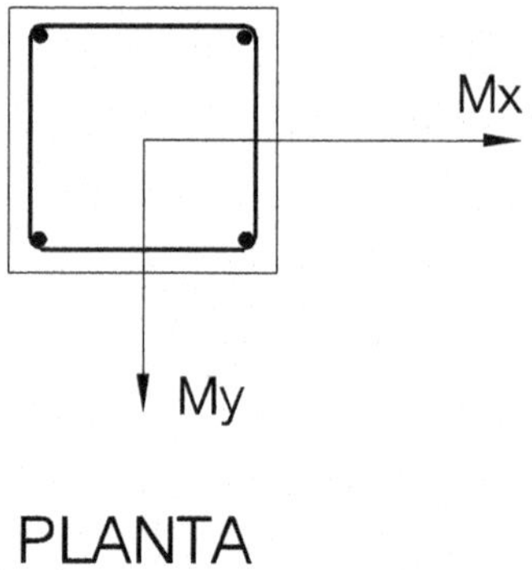

Figura 10

Comentarios

Un pilar expuesto a dos momentos y un axil, queda sometido a "flexión esviada compuesta", que es muy usual en los pilares a los que llegan vigas de diferentes direcciones y en la mayoría de los situados en forjados bidireccionales.

En la **figura 11** se representa en planta un pilar sometido a dos momentos y un axil en el que se indica la resultante de donde actúa la carga.

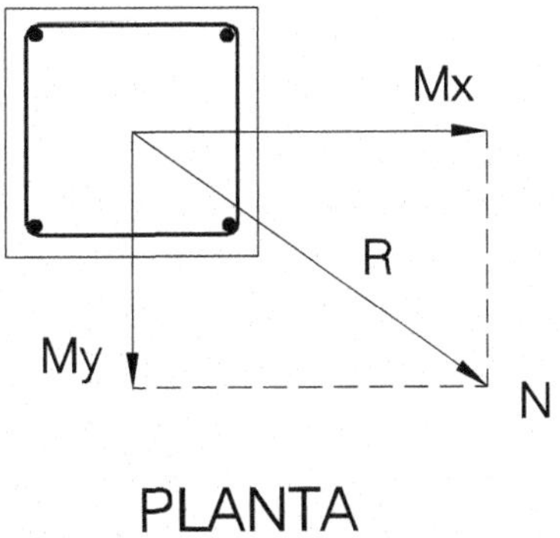

Figura 11

FLEXIÓN HORIZONTAL

Deformación que se produce en un elemento que flecta horizontalmente, como puede ser la deformación que sucede en un muro de contención debido al empuje parcial de las tierras, como se indica en la **figura 12**.

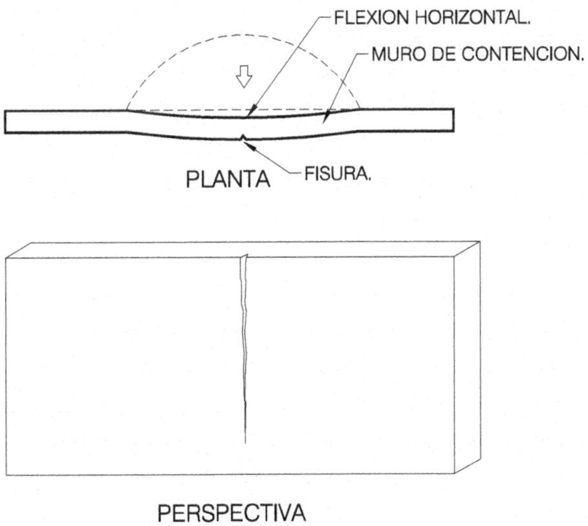

Figura 12

Comentarios

Los muros de contención se suelen calcular en ménsula, pero cuando existe un empuje parcial en una zona comienzan a trabajar a flexión horizontal, y si no tienen la armadura longitudinal suficiente rompen con una fisura vertical, que no secciona el muro, como se indica en el alzado de la **figura 12**, y aunque es muy parecida, no se debe confundir con una de retracción térmica que sí secciona al muro.

En la **fotografía 2** aparece un muro de contención visto por su zona superior en el que se puede observar como ha roto por flexión horizontal, y sin seccionarlo en la **fotografía 3** se aprecia la fisura en el alzado del muro.

Fotografía 2

Fotografía 3

FLUENCIA

Deformación irrecuperable o irreversible que se produce en un elemento sometido a una carga continua de larga duración también conocida como "fenómeno de cansancio".

En la **figura 13** se representa un pilar en el que se ha producido un acortamiento por la carga permanente.

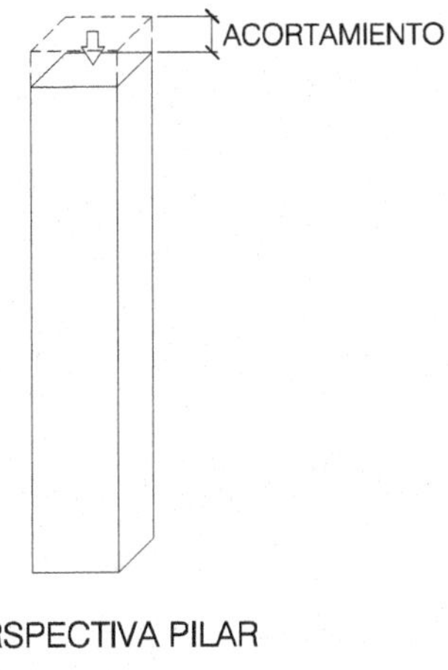

Figura 13

Comentarios

Se produce mayor fluencia o acortamiento en un elemento de poca edad, como pueden ser pilares de nueva edificación sometidos a una carga permanente de larga duración, que en otro que se cargue y tenga mayor tiempo de ejecución.

Los recrecidos defectuosos de cabezas de pilares ocasionan un acortamiento, que no se debe confundir con una fluencia.

En edificios muy altos ejecutados con bastante rapidez en climas fríos, al entrar más pronto los pilares en carga, es más probable que se produzca fluencia.

En vigas muy sobrecargadas donde el hormigón queda muy comprimido, la fluencia origina un aumento de la deformación a lo largo del tiempo.

FORJADO ALVEOLAR

Forjado formado por placas alveolares de hormigón en las que se han realizado en ellas huecos longitudinales para reducir su peso y economizar. Estos forjados trabajan unidireccionalmente. En la **figura 14** se representa una de las placas que componen el forjado.

F

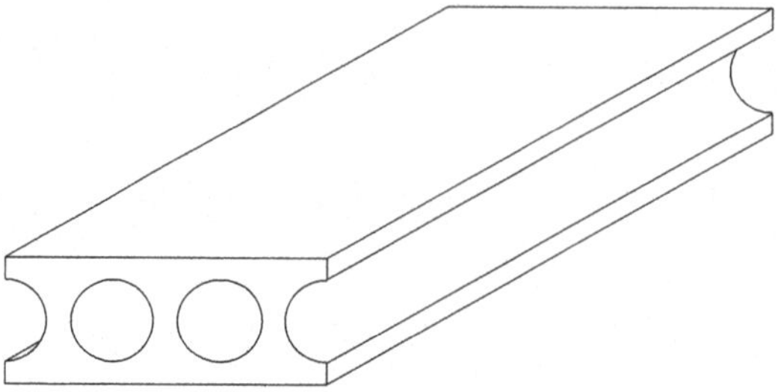

PERSPECTIVA

Figura 14

Comentarios

Los forjados alveolares están formados por placas que descansan sobre vigas y se clasifican dentro de los unidireccionales. Estas placas no precisan encofrado y con ellas se alcanzan luces mayores que con viguetas.

Están especialmente indicados para forjados apoyados y en forjados sanitarios por su rapidez de ejecución y no tener que apuntalar.

Las placas alveolares tienen multitud de usos, como pueden ser actuando de muros de contención, de encofrado perdido en muros de contención de hormigón, gradas en tribunas, etc.

FORJADO RETICULAR

Entramado formado por ábacos, nervios, casetones y vigas de borde, que trabajan bidireccionalmente como se indica en la **figura 15**.

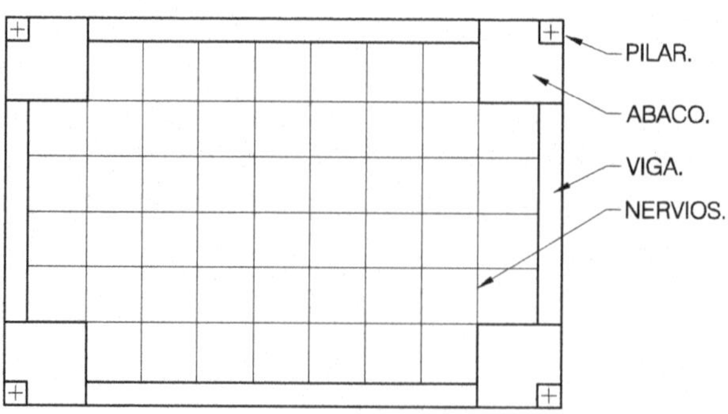

PLANTA

Figura 15

Comentarios

Los forjados reticulares se utilizan para obtener mayores luces, colocar menor número de pilares, cuando no existen pórticos virtuales o para proyectar estructuras más complicadas, situando los pilares de forma arbitraria.

Estos forjados precisan mayor mano de obra y más cualificada por ser más laboriosos y existir mayor posibilidad de que se produzcan errores de ejecución.

Al trabajar bidireccionalmente acusan menos los posibles errores de cálculo o de ejecución, encontrándose su punto débil en el punzonamiento que se puede producir alrededor de los pilares, precisando armadura en forma de cruceta.

FORJADO SANITARIO

Forjado que se coloca separado del terreno dejando una cámara aislante (**Figura 16**).

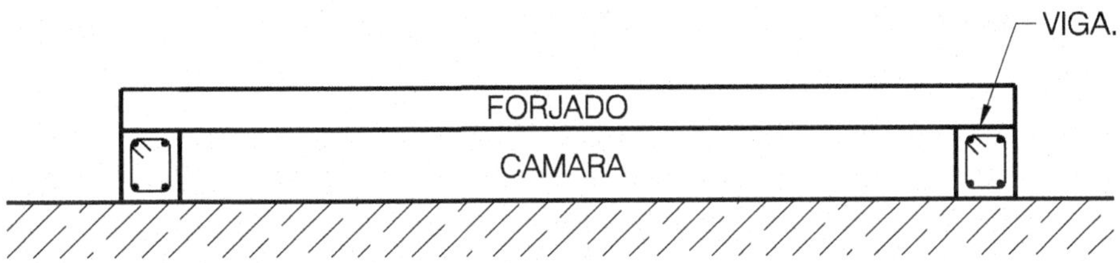

SECCION

Figura 16

Comentarios

En muy importante en los forjados sanitarios que tengan ventilación cruzada para evitar que la humedad de las tierras se condensen bajo el forjado y corroan la armadura de las viguetas.

La colocación de una lámina impermeabilizante sobre el terreno, o un fratasado de cemento para impedir la evaporación de las tierras, hace que aumente la humedad de capilaridad en los cerramientos, y si alguna vez se produce una rotura en las redes, el agua quedaría retenida sobre la lámina impermeabilizante siendo la humedad de condensación muy elevada.

F

FORJADO UNIDIRECCIONAL

Entramado formado por vigas, viguetas o nervios con bovedillas que trabajan en una sola dirección como se indica en la **figura 17**.

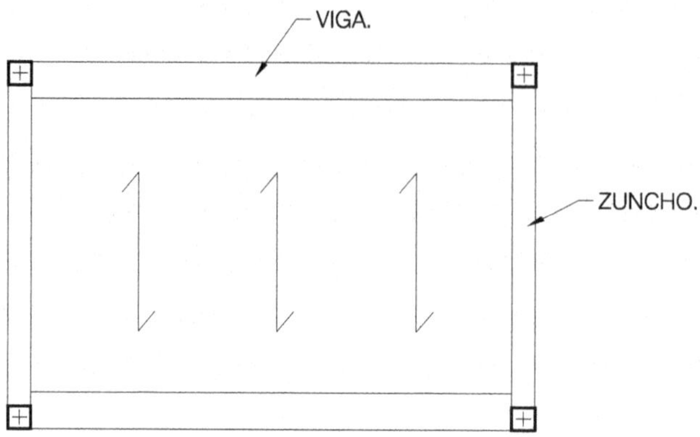

PLANTA DE FORJADO

Figura 17

Comentarios

Este forjado se utiliza cuando se pueden formar pórticos virtuales, se suelen ejecutar con vigas planas y luces de viguetas moderadas de hasta aproximadamente seis metros.

Las vigas perimetrales suelen quedar sometidas a torsión secundaria, que es más acentuada cuanto mayores sean las luces de las viguetas.

En obra es frecuente que se taladren las vigas para permitir el paso de canalizaciones, provocando esta anomalía que aparezcan fisuras en la tabiquería por deformaciones.

En la **figura 18** se detalla una sección de un forjado unidireccional.

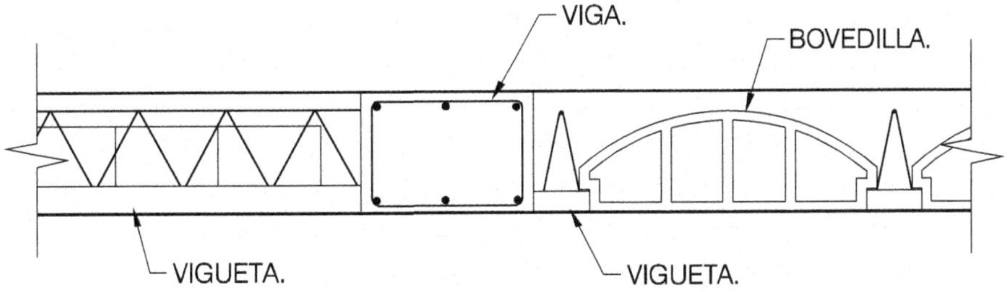

SECCION

Figura 18

FRATASAR

Alisar, o aplanar una superficie de hormigón colocándole una ligera capa de mortero sobre su superficie.

Comentarios

A los terrenos inclinados con talud natural, para que no queden alterados, se les coloca un hormigón de limpieza, y a continuación se les aplica un fratasado para evitar que se erosionen las tierras y se desprendan (**Figura 19**).

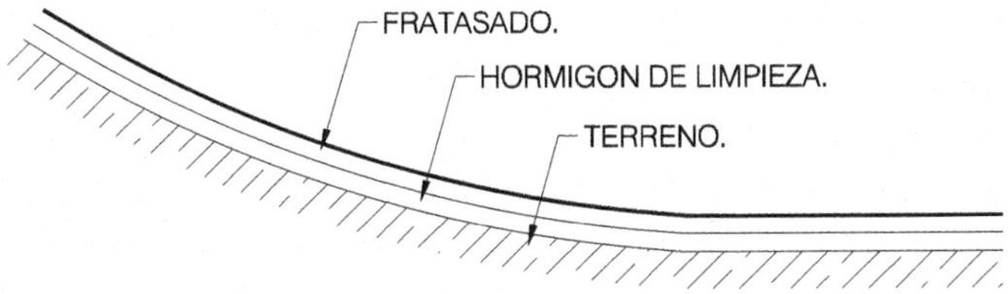

SECCION

Figura 19

FRONTÓN

Se llama frontón o hastial a la zona triangular del frente de una cubierta ejecutada a dos aguas, como la indicada en la **figura 20**.

F

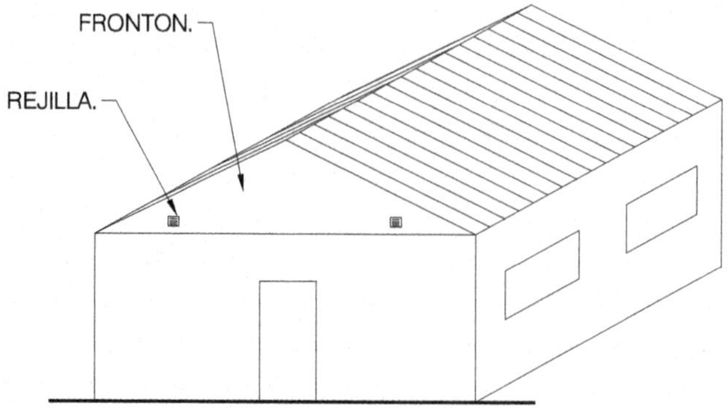

PERSPECTIVA

Figura 20

Comentarios

En los frontones se deben colocar rejillas para que se produzca ventilación cruzada, pues si se omiten, al no tener ventilación suficiente la cámara, se puede producir en ella un efecto invernadero, y al aumentar la temperatura y tomar mayor dimensión el forjado, el frontón rompe a tracción.

En caso de colocar una cubierta a cuatro aguas, se deben realizar huecos debajo de algunas tejas para ventilar la cámara.

LETRA G

GÁRGOLAS

Figura o adorno que se coloca como remate en la terminación de una canalización en un tejado, evacuando por ella el agua de lluvia que recoge la cubierta (**Figura 1**).

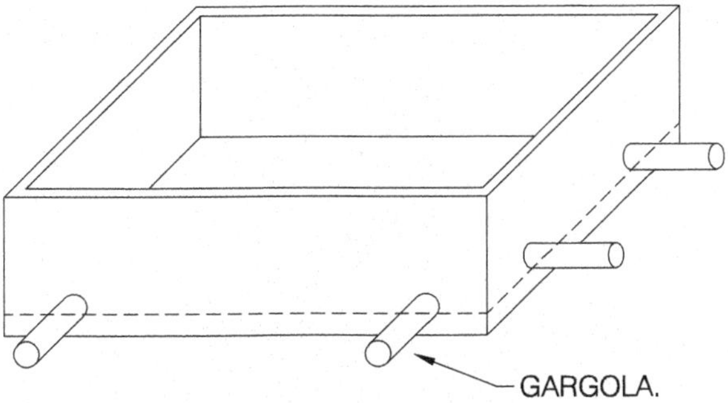

PERSPECTIVA

Figura 1

Comentarios

El chorro de agua que cae con fuerza de la gárgola, al rebotar en el suelo deteriora la zona inferior de los zócalos, incluso le ocasiona humedad (**Figura 2**).

Cuando el agua cae con poca fuerza discurre por las paredes, y al quedar estas húmedas se adhiere más fácilmente el polvo a ellas y quedan manchadas como se puede apreciar en la **fotografía 1**.

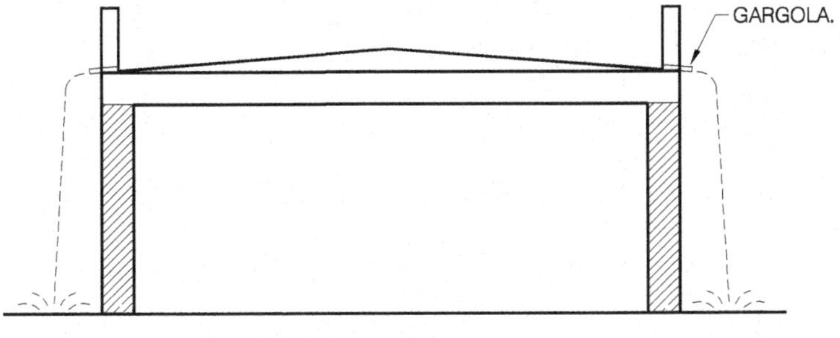

SECCION

Figura 2

G

Fotografía 1

GATERA

Abertura que se realiza en la base del encofrado de los muros de contención para poder limpiar la suciedad que haya podido caer antes de hormigonar el muro (**Figura 3**).

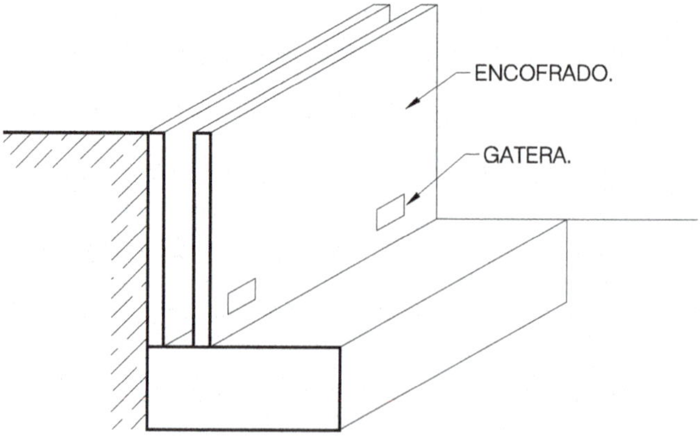

Figura 3

Comentarios

En los muros de contención de sótanos hay veces que se realizan taladros y se recoge el agua con una canaleta cuando penetra el agua del terreno medianero. Para evitar que se vea la canaleta y el acabado irregular del muro, se deja una cámara bufa y en la base del tabique se dejan huecos llamados gateras con la finalidad de poder limpiar la canaleta y ventilar la cámara bufa (**Figura 4**).

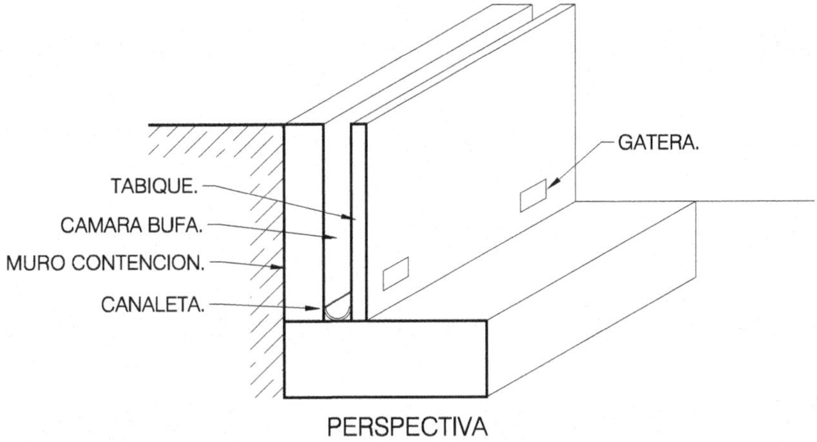

Figura 4

Cuando no se realizan gateras y cae suciedad y restos de materiales de obra en la base del muro, sobre todo cartones, esto dificulta la unión del hormigón del muro con el de la cimentación, existiendo mayor posibilidad de que deslice el muro por esfuerzo rasante, y si el nivel freático queda alto, es una entrada segura de agua a través de esa junta deficiente de hormigonado (**Figura 5**).

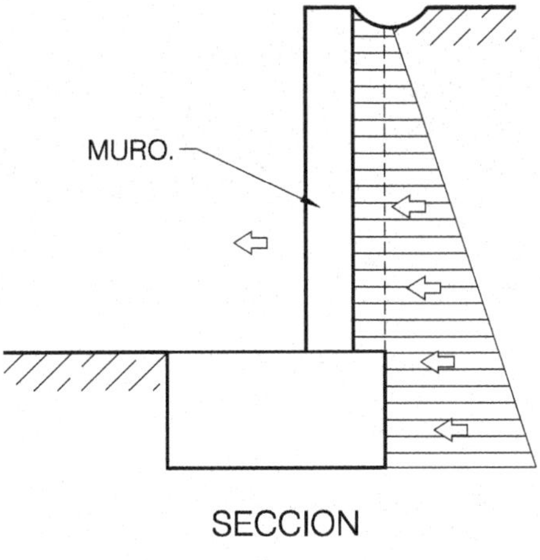

Figura 5

G

GOTERÓN

Cuelgue que se realiza en una viga de fachada para que el agua que discurra por su lateral gotee y no se moje su zona inferior (**Figura 6**).

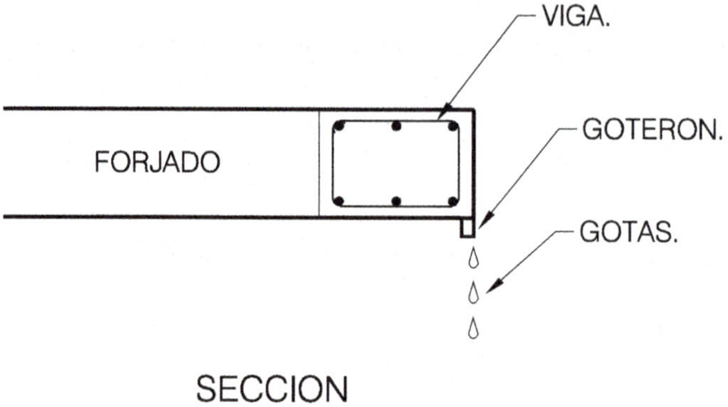

Figura 6

Comentarios

En las vigas de fachadas situadas en terrazas que no tienen goterón, el agua de lluvia discurre por su zona inferior y termina corroyendo la armadura en toda su longitud de forma generalizada, y al aumentar su volumen se fisuran, como aparece en la **fotografía 2**.

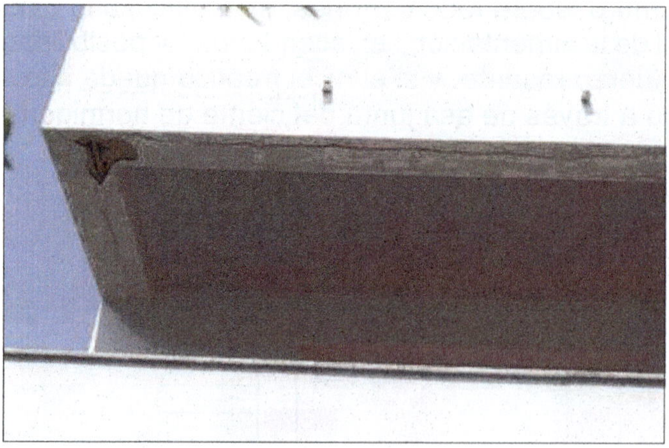

Fotografía 2

GRADIENTE TÉRMICO

Diferencia de temperatura existente entre distintos puntos de un elemento, dividida por la distancia entre ellos.

Cuando un muro de fábrica de fachada recibe fuerte soleamiento y el interior de la edificación está frío, se produce un diferencial de temperatura entre ambas caras del muro conocida como "gradiente térmico".

Comentarios

Las grandes diferencias de temperatura en un muro, como pueden ser que el interior de la habitación esté muy caliente y el exterior se encuentre muy frío, puede provocar que en las paredes surjan humedades de condensación por gradiente térmico.

Si un pilar se hormigona y el encofrado está muy caliente en una cara por la acción solar, se produce un gradiente térmico y se puede fisurar el hormigón en esa cara por retracción durante su fraguado, como se indica en **la figura 7** y como aparece en la **fotografía 3**.

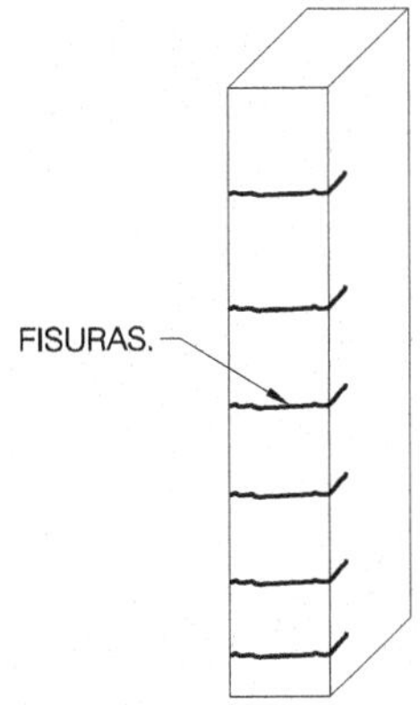

PERSPECTIVA PILAR

Figura 7

G

Fotografía 2

GRIETA

Rotura que se produce en un elemento cuando se supera la resistencia a tracción del material seccionándolo. Se suele llamar así cuando su abertura es superior a dos milímetros, ya que cuando es inferior se le suele definir como fisura. En la **figura 8** se representa una grieta en un muro de fábrica ocasionada por el descenso de la cimentación de una esquina.

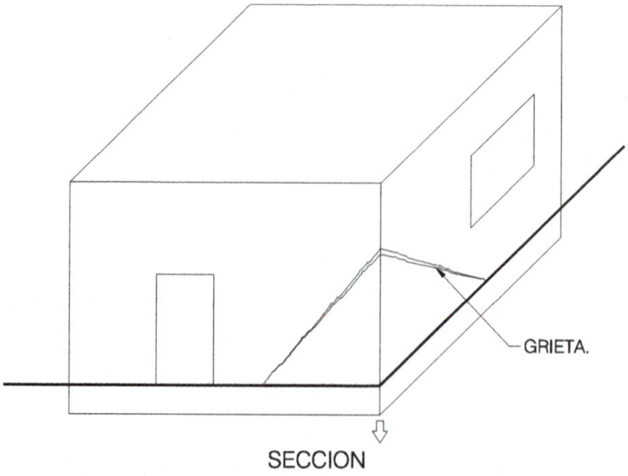

Figura 8

En la **fotografía 4** aparece la rotura por asiento de una esquina vista por el interior de la edificación.

Fotografía 3

Comentarios

Las grietas en los elementos estructurales son signos de anomalías graves que pueden ser errores de proyecto o de ejecución y también ocasionadas por causas del terreno o por movimientos sísmicos.

Una grieta en un elemento estructural, como en pilares o vigas, significa problemas muy graves, mientras que si sucede en muros de carga o cerramientos, no implica la misma gravedad.

GRIFAR

Doblar la armadura para efectuar una reducción de sección en un elemento estructural de hormigón como puede ser la de un pilar superior que tiene menor sección que el inferior, como se representa en la **figura 9**.

G

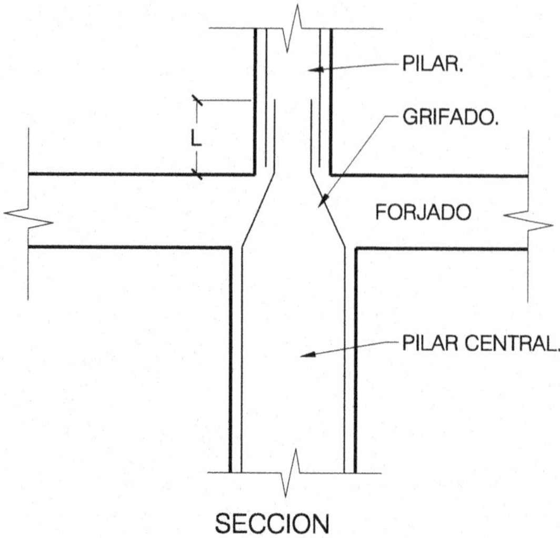

Figura 9

Comentarios

El grifado o doblado de las barras se debe realizar dentro del canto del forjado y la longitud que se deje a las barras después de hormigonar el pilar inferior deben tener el canto del forjado más su longitud de anclaje.

Cuando el grifado queda muy forzado es preferible introducir una armadura de espera con su longitud de anclaje y dejar doblada la armadura del pilar inferior antes de hormigonar como se indica en la **figura 10**.

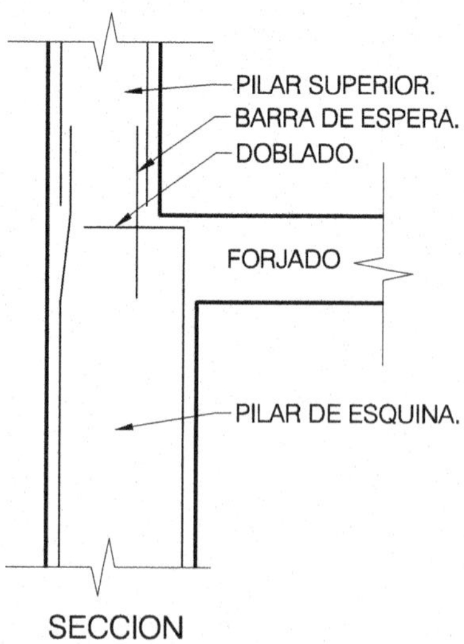

Figura 10

GUNITADO

Consiste en proyectar hormigón a presión de consistencia muy seca sobre un paramento o un elemento estructural mediante mangueras y bombas especiales. Los paramentos se preparan previamente con una malla de acero que sirve de soporte y queda embebida en el hormigón.

Comentarios

Una solución muy buena y eficaz para cuando hay que añadir armadura a un pilar de hormigón existente, consiste en colocar a su alrededor la armadura que precise, a continuación atar las barras con cercos y aplicarle un hormigón proyectado de 4 ó 5 cm de espesor (**Figura 11**).

La solución comentada va muy bien para cuando se ha corroído la armadura de los pilares por humedad ambiental y precisa aumentar su sección de armadura. También cuando en obra, por error, se le ha colocado al pilar menor armadura que la indicada en los planos.

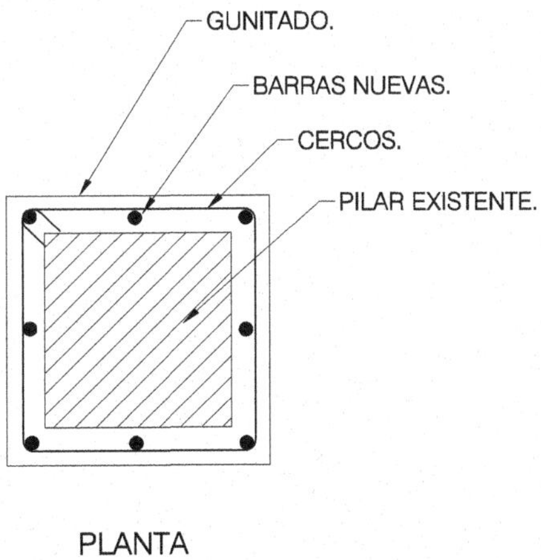

Figura 11

LETRA H

HORMIGÓN ARMADO

Material formado por cemento, arena, áridos y agua al que se le incorporan barras de acero. Esta unión se puede realizar por tener el mismo comportamiento térmico, ya que si fueran diferentes tendrían distintas dilataciones.

Comentarios

Las estructuras de hormigón armado son de las más usuales, pues permiten diseños muy variados, ya que el encofrado puede elaborarse con la forma deseada y obtener estructuras singulares y decorativas.

Permite realizar "in situ" forjados unidireccionales con vigas y nervios, forjados reticulares y de losas macizas con diseños complicados, difíciles de obtener con otros sistemas.

Al hormigón armado se le suelen añadir aditivos, lo cual amplia su campo de acción y eficacia.

Se ha de tener en consideración que las proporciones elevadas de cementos ocasionan mayor número de fisuras de retracción plástica y también hidráulica durante el fraguado.

HORMIGÓN PREAMASADO

Hormigón ya dosificado en central, que viene preparado para ser colocado en la estructura existente en obra y obtener elementos de hormigón armado.

Comentarios

A estos hormigones no se les debe añadir agua para facilitar su colocación. Se debe tener en cuenta que el exceso de agua en un hormigón repercute en una disminución de su resistencia, durabilidad, adherencia y se carbonata más. También ocasiona mayor retracción, deformación y asentamiento plástico.

H

HORMIGÓN PRETENSADO

Consiste en colocar cables o alambres tensados previamente y después se vierte el hormigón, y una vez que ha adquirido su resistencia se destensa la armadura y el elemento queda comprimido.

En la **figura 1** se representa una vigueta fabricada mediante pretensado.

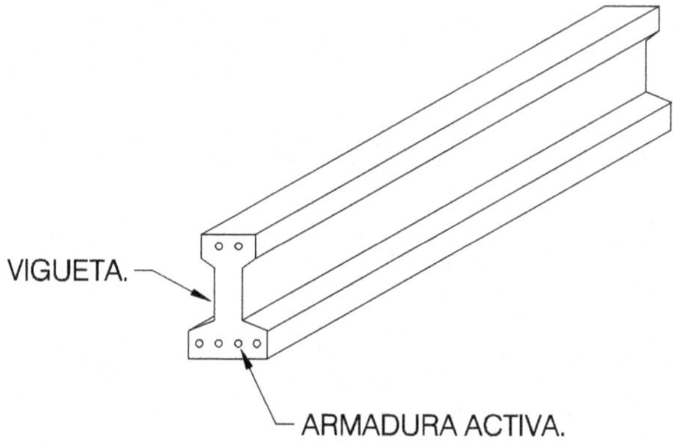

Figura 1

Comentarios

Unas de las ventajas que tienen las viguetas pretensadas es su rapidez de ejecución y economía, y el inconveniente es que no suelen tener armadura transversal y quedan menos capacitadas para soportar esfuerzos cortantes.

Al tratarse de un hormigón de gran calidad y diámetro de acero muy fino, en caso de corrosión, no suelen surgir manchas de óxido ni fisuras, y el fallo se produce por pérdida de adherencia siendo su desplome muy rápido. En caso de corrosión su velocidad es mayor al quedar la armadura muy tensionada.

En un incendio al dilatar la armadura se reduce el pretensado y el desplome sucede durante el propio incendio, lo cual entraña mayor gravedad que cuando la armadura es pasiva.

HORMIGÓN TRANSLÚCIDO

Se trata de una retícula de nervios de hormigón armado que encierran baldosas de vidrio que pueden ser de diferentes tamaños y están capacitadas para soportar mayores esfuerzos (**Fotografía 1**).

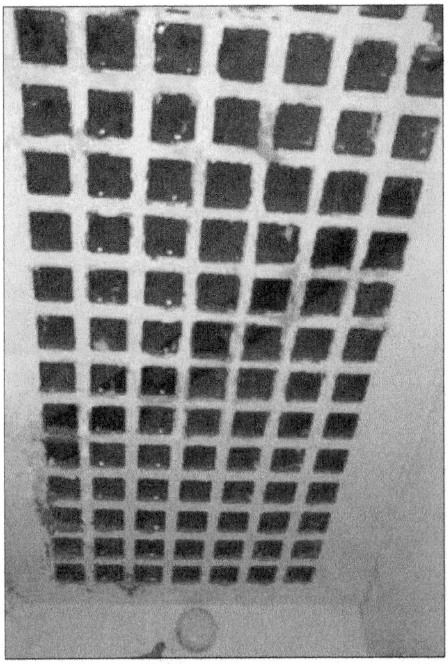

Fotografía 1

Comentarios

Las baldosas de vidrios llamadas hormigón translucido se suelen colocar en patios o lugares donde se desea tener luz cenital y se pueda transitar. También se emplea en paramentos verticales.

En climas muy fríos, los forjados de cubiertas, tienen el inconveniente de que se suelen producir bajo ellos humedades de condensación, llegando incluso a gotear el agua y corroerse la armadura.

HUMEDAD DE CAPILARIDAD

Humedad procedente del terreno que asciende a través de los materiales. Esta humedad deteriora los morteros haciéndolos más porosos y menos resistentes (**Figura 2**).

H

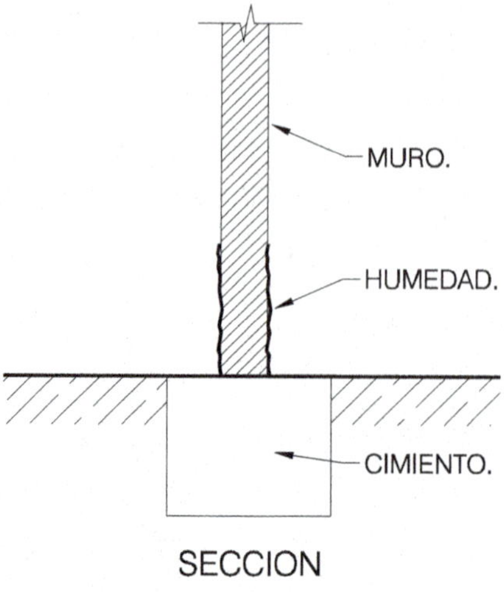

Figura 2

La continua evaporación del agua, al deteriorar el mortero en la base del muro, deja las juntas abiertas como se puede apreciar en la **fotografía 2**.

Fotografía 2

Comentarios

La humedad de capilaridad alcanza una cota más alta cuanto más ancho sea el muro, ya que precisa mayor superficie para su evaporación. También cuanto más húmeda se encuentren las tierras, influyendo el material y el mortero con que está ejecutado el muro.

Hoy día para eliminar la humedad de capilaridad existen sistemas muy eficaces, como barreras químicas, ventilación forzada o electroósmosis activa.

HUMEDAD DE CONDENSACIÓN

Esta humedad surge al condensarse el vapor de agua en una superficie que se encuentra muy fría, como puede ser en el vidrio de una ventana cuando en el interior de la habitación hay bastante mayor temperatura que en el exterior.

Comentarios

La humedad de condensación es muy usual y suele surgir en los casos siguientes:

- Por puente térmico (**figura 3**) cuando una viga no está protegida por el exterior y se enfría, mientras que por el interior de la habitación el ambiente está muy caliente.

- Por gradiente térmico, cuando toda la pared está muy fría por el exterior y más caliente por el interior de la edificación. En este caso aparece toda la pared con humedad.

- Bajo los forjados de cubiertas, cuando se enfrían de madrugada y en los lucernarios y claraboyas. También bajo los forjados sanitarios, al acumularse bajo ellos el vapor de agua que desprenden las tierras que termina corroyendo la armadura inferior del forjado.

- En las bóvedas donde no existe ventilación suficiente, como la que aparece en la **fotografía 3**.

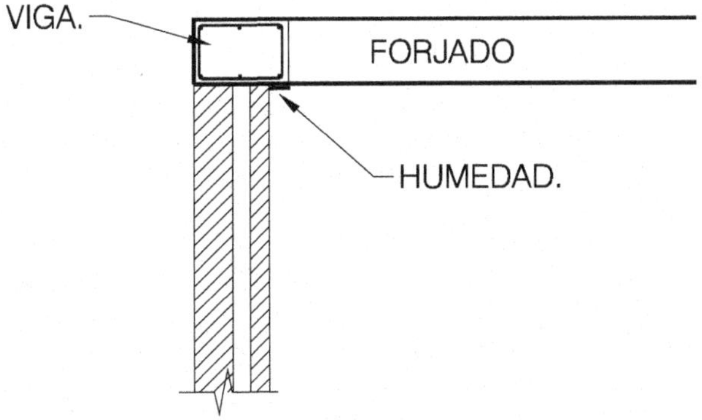

SECCION

Figura 3

Como esta humedad se produce en los espacios insuficientemente ventilados, se puede combatir fácilmente aumentando la ventilación de las zonas afectadas.

H

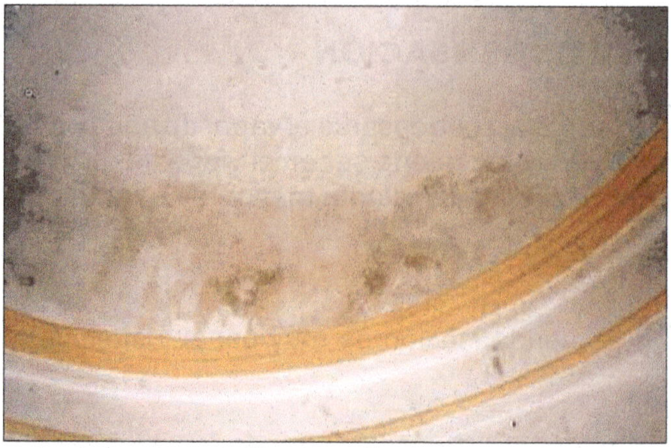

Fotografía 3

HUMEDAD POR EMPUJE HIDROSTÁTICO

Esta humedad alcanza una cota más alta y sucede cuando la cimentación se encuentra introducida en agua.

Al permanecer todo el año también se le conoce con el nombre de" humedad residente". Al quedar las paredes muy húmedas, el polvo se adhiere a ellas más fácilmente y quedan más oscuras (**Figura 4**).

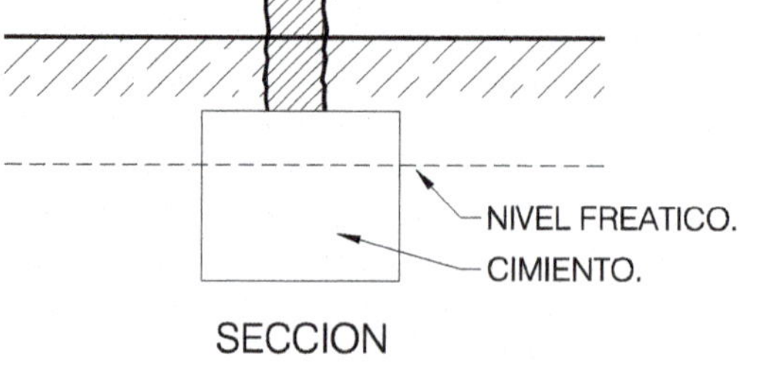

Figura 4

Comentarios

La humedad por empuje hidrostático deteriora bastante los morteros y los materiales, al mismo tiempo que introduce bastante agua vaporizada en el interior de la edificación, y si ésta no tiene la ventilación suficiente termina ocasionando humedad de condensación, incluso puede ser la desencadenante de enfermedades alérgicas, asmáticas o reumáticas.

Esta humedad siempre ha sido muy difícil de eliminar, aunque hoy día se dispone de sistemas muy eficaces como pueden ser arquetas de drenaje que hacen descender el nivel freático, o barreras químicas que cortan el paso del agua para que no ascienda.

En la **fotografía 4** se aprecia una humedad de capilaridad que alcanza una cota muy alta por encontrarse la cimentación introducida en agua donde existe un empuje hidrostático.

Fotografía 4

HUMIDÍMETRO

Aparato para medir la humedad existente en un muro. Su funcionamiento se basa en pasar una corriente entre dos agujas en contacto con la pared, aunque cuando existen sales por eflorescencias, al ser éstas mejores conductoras, se pueden obtener falsos resultados.

H

Comentarios

La mayor densidad de agua por humedad de capilaridad se encuentra en la base del muro, ya que a medida que se sube de altura las densidades se van reduciendo, alcanzando una cota más alta en el interior de la edificación, al tener menor ventilación y soleamiento.

Una forma fácil de conocer la cantidad de agua existente en un muro, consiste en extraer una muestra, pesarla, a continuación se deja evaporar el agua, y una vez seca se vuelve a pesar, de esta forma por diferencia de peso se conoce la cantidad de agua existente en la base del muro (**Figura 5**).

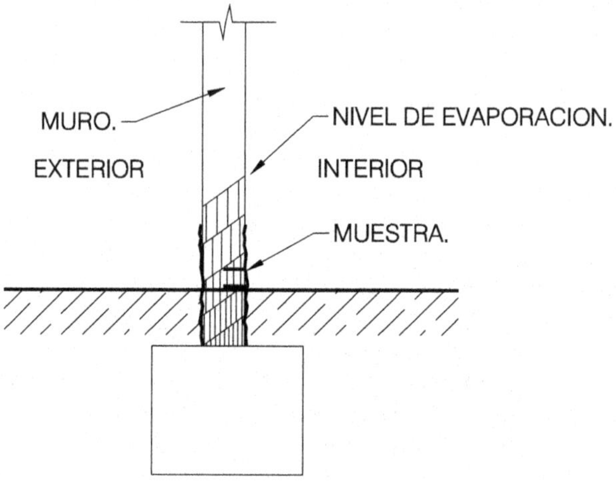

Figura 5

LETRA I

IGNIFUGAR

Proteger a un elemento del fuego mediante materiales o productos que no arden.

Es muy importante proteger a las estructuras metálicas contra el fuego, especialmente las situadas en zonas sísmicas, ya que durante el movimiento sísmico se suelen producir roturas en los tabiques y en las instalaciones eléctricas que ocasionan cortocircuitos y se originan incendios.

Comentarios

Cuando se refuerce una viga con platabandas de acero o fibra de carbono, quedando sujetas con resina epoxi, se deben ignifugar para protegerlas, ya que en caso de incendio si queda afectada, a partir de una temperatura de 80° C suele perder su eficacia (**Figura 1**).

Todo elemento donde la resina epoxi pueda quedar afectada por el fuego se debe ignifugar o proteger del mismo.

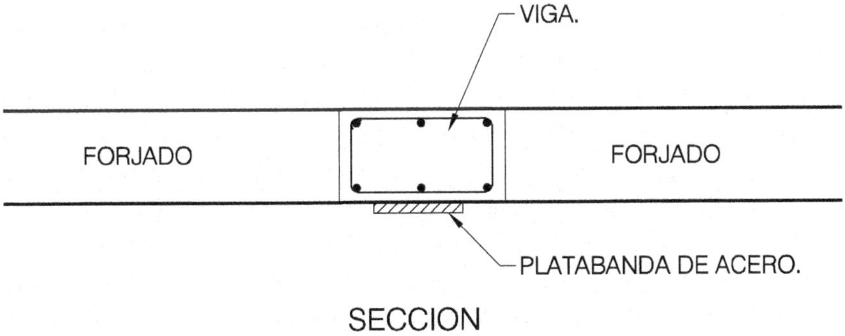

Figura 1

INERCIA

Magnitud que se define como la suma de los productos de las masas de las partículas por el cuadrado de las distancias de cada partícula a dicho eje. Es necesario conocerla para obtener el momento resistente de un elemento.

I

Comentarios

La inercia de una viga si es rectangular se puede obtener con la fórmula $B.H^3/12$ y se expresa en cm^4 (**Figura 2**).

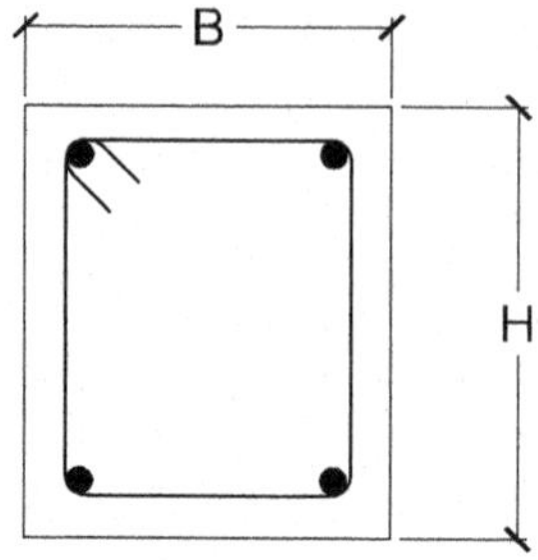

SECCION VIGA

Figura 2

"IN SITU"

Se denomina de esta forma cuando se ejecuta un elemento en obra, como puede ser la cimentación, los pilares, vigas, el forjado, etc.

Comentarios

Las estructuras de hormigón armado se ejecutan "in situ", en obra. Estas tienen el inconveniente de que el hormigón se puede obtener con menos resistencia, por defectuoso vibrado o curado. También porque se pueden producir errores de ejecución, o por causa de la climatología pueden surgir daños de origen térmico.

INTRADÓS

Paramento interno de un muro de contención que no queda en contacto con las tierras (**Figura 3**).

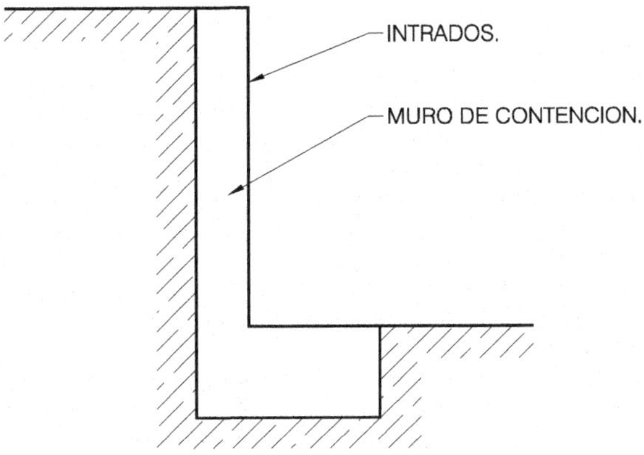

SECCION

Figura 3

Comentarios

En los muros de contención con escasa armadura longitudinal y muy coartados durante su fraguado suelen aparecer en su alzado o intradós, una fisura vertical de retracción hidráulica que corta el muro como se indica en la **figura 4**. Más adelante cuando empujen las tierras puede surgir una fisura vertical que no lo secciona, ocasionada por flexión horizontal.

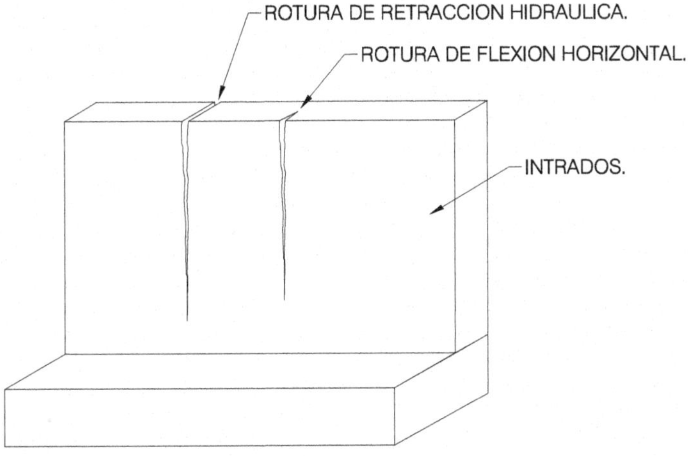

PERSPECTIVA

Figura 4

LETRA J

JÁCENA

Se llama jácena a las vigas que soportan los forjados, como puede ser la metálica indicada en la **figura 1**.

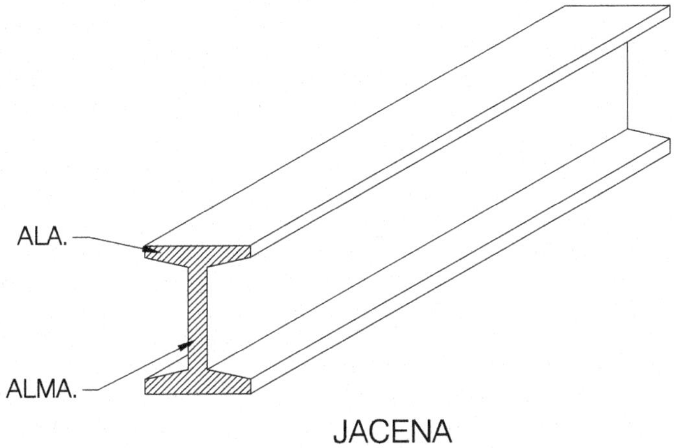

Figura 1

Comentarios

Las jácenas metálicas al obtenerse diferentes cantos en los cálculos, tienen el inconveniente de que no quedan embebidas en el forjado y aparecen cuelgues. También suelen tener menor rigidez que las vigas de hormigón armado y el forjado normalmente presenta mayores vibraciones, y al flectar más existe mayor posibilidad de aparición de fisuras en tabiquerías y cerramientos, incluso quedan más expuestas a la corrosión y en un incendio, si no están protegidas.

Cuando las jácenas empleadas en la ejecución de un forjado mixto tienen diferentes cantos, obliga a hormigonar los pilares con terminaciones de diferentes alturas.

JUNTA DE DILATACIÓN

Espacio que se deja entre dos estructuras con la finalidad de que puedan dilatar libremente. Este espacio depende de la longitud de la edificación y de los saltos térmicos que se vayan a producir en ella. Normalmente las juntas de dilatación se suelen ejecutar con 2 ó 2,5 cm de anchura (**Figura 2**).

J

También se suele realizar juntas cuando en un mismo edificio existen alturas muy diferentes.

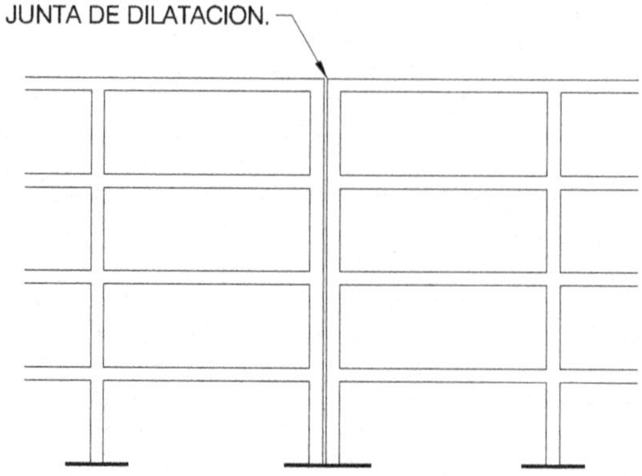

SECCION PORTICOS

Figura 2

Comentarios

Si la junta de dilatación no llega hasta la base de la cimentación, como se indica en la **figura 3**, se debe colocar en la zona superior de la zapata una armadura de cosido para evitar que se fisure cuando la estructura retraiga. Con este sistema se hace trabajar al terreno en diagrama rectangular y se obtiene economía al no precisar viga centradora.

Si la junta de dilatación llega hasta la base de la cimentación, el terreno trabaja en diagrama triangular, y para que trabaje en diagrama rectangular precisa la colocación de vigas centradoras (**Figura 4**).

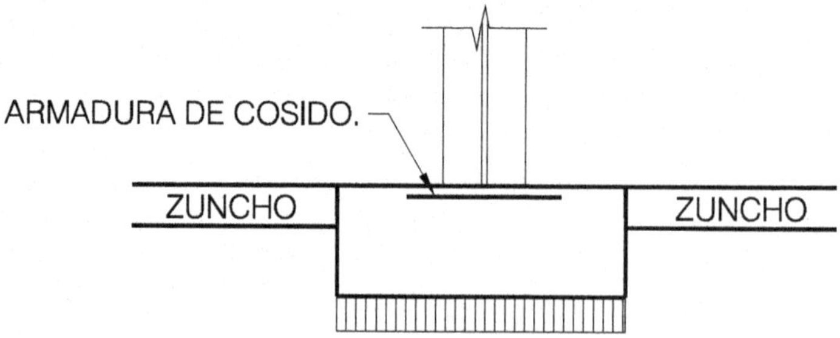

SECCION

Figura 3

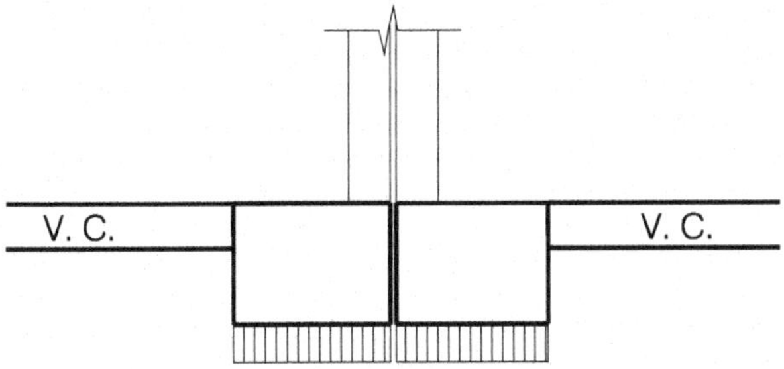

SECCION

Figura 4

JUNTA DE HORMIGONADO

Junta que se realiza cuando se interrumpe el hormigonado. Si ésta es deficiente se suele fisurar en los cambios dimensionales de origen térmico o durante un movimiento sísmico.

Comentarios

En los forjados unidireccionales las juntas de hormigonado se deben realizar entre un cuarto y un quinto de las luces de viguetas o entre un cuarto y un quinto de las luces de las vigas, que es donde se produce el punto de inflexión, debiéndose situar en el centro de las bovedillas y no en el lugar de las viguetas (**Figura 5**).

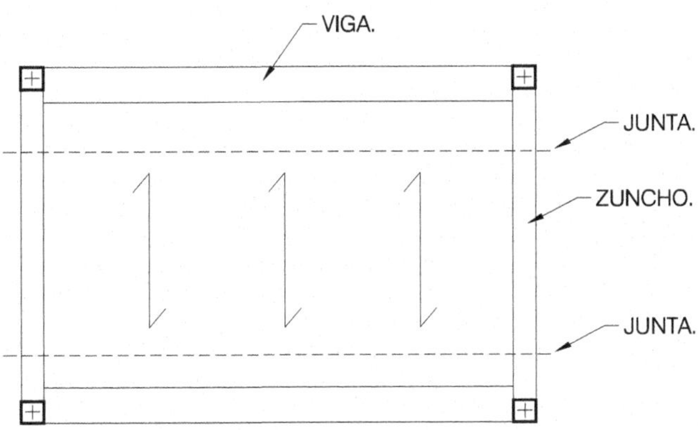

PLANTA DE FORJADO

Figura 5

En los muros de contención, las juntas de hormigonado se suelen realizar entre el cimiento y el muro como se indica en la sección de la **figura 6 A**, siendo

J

este el lugar menos adecuado, ya que es donde se producen los mayores momentos y esfuerzos rasantes, incluso por donde suele penetrar el agua existente en el terreno. Es más correcto realizarlas mediante un cajeado como se indica en la sección de la **figura 6 B**.

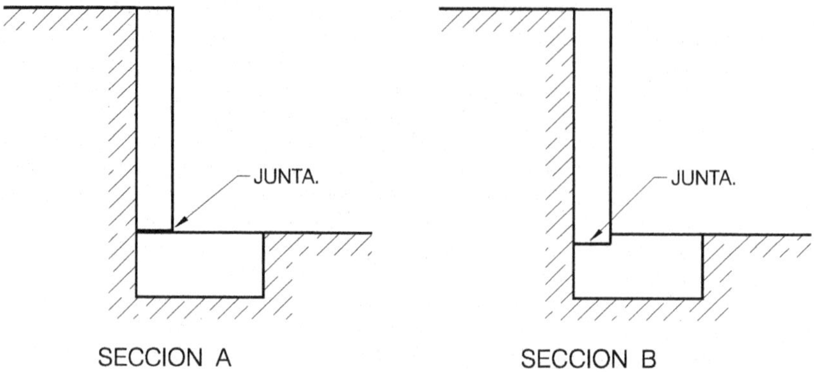

Figura 6

LETRA L

LECHADA DE CEMENTO

Agua en la que se ha disuelto cemento. Dependiendo de su proporción adquiere mayor o menor consistencia.

Comentarios

La lechada de cemento hay quién la utiliza para facilitar la unión entre dos elementos estructurales cuando se ha interrumpido el hormigonado y se desea continuar, pero hay que tener precaución, pues cuando se encuentra seca, en vez de facilitar su unión le suele perjudicar.

Las lechadas de cemento se suelen aplicar cuando se ha colocado una solería, con el fin de que quede más adherida y sellar las juntas entre losetas. Esta lechada no se debe realizar hasta que se haya evaporado el agua del mortero de agarre, ya que suelen surgir manchas oscuras de humedad en las juntas, siendo más frecuente en época fría, ya que el agua del mortero tarda más en evaporarse (**Figura 1**).

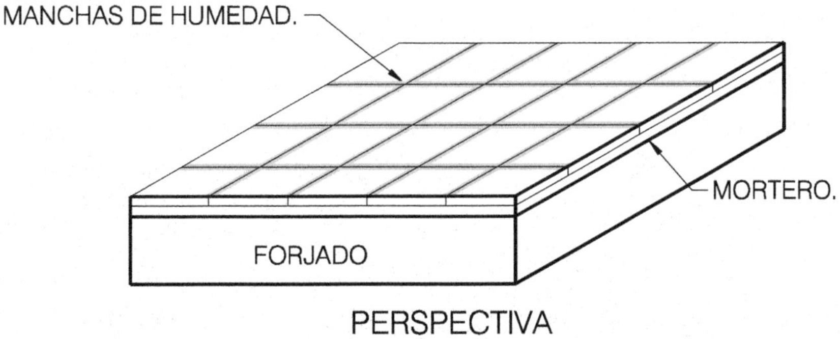

Figura 1

LICUEFACCIÓN

Propiedad que tienen los terrenos saturados de agua, como sucede en la arena o rellenos flojos, de pasar de estado sólido a líquido cuando quedan sometidos a vibraciones, como puede suceder durante un movimiento sísmico, conociéndose también con el nombre de “licuación”.

L

Comentarios

Las edificaciones situadas sobre arenas o terraplenados insuficientemente compactados, que después se saturan de agua, durante un movimiento sísmico se puede producir una licuefacción, y al perder apoyo la cimentación, el edificio desciende o se inclina, pudiendo incluso la planta baja convertirse en planta de sótano.

El fenómeno comentado se puede comprobar fácilmente depositando arena y agua en el interior de un cubo y apoyando sobre la arena una pieza de hierro, como se indica en la **figura 2 A**. Si se le aplica al cubo una vibración, el agua y la arena se mezclan y se convierte en una masa fluida y el elemento metálico se desplaza al fondo del cubo como se representa en la figura 2 B. Esto es lo que le puede suceder a una edificación si se produce una licuefacción.

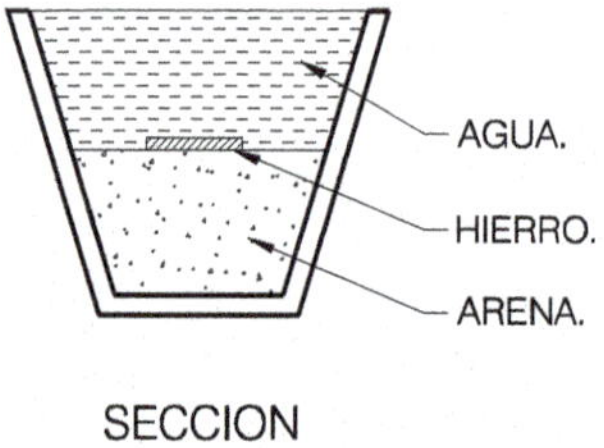

Figura 2A

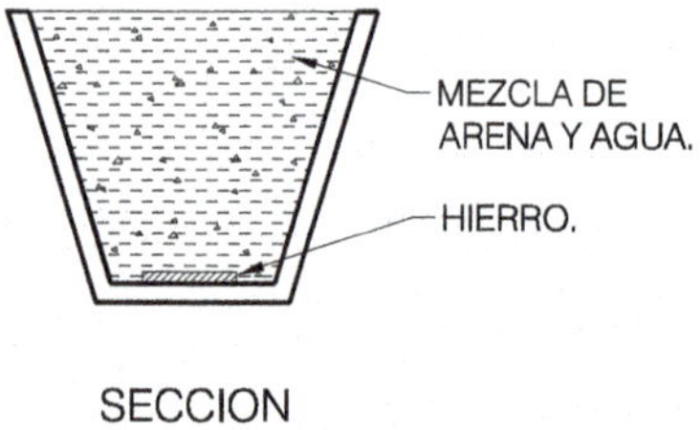

Figura 2B

En la **fotografía 1** aparece una edificación que se ha introducido en el terreno por una licuefacción de las tierras que ha sucedido durante un movimiento sísmico.

Fotografía 1

LÍMITE ELÁSTICO

También llamado límite de elasticidad o fluencia, es la tensión máxima que puede soportar un material como el acero sin sufrir deformaciones permanentes. Se podría decir que es la tensión capaz de producir en un acero la deformación del 0,2 %.

Comentarios

Si a un acero se le aplica una tensión superior al límite elástico, este experimentará una deformación permanente que no recobrará su estado inicial al retirar la carga que ha originado su deformación. Si se continua aumentando la tensión, el material terminará rompiendo.

LONGITUD DE ANCLAJE

Es la longitud que precisan las barras para anclar en la zona de compresión y que no deslicen, como se indica con líneas de trazos en la **figura 3**.

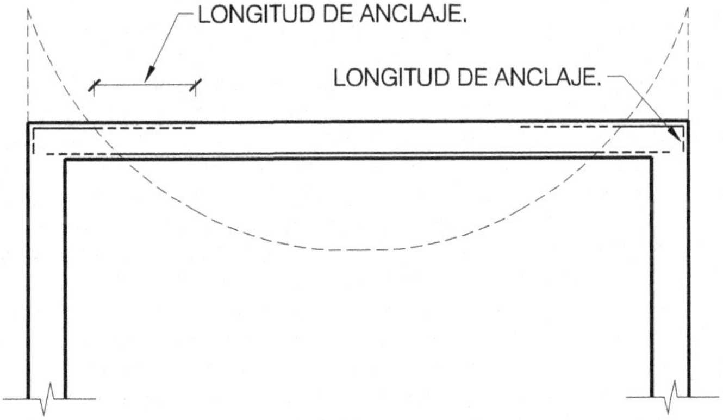

PORTICO

Figura 3

Comentarios

Cuando las barras de una viga no tienen su longitud de anclaje, al comenzar a trabajar éstas deslizan y aparecen fisuras en sus extremos y si no se colocan patillas en la zona de negativo, al deslizar las barras se fisura la viga por su zona superior como se indica en la **figura 4**. Esto hace que aumente el momento positivo en el centro de la viga y el negativo en el otro extremo, al mismo tiempo que queda reducida la sección de la viga en la zona que se ha fisurado.

L

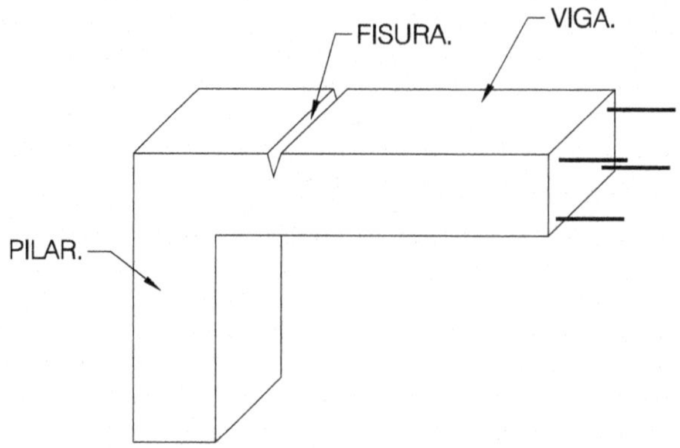

PERSPECTIVA

Figura 4

LOSA DE CIMENTACIÓN

Cimentación que ocupa toda la base de la edificación y al repartir de forma más uniforme sobre el terreno el peso de la edificación, se reducen los asientos diferenciales (**Figura 5**).

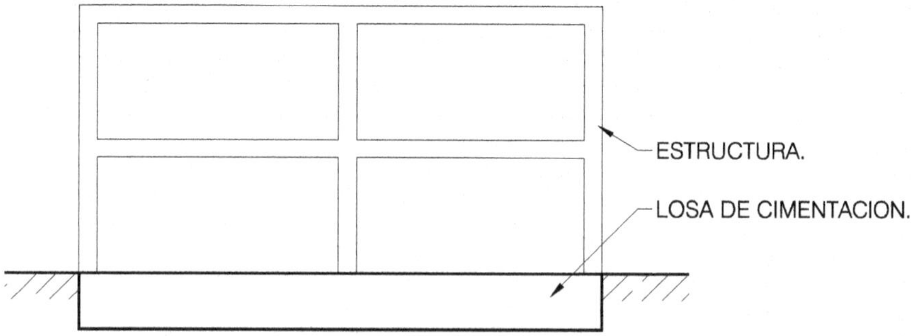

SECCION

Figura 5

Comentarios

Las losas de cimentación se emplean en terrenos con capacidades portantes bajas, cuando su zona superior queda a una cota inferior a la del nivel freático y existe un empuje hidrostático y también como facilidad de ejecución, para evitar tener que cimentar con zapatas a mayor profundidad.

La armadura de las losas se debe solapar en zonas de compresión, que salvo excepciones, suelen ser en la zona inferior en el centro de las luces y en la zona superior en el eje de los pilares (**Figura 6**).

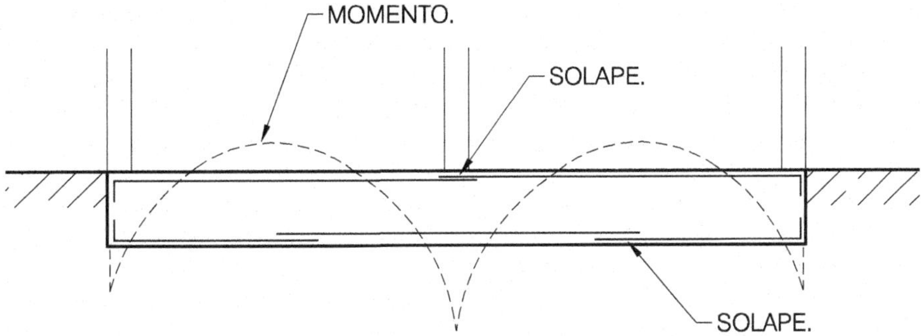

SECCION

Figura 6

LUCERNARIO

Elemento que se sitúa en planta de cubierta para cubrir una estancia y permite el paso de la luz consiguiendo iluminar la estancia (**Figura 7**).

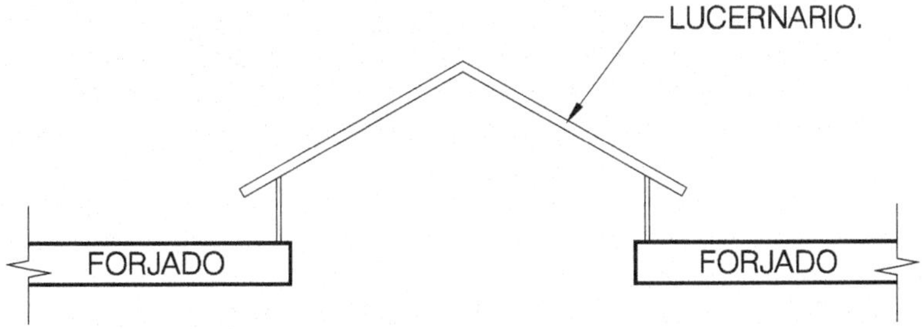

SECCION

Figura 7

Comentarios

En los lucernarios, es frecuente que de madrugada se produzcan humedades de condensación al enfriarse el exterior y estar más caliente el aire del interior de la edificación.

Una forma de evitar la humedad de condensación consiste en elevar la cúspide del lucernario para facilitar la aireación como se indica en la **figura 8** y como aparece en la **fotografía 2**.

L

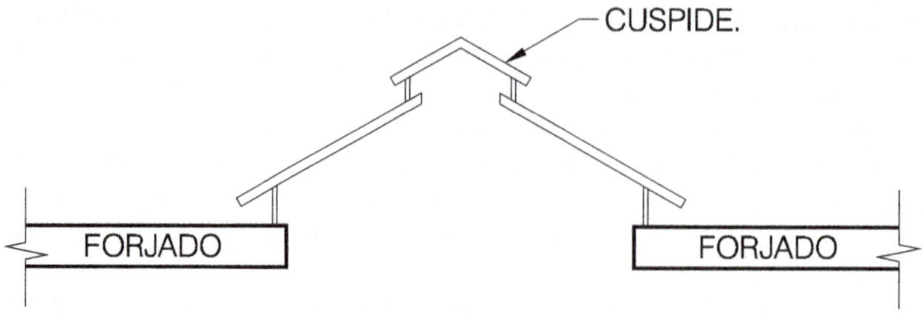

SECCION

Figura 8

Fotografía 2

LUZ

Se suele llamar luz a la distancia libre entre dos pilares, y luz de cálculo a la distancia entre ejes de pilares, siempre que no sea mayor que la luz libre más el canto de la viga (**Figura 9**).

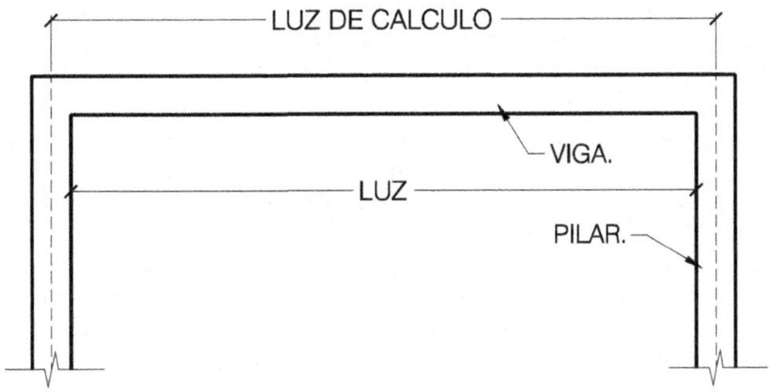

PORTICO

Figura 9

Comentarios

En el replanteo de pilares en obra es importante comprobar las luces entre pilares, ya que cuando son superiores a las consideradas en los cálculos, aumenta considerablemente el momento y el cortante de las vigas.

En una viga ejecutada con un metro mayor del considerado en los cálculos, se obtienen momentos como si se hubiese aumentado la carga, y si las viguetas tienen mayores luces, en realidad se le está aplicando a la viga mayor carga.

La luz de cálculo es la que se suele usar para calcular los esfuerzos en los elementos estructurales, como vigas, viguetas, pilares, etc.

LETRA M

MANSARDA

Abertura que se realiza en una cubierta que se cubre formando doble pendiente y tiene como finalidad aumentar la superficie utilizable y obtener luz y ventilación mediante una ventana (**Figura 1**).

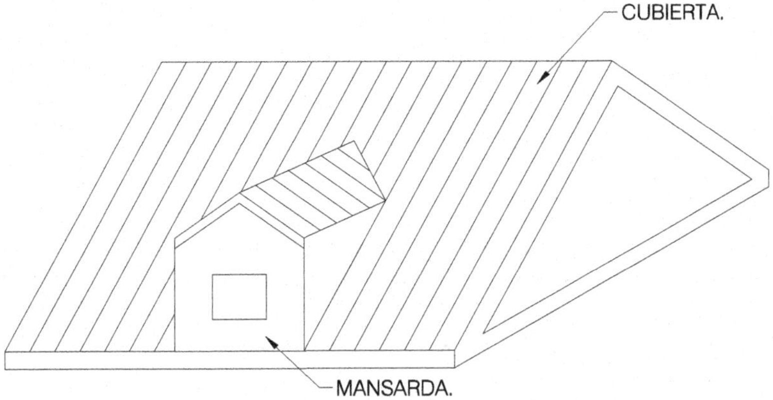

PERSPECTIVA

Figura 1

Comentarios

Las mansardas se suelen colocar en cubiertas inclinadas con bastante pendiente como puede ser en climas donde nieva con frecuencia. Estos espacios se suelen utilizar como buhardilla o trastero para guardar los objetos y muebles que de momento no son necesarios, aunque si se acondiciona de forma confortable, también se pueden emplear las dependencias como zonas habitables.

MÁSTIC

Masilla elástica fácilmente compresible que se suele colocar en el espacio que forma la junta de dilatación entre dos edificios (**Figura 2**).

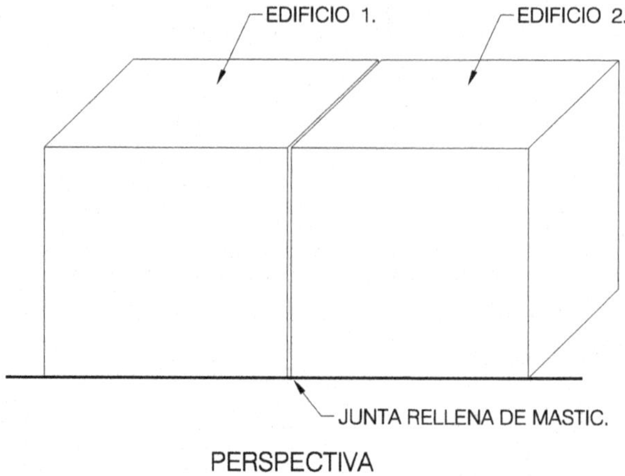

Figura 2

Comentarios

El mástic colocado en los forjados de cubierta con el paso del tiempo se suelen deteriorar, siendo conveniente colocar también en las juntas una lámina impermeabilizante en forma de V que permita las dilataciones, retracciones y evite la entrada de agua (**Figura 3**).

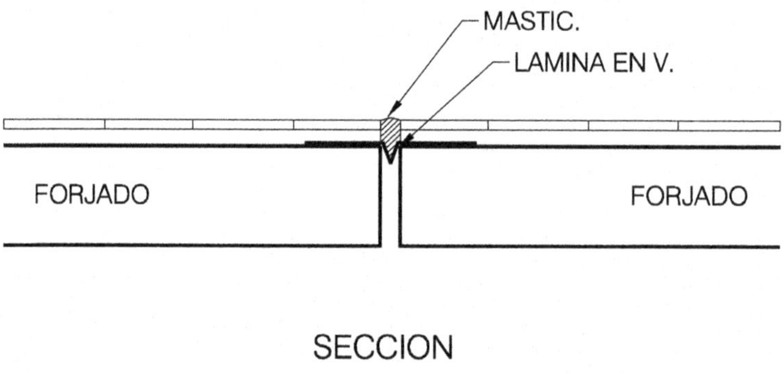

Figura 3

MECHINALES

Orificios que se realizan en la zona inferior de los muros de contención a una distancia aproximada de 3 m y que tienen como finalidad dar salida al agua que se acumula en su trasdós y evitar su empuje.

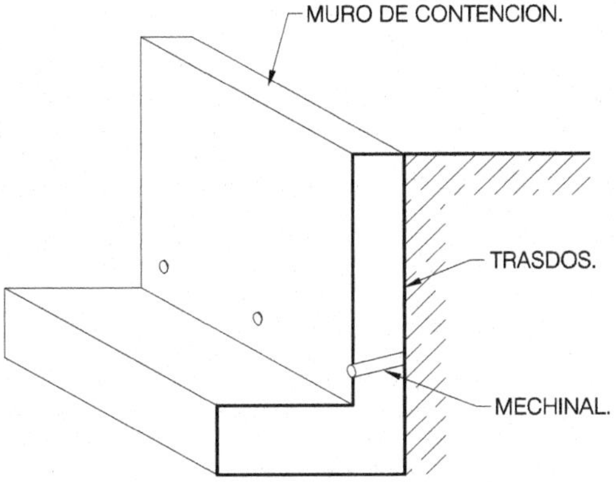

PERSPECTIVA

Figura 4

Comentarios

Los mechinales cuando no se ejecutan correctamente, se originan manchas en el alzado de los muros a causa de la arcilla que contienen las tierras. También terminan obstruyéndose y se acumula el agua en el trasdós. Para evitar estos problemas es conveniente que los tubos queden un poco salientes y colocar saquitos de arpilleras o geotextil con grava como se indica en la **figura 5**.

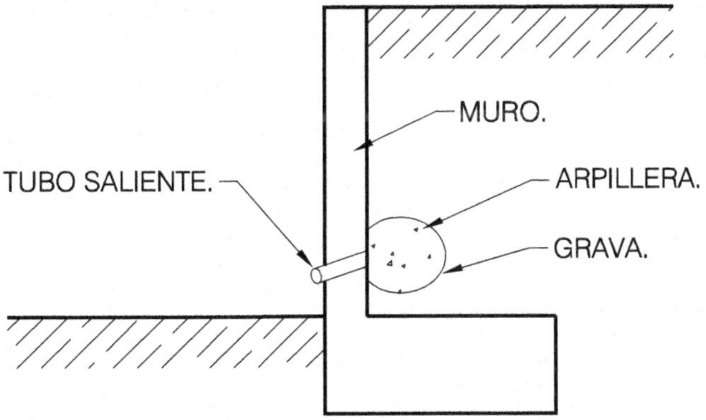

SECCION

Figura 5

M

MÉNSULA CORTA

Elemento que se construye adosado a un pilar y tiene la finalidad de soportar un forjado que apoya en ella y evitar la duplicidad de pilares en una junta de dilatación (**Figura 6**).

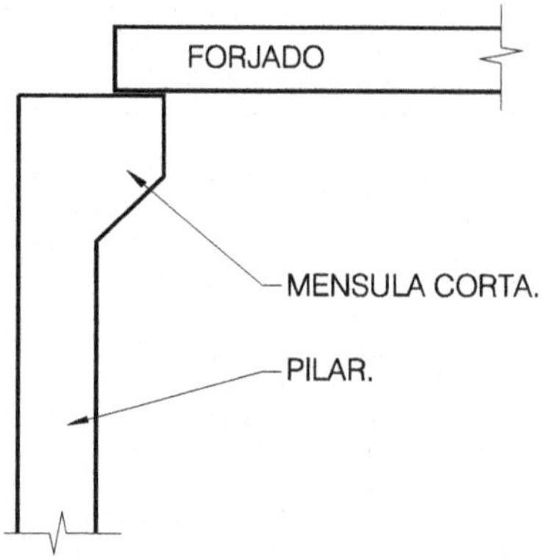

SECCION

Figura 6

Comentarios

Las ménsulas cortas introducen una excentricidad en los pilares ocasionándoles un momento flector. El forjado que descansa en ellas puede perder apoyo durante un movimiento sísmico, quedan más expuestas en un incendio, y si durante la ejecución no se coloca sobre ellas dos láminas de neopreno, al quedar el forjado unido a ellas suelen fisurarse por retracción como aparece en la **fotografía 1**.

Siempre que sea posible es conveniente evitarlas, especialmente en zona sísmica con aceleración mayor de 0,16 g.

Fotografía 1

MICROPILOTE

Sistema de cimentación menos profundo que los pilotes que consiste en introducir pilotes de menor diámetro en el terreno (**Figura 7**).

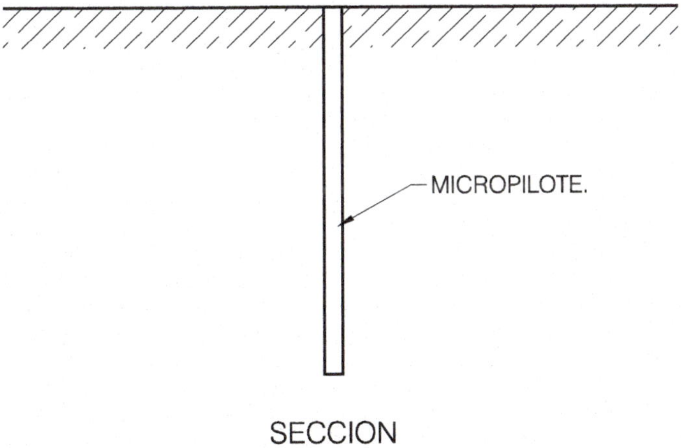

Figura 7

Comentarios

Los micropilotes son utilizados para recalzar cimentaciones y para la estabilización y consolidación de suelos, mejorando su capacidad portante. También son empleados en caso de subsidencia cuando existen estratos de menor resistencia a mayor profundidad y están siendo alterados ocasionando un descenso a la edificación, siendo necesario recalzar su cimentación a mayor profundidad.

MOMENTO DE GIRO

Es el momento torsor que tiende a girar una viga.

En la planta de la **figura 8** la viga A-3 queda sometida a torsión por las viguetas. Al estar embrochaladas, le ocasiona torsión y un momento de giro a la viga 1-2 y un desplazamiento hacia el pilar 2 como se indica en la **figura 9**.

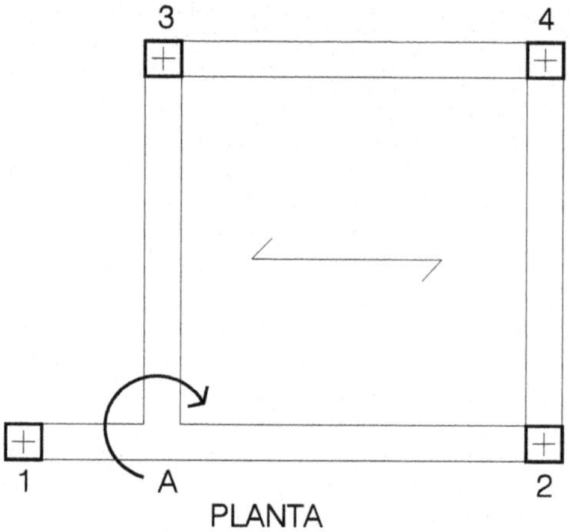

Figura 8

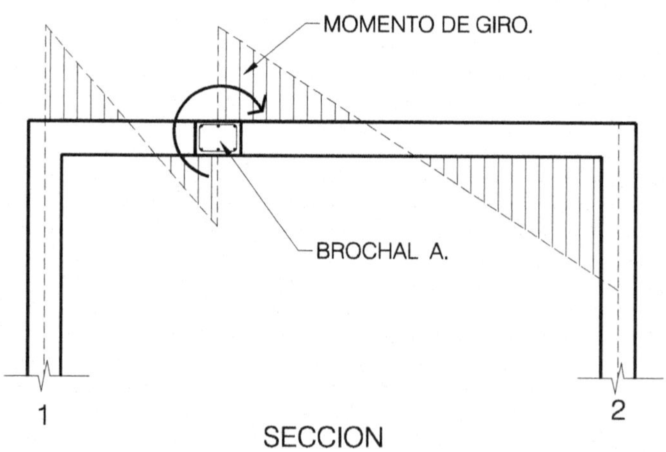

Figura 9

Comentarios

En los cálculos de estructuras se tiene en consideración la torsión de las vigas, pero suelen pasar más desapercibidos los momentos de giro ocasionados por las torsiones.

En el ejemplo de la **figura 8**, cuanto mayor luz tengan las viguetas mayor será la torsión que le ocasionará a la viga A-3 y mayor el momento de giro de la viga 1-2.

MOMENTO FLECTOR

Es el resultado de una fuerza sobre un elemento por la distancia desde donde se ejerce esa fuerza al punto elegido como referencia donde se produce la flexión.

En la **figura 10** se representa el diagrama del momento flector de una viga de un pórtico que soporta una carga uniforme.

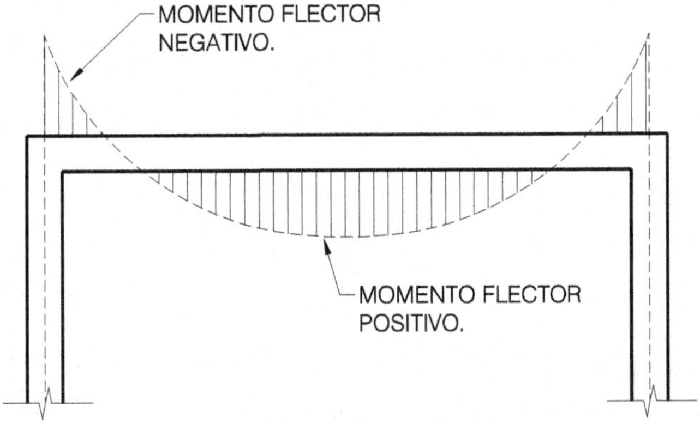

SECCION

Figura 10

Comentarios

En vigas empotradas en pilares los mayores momentos se suelen encontrar en los apoyos y por lo tanto en esa zona suelen precisar mayor sección de armadura que en el centro de la luz.

Cuando los momentos son muy elevados y se precisan cuantías muy elevadas de armadura por tratarse de dimensiones muy ajustadas, entonces es necesario colocar las barras formando dos capas. En estas vigas se producen mayores deformaciones, quedan muy estribadas y pueden fallar a compresión por la cara opuesta, incluso ofrecen dificultad para el hormigonado y el vibrado.

MOMENTO RESISTENTE

Es una magnitud geométrica que caracteriza la resistencia de un elemento, pudiéndose decir que es la suma de los productos de las unidades de superficie por el cuadrado de su distancia al eje neutro, dividido entre la distancia de la fibra más alejada de dicho eje.

Comentarios

El momento resistente de una viga de sección rectangular se puede obtener con la fórmula $b.h^2/6$ que se expresa en cm^3 (**Figura 11**).

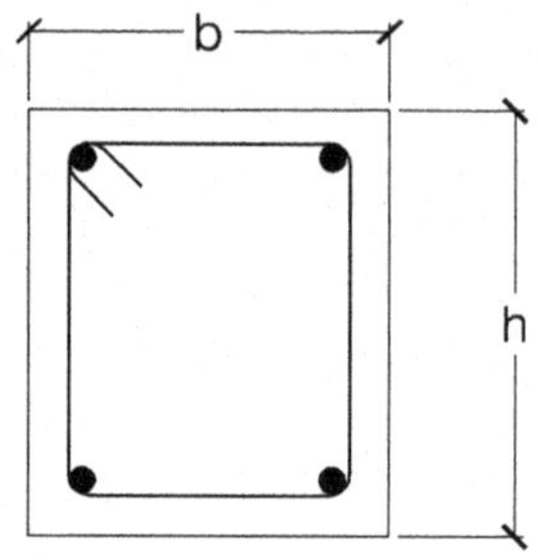

SECCION VIGA

Figura 11

MORTERO BASTARDO

Aglomerado en el que entran a formar parte la cal y el cemento conjuntamente. Según la menor o mayor cantidad de cal que contengan, se denominan "magros" o "grasos" que lo hace más manejable para su aplicación.

Si contiene más cemento, será más resistente, y si la proporción de cal es mayor será más flexible.

Comentarios

Ahora el mortero bastardo se suele emplear en las restauraciones de edificios antiguos. Antes se utilizaba en revestimientos verticales exteriores, en las cogidas de las tejas y también en el mortero empleado debajo de las solerías para que no absorbiesen el color del cemento y aparecieran manchas.

MURETE GUÍA

Murete que se realiza para apoyar la maquinaria que se precisa para ejecutar un muro pantalla (**Figura 12**).

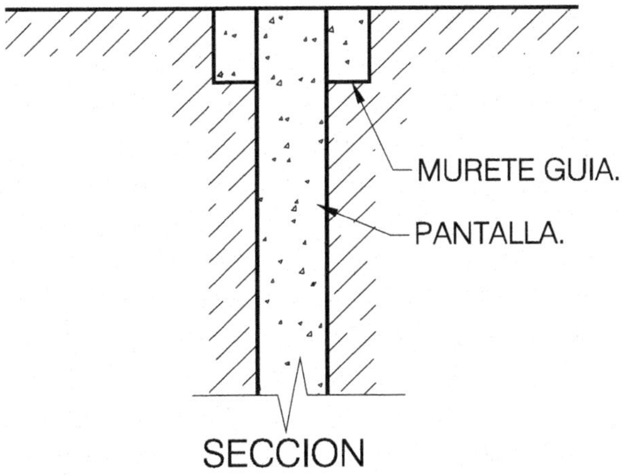

Figura 12

Comentarios

Los muretes guías suelen precisar un ancho mínimo de 20 cm, perdiéndose este espacio en el interior de los sótanos cuando existen edificaciones medianeras, como se indica en la **figura 13**.

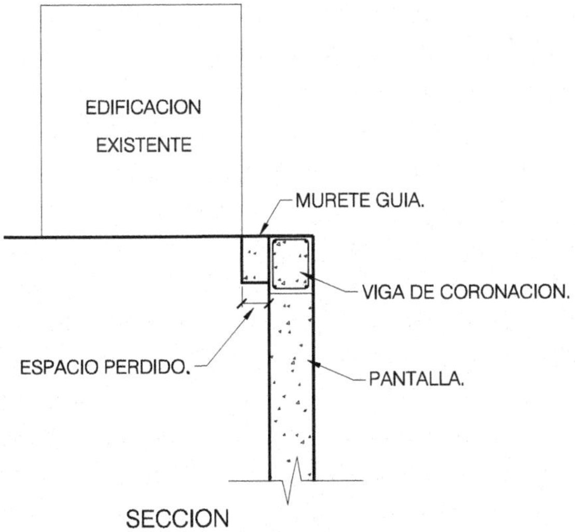

Figura 13

Una solución para no perder el espacio ocupado por el murete guía en el sótano 1, consiste en ejecutar la pantalla hasta un sótano menos, y después de realizar la excavación ejecutar un muro de contención tradicional sobre una viga de coronación más ancha, como se indica en la **figura 14**.

M

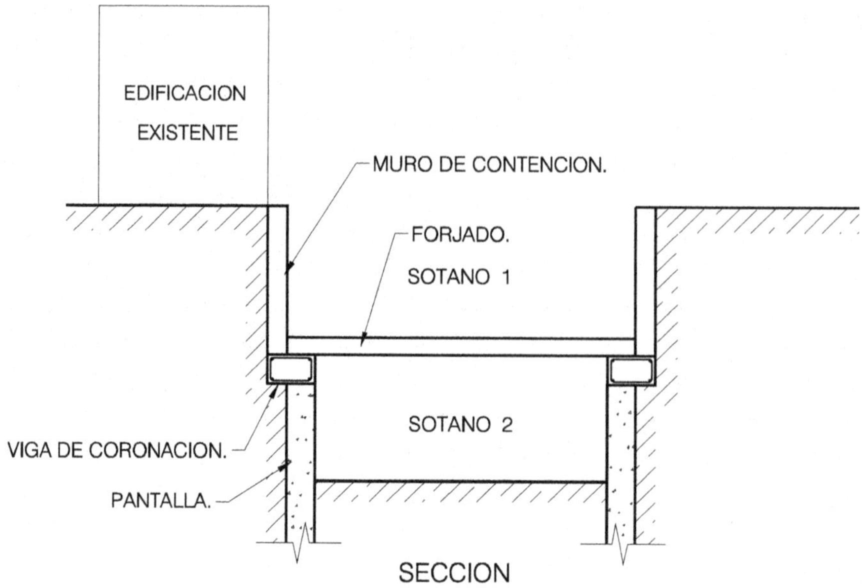

Figura 14

MURETES

Muros de poca altura que se suelen ejecutar para apoyar en ellos forjados sanitarios como se indica en la **figura 15**.

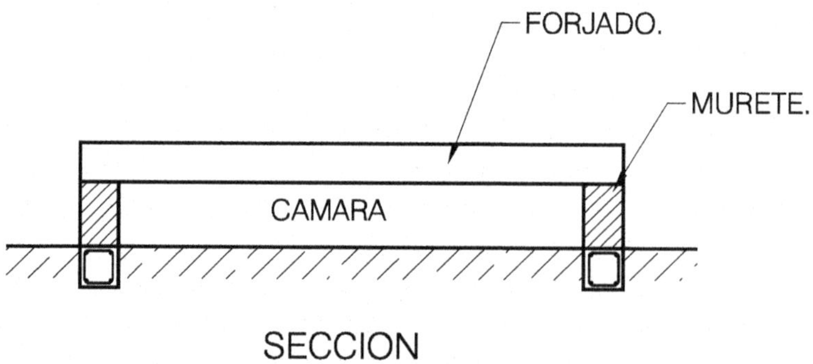

Figura 15

Comentarios

Cuando se proyectan muretes de mayor altura para apoyo de forjados sanitarios, es importante no olvidar la comprobación al pandeo de los pilares de planta baja que quedan con mayor altura.

En la edad media, para descender la humedad por capilaridad, se situaban junto a los muros muretes de sacrificios ejecutados con mortero de cal para que absorbiesen la humedad procedente de las tierras (**Figura 16**).

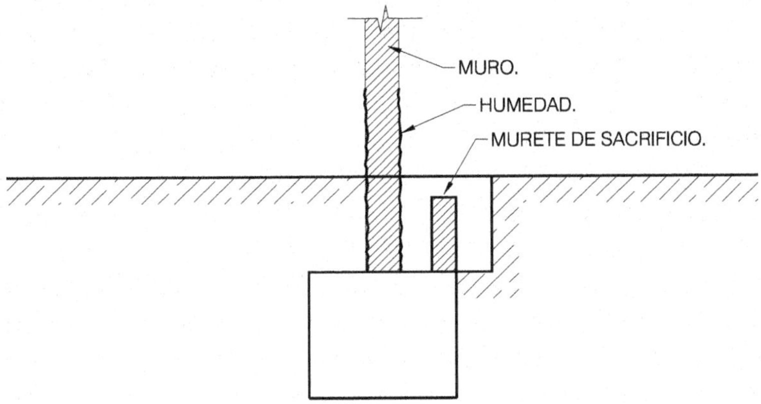

SECCION

Figura 16

MURO DE CONTENCIÓN

Muro destinado a soportar el empuje de las tierras. Se suelen calcular en ménsulas con un empuje triangular en su trasdós como se indica en la **figura 17**.

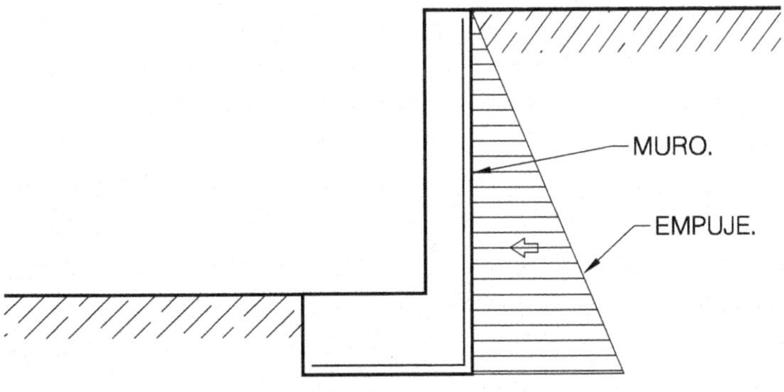

SECCION

Figura 17

M

Comentarios

La mayoría de los muros de contención se suelen ejecutar de hormigón armado, y aunque su cálculo se suele realizar en ménsula, también pueden llegar a trabajar a flexión horizontal, y cuando se trata de muros de sótano y soportan un forjado, su diagrama de momento cambia, como se aprecia en la **figura 18**.

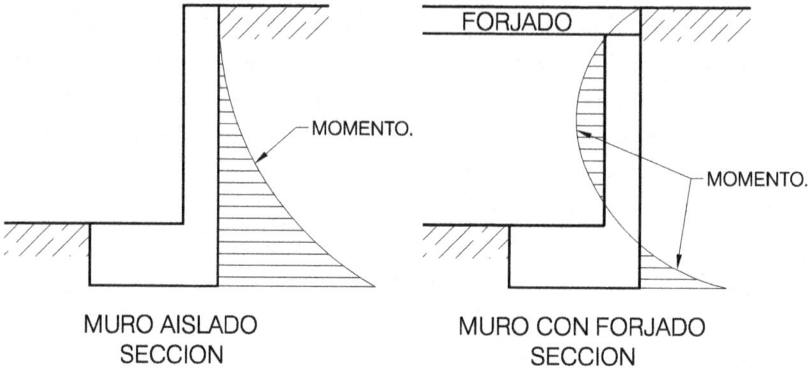

Figura 18

MUROS DE FÁBRICA

Muros ejecutados con ladrillos que son piezas de barros cocidas en hornos a alta temperatura. Si están poco cocidas se suelen desmoronar con la humedad, especialmente con la de capilaridad (**Figura 19**).

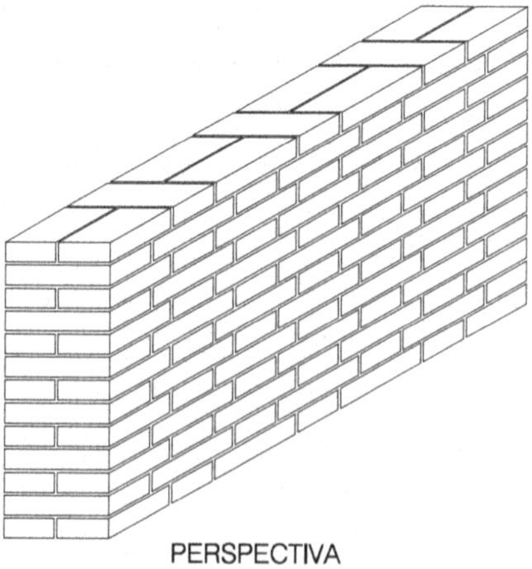

Figura 19

Comentarios

Los muros de fábrica tienen poca resistencia para soportar flexiones y cortantes imprescindibles en un movimiento sísmico, por lo que son los primeros que se desploman después de los de tapial durante un movimiento sísmico.

Una forma de capacitar a un muro de fachada de ladrillo visto para soportar movimientos sísmicos consiste en introducir en el muro por el interior de la edificación soportes en H, situándolos a distancias aproximadas de 3 m y uniéndolos en cada planta con un perfil como se indica en la planta y alzado de la **figura 20**.

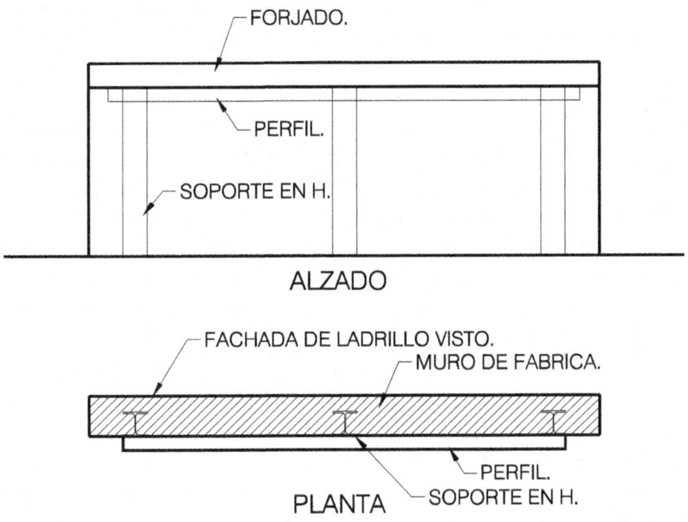

Figura 20

LETRA N

NIVEL DE EVAPORACIÓN

Es la cota más alta que alcanza la humedad de capilaridad, también conocida con el nombre de "Nivel de humedad" y "Franja capilar" (**Figura 1**).

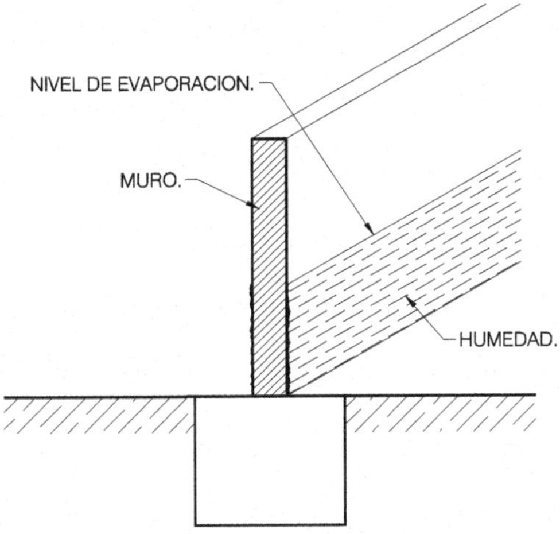

Figura 1

Comentarios

Cuando el terreno, el mortero, o la fábrica contienen sales, al ser transportadas por el agua se manifiestan con eflorescencias en el nivel de evaporación.

Cuanto más ancho es el muro y más húmedas se encuentren las tierras, más alto es el nivel de evaporación. Hasta esta altura la pared permanece húmeda, y al adherirse más fácilmente el polvo a ella, queda más oscura.

NIVEL FREÁTICO

Manto o nivel del agua existente en el subsuelo. Su profundidad es fluctuante dependiendo de la pluviometría. Si el lugar se encuentra cerca de un río, el nivel freático suele depender de su cauce, y si se encuentra alejado, dependerá de la lluvia recibida (**Figura 2**).

N

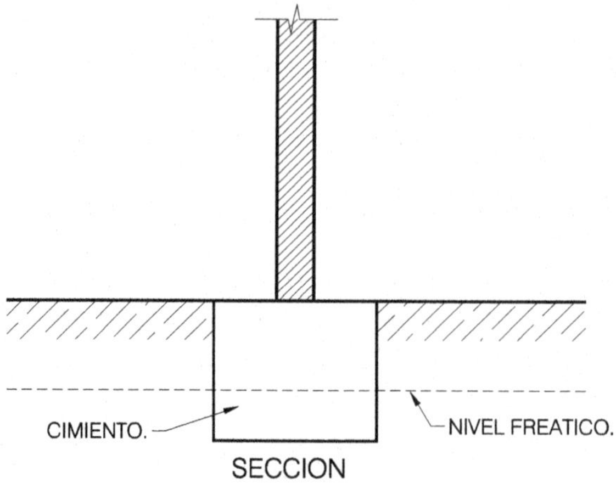

Figura 2

Comentarios

El nivel freático es fluctuante, acusándolo más en los climas monzónicos, que son aquellos donde suceden épocas lluviosas y otras de sequías, como en Andalucía.

La cota más alta del nivel freático se suele alcanzar al final de la época lluviosa, y la más baja al final de la de sequía.

Colocando un tubo piezométrico que es un tubo perforado, a través de él penetra el agua existente en el terreno y se puede medir la profundidad del nivel freático. También se puede medir realizando una cata y observando hasta donde suele subir el agua, que en caso de estar bajo se aprecia hasta donde sube por el color oscuro de las tierras (**Figura 3**).

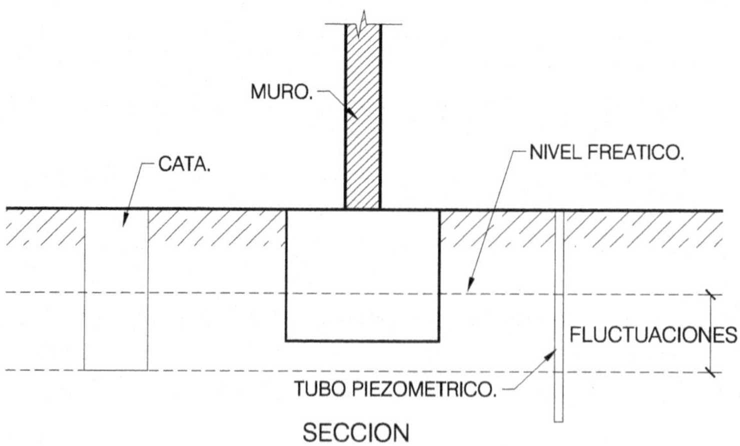

Figura 3

NIVEL FREÁTICO DEPRIMIDO

Se llama de esta forma al nivel de agua que queda cuando se realiza achique de agua en una excavación, como se indica en la **figura 4**.

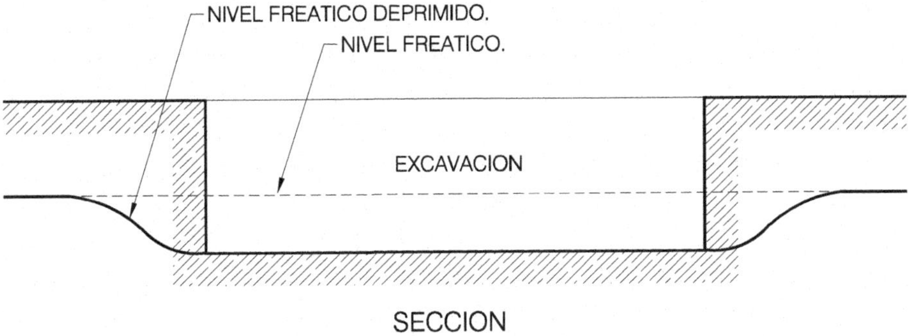

Figura 4

Comentarios

La pendiente del nivel freático deprimido es más suave en los terrenos arenosos, y más pronunciada en los terrenos arcillosos dado que estos son mas impermeables.

Al retirarse el agua, en su lugar quedan poros de aire y se suelen producir descensos, ocasionándole daños a las edificaciones medianeras como se indica en la **figura 5**.

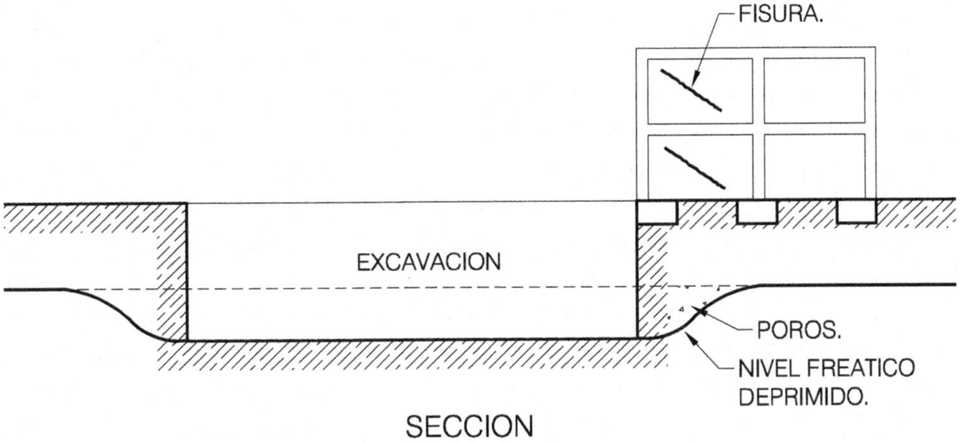

Figura 5

LETRA P

PACHÓMETRO

Aparato que se utiliza para detectar la armadura existente en una viga o en un pilar de hormigón.

Comentarios

Cuando no se dispone de pachómetro, una forma fácil de conocer la armadura inferior existente en una viga, consiste en realizar una roza de dos centímetros de anchura en sentido transversal de la viga hasta encontrar las barras, de esta forma se puede ver el número existente y medir sus diámetros (**Figura 1**). Siempre que sea posible es preferible realizar la roza en el punto de inflexión del momento flector, que suele estar comprendido entre un cuarto y un quinto de la luz de la viga.

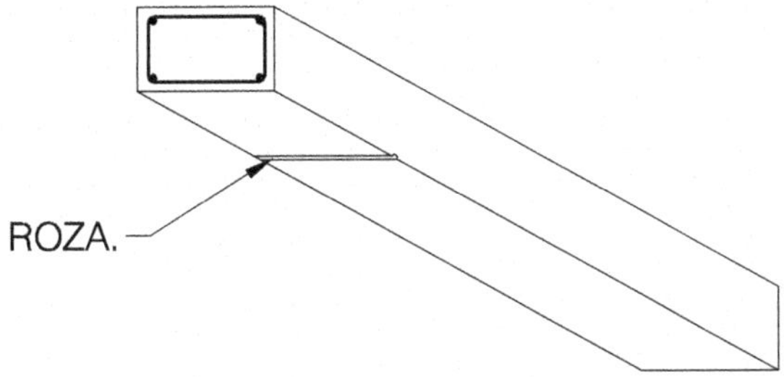

PERSPECTIVA VIGA

Figura 1

PANDEO

Deformación de elementos esbeltos sometidos a cargas verticales como puede ser un pilar (**Figura 2**).

P

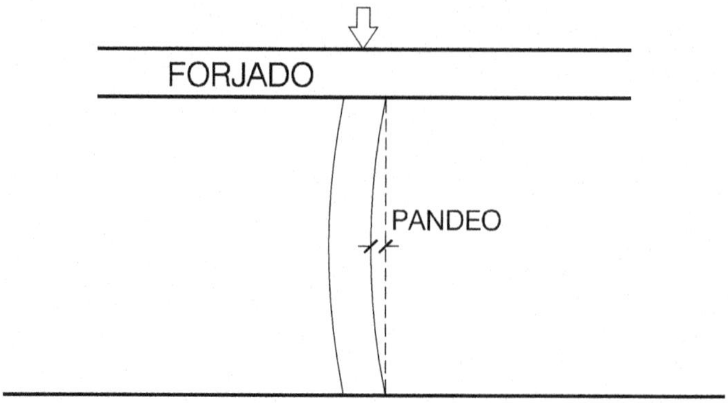

SECCION

Figura 2

Comentarios

En pilares muy esbeltos el fallo por compresión suele suceder por pandeo, con una rotura de flexión que surge de forma muy rápida en el centro de su altura, como se indica en la **figura 3** y en la **fotografía 1**.

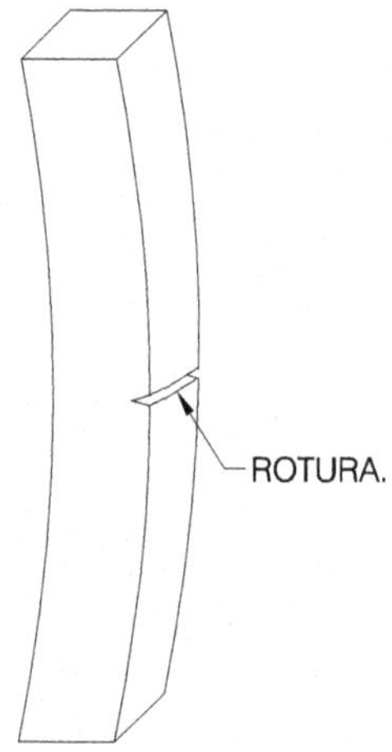

PERSPECTIVA PILAR.

Figura 3

Fotografía 1

PARAMENTO

Paño de pared que una vez ejecutado se le aplica un enfoscado para regularizarlo, y a continuación un enlucido para obtener una superficie lisa.

Comentarios

Los ladrillos de los paños, cuando no se han mojado antes de su colocación, absorben el agua del mortero del enfoscado y se suelen marcar las juntas que unen los ladrillos como se indica en la **figura 4**.

Cuando el paño está muy caliente por la acción solar, se corre el riesgo de que el enfoscado se fisure a retracción por afogarado.

P

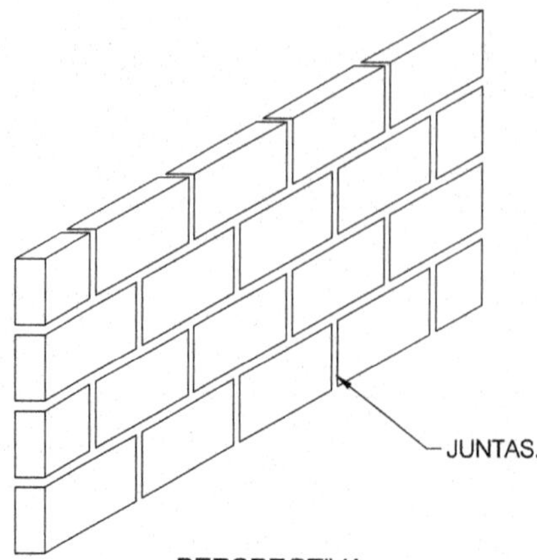

Figura 4

PATES

Elementos que se introducen en los muros de los depósitos y pozos de registro con la finalidad de que sirvan de peldaños para tener acceso a ellos (**Figura 5**). También se suelen colocar en castilletes de escaleras para tener acceso a las cubiertas.

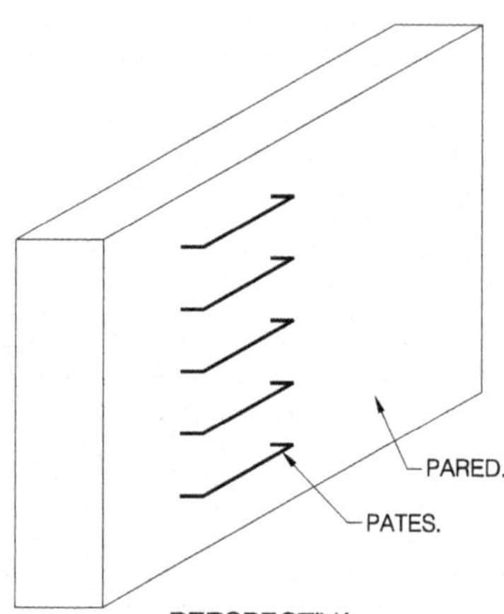

Figura 5

Comentarios

Los pates que están introducidos en agua en interiores de depósitos y quedan sometidos a ciclos de humedad y sequedad, es conveniente que sean de acero inoxidable o protegerlos contra la corrosión mediante pinturas o resinas.

PATILLAS

Doblado que se realiza a las barras para obtener su longitud de anclaje y puedan trabajar correctamente. Cuando se trata de barras de mayor diámetro, en vigas planas, para que cumplan con su longitud de anclaje suelen precisar, doble patilla (**Figura 6**).

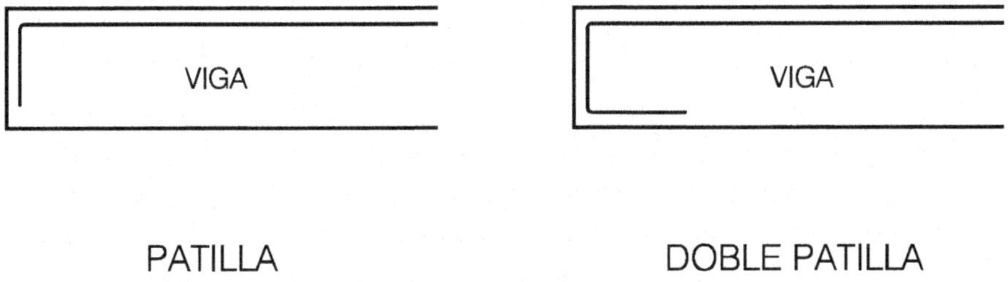

Figura 6

Comentarios

La armadura negativa en vigas extremas, es imprescindible que lleven patillas para que las barras no deslicen, pues si se omiten se fisuraría como se indica en la **figura 7A**.

En vigas planas con barras a partir del diámetro 20 mm suelen precisar doble patilla, ya que si sólo se le coloca una, al deslizar las barras, la patilla intenta salirse del hormigón y sobre ella aparecería una fisura en el extremo de la viga como se indica en la **figura 7B**. Esta fisura también puede surgir por retracción cuando la patilla tiene escaso recubrimiento.

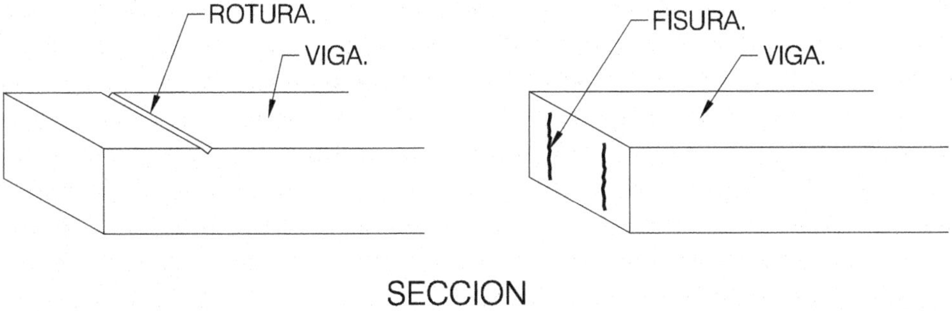

Figura 7A **Figura 7B**

P

PAVIMENTO FLOTANTE

Consiste en una solería que se coloca en planta de cubierta sobre soportes graduables para que quede en horizontal, nivelada. Estos soportes tienen una cruceta para que al apoyar la solería quede un espacio de tres milímetros entre ellas y pueda penetrar el agua de lluvia (**Figura 8**).

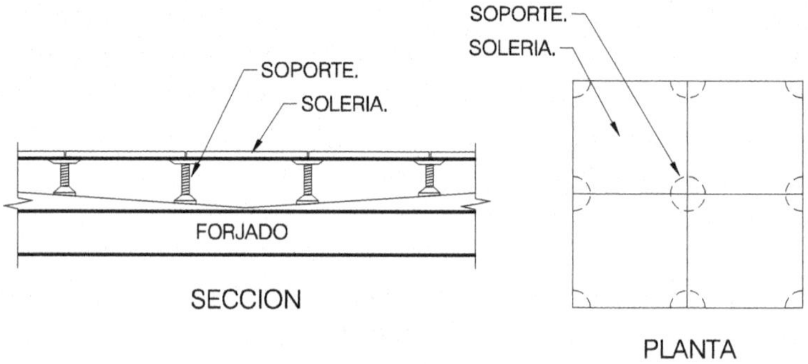

Figura 8

Comentarios

El pavimento flotante, también llamado suelo técnico, tiene la finalidad de conseguir un suelo totalmente nivelado y aislar al forjado de cubierta del frío y del calor, haciendo que la estructura sufra menos cambios dimensionales de origen térmico y se fisuren menos los tabiques situados en la planta última, al mismo tiempo que a estas viviendas se las hace más confortables.

El agua de lluvia penetra por las aberturas entre las solerías y discurre por la pendiente de la cubierta.

Este pavimento también se suele emplear en edificios de oficinas para introducir en él las instalaciones, pero sin dejar espacio entre las juntas de solerías.

PÉRGOLA

Nervios que se colocan horizontalmente formando un entramado que sirve como adorno decorativo, situándose normalmente en los jardines y plantas de cubierta. También hay veces que se colocan plantas trepadoras que las cubren y sirven para proporcionar sombra (**Figura 9**).

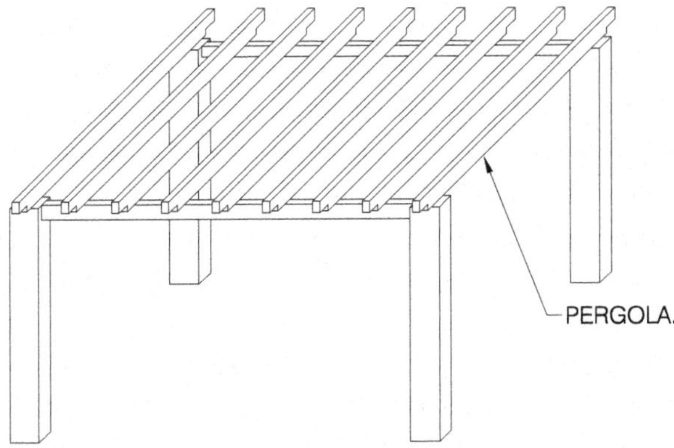

PERSPECTIVA

Figura 9

Comentarios

Las pérgolas son elementos decorativos y no están capacitadas para soportar cargas, aunque se han dado casos que las han cubierto realizando en ellas un forjado, y que al no poder soportar el peso de las bovedillas y el del hormigón, se han desplomado.

PILAR APEADO

Son pilares que nacen desde vigas, como se indica en la **figura 10**. Son muy problemáticos y se deben evitar, sobre todo en zonas sísmicas con aceleración mayor de 0,16 g.

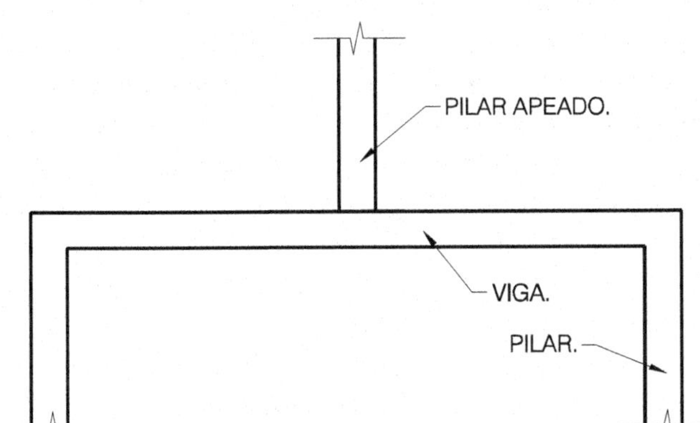

PORTICO

Figura 10

P

Comentarios

La carga puntual de los pilares apeados le ocasionan a las vigas que lo soportan lo siguiente:

- Un momento flector.
- Un esfuerzo cortante.
- Un momento de giro.
- Una flexión lateral si existe momento en sentido perpendicular al pórtico o durante un sismo.
- Un cortante lateral durante un movimiento sísmico.
- Si el pilar no queda situado en el centro de la luz de la viga, le ocasiona un desplazamiento al pórtico.

Colocar pilares apeados no es un buen diseño estructural, y sí es una zona problemática, sobre todo durante un movimiento sísmico, por lo que se deben evitar siempre que sea posible.

Los pilares apeados se suelen colocar en distribuciones donde no se ha previsto la estructura y se coloca ésta sin haberla estudiado previamente.

PILAR CAUTIVO

Son pilares pequeños, también llamados "enanos", que al tener poca altura tienen bastante rigidez y absorben mucho momento, y están más expuestos durante un movimiento sísmico a romper por flexión o por cortante. En la **figura 11** se indica donde se suelen situar los pilares cautivos.

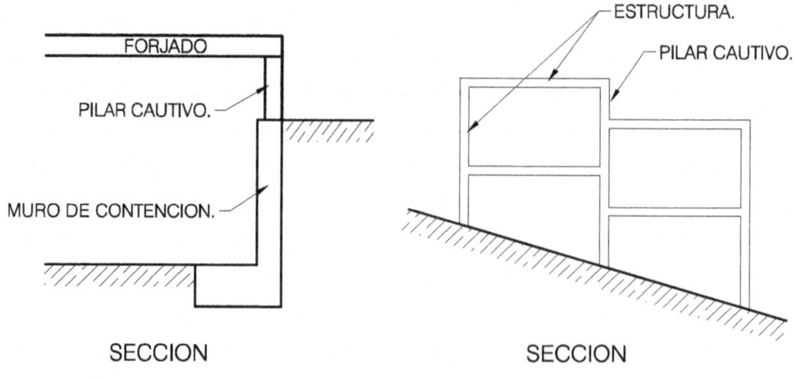

Figura 11

Comentarios

Los pilares cautivos que nacen desde muros de contención, al absorber un elevado momento que le ocasiona un fuerte cortante hiperestático, están más expuestos a que rompan por cortante como se indica en la **figura 12**. Estos pilares suelen precisar cercos muy unidos para evitar la rotura.

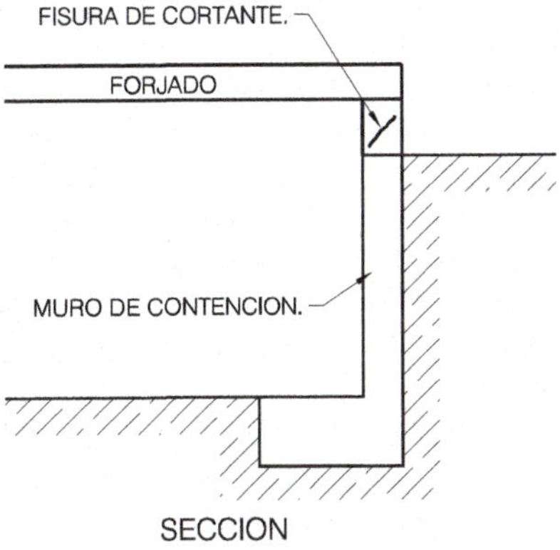

Figura 12

En la **fotografía 2** aparece un pilar cautivo que nace desde un muro de contención de sótano, que ha roto por cortante durante un movimiento sísmico, al que se le ha adosado en los laterales ladrillos como medida de urgencia.

Fotografía 2

P

PILAR COLGADO

Pilar que queda colgado de una viga que lo soporta y en vez de trabajar a compresión como es normal en los pilares, trabaja a tracción, como el representado en la **figura 13**.

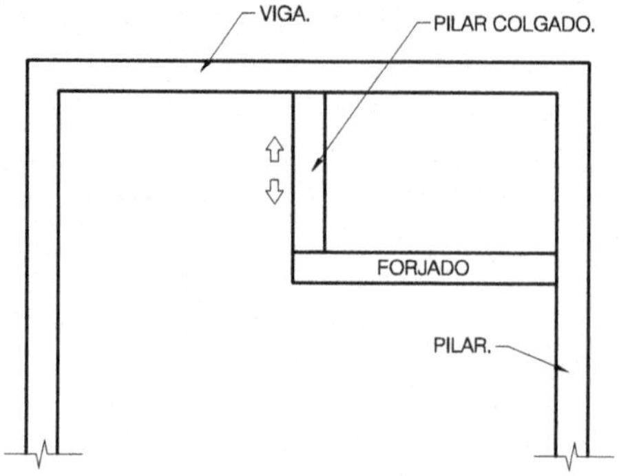

PORTICO

Figura 13

Comentarios

Los pilares colgados suelen soportar sólo una planta y someten a la viga que lo soporta a una carga puntual. En este caso juega un papel muy importante el anclaje de la armadura del pilar, y si no es correcto, deslizará en la viga o en el forjado que soporta. En la **figura 14** se indica un detalle de como conviene terminar la armadura en patillas, tanto en la zona inferior como en la superior del pilar para que no deslice.

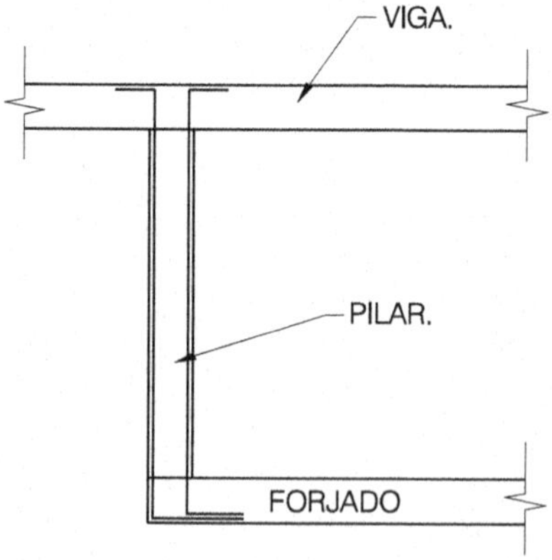

PORTICO

Figura 14

PILASTRA

Especie de pilar pequeño ejecutado de obra de fábrica que se coloca frecuentemente en vallas y en las cancelas de entrada a un recinto (**Figura 15**).

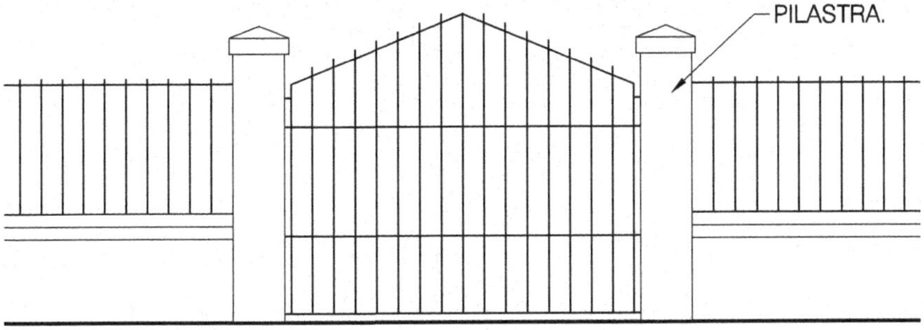

ALZADO

Figura 15

Comentarios

Las barandas metálicas introducidas en las pilastras, al dilatar por la acción solar, terminan fisurando horizontalmente a la pilastra como se indica en la **figura 16**. Esto se puede evitar introduciendo los elementos metálicos dentro de un pasatubo, ya que de esta forma permite la libre dilatación y evita la rotura.

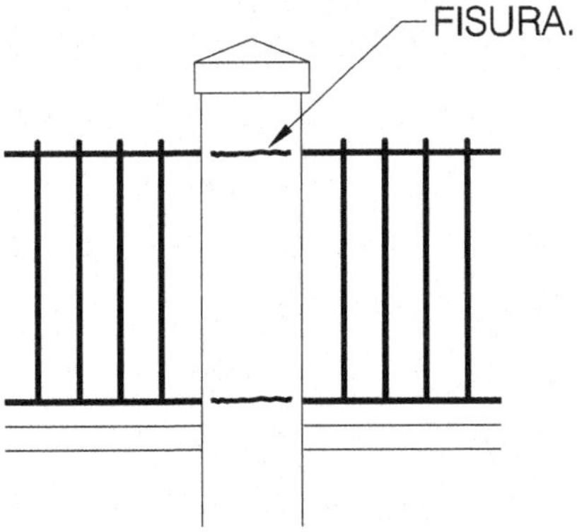

ALZADO

Figura 16

En la **fotografía 3** se presenta una pilastra que ha roto al dilatar la cerrajería introducida en ella.

P

Fotografía 3

PILOTES

Sistema de cimentación profunda, estos reciben el peso de la edificación y le trasmiten las cargas al terreno mediante rozamiento y apoyo en un estrato más profundo y resistente (**Figura 17**).

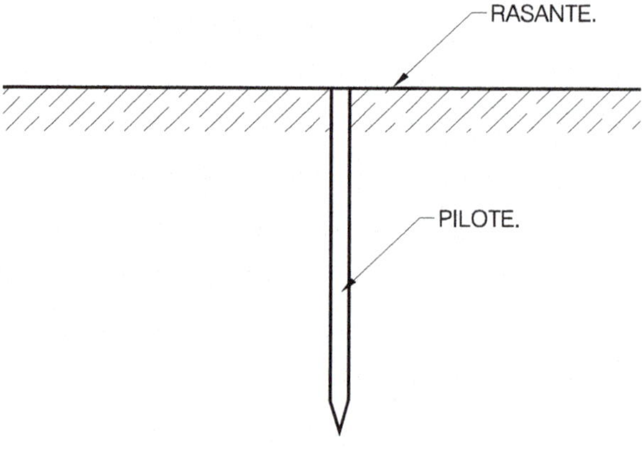

Figura 17

Comentarios

Los pilotes se suelen emplear en terrenos con capacidades portantes bajas donde el terreno más resistente se encuentra a mayor profundidad. También se emplean con axiles elevados y cuando se precisa cimentar a una cota inferior a la del nivel freático.

En las excavaciones de varios sótanos, cuando se emplean muros pantallas, que es una cimentación profunda, también es conveniente colocar pilotes con el fin de evitar asiento diferenciales (**Figura 18**), ya que no es aconsejable en una misma edificación ejecutar una cimentación profunda con una superficial, como puede ser con zapatas o losa.

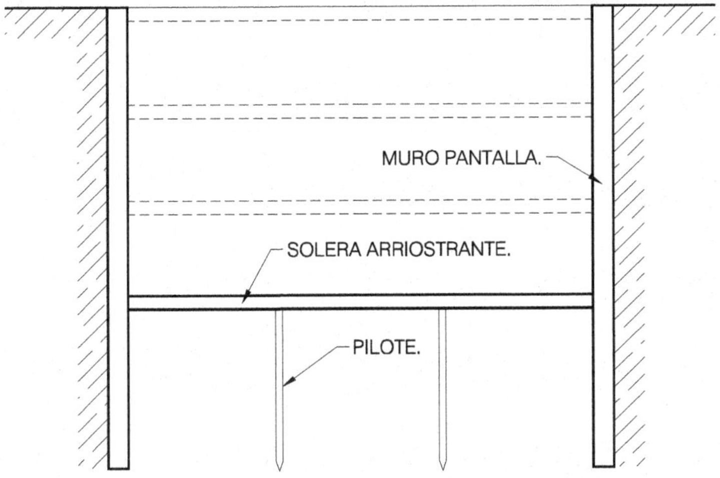

Figura 18

PINTURA PASIVANTE

Es aquella que se aplica a las barras que han tenido corrosión, con la finalidad de neutralizar y dejar inactiva la corrosión. También se la conoce con el nombre de “inhibidora de corrosión”.

Comentarios

Cuando se corroe la armadura inferior de una viga por humedad de condensación se suele proceder de la forma siguiente:

1º Se apuntala el elemento, ya que el mayor riesgo se corre durante la propia reparación.

2º Se elimina el hormigón suelto y se deja la armadura al descubierto.

3º Se limpia la corrosión de las barras mediante cepillo de alambre o chorro de arena a presión.

4º Se aplica a la armadura pintura pasivante.

5º Si las barras han perdido sección se le añade barras nuevas que compensen la sección perdida.

6º Se aplica sobre las barras mortero epoxi para cubrirlas.

7º Se desapuntala comenzando desde el centro de la luz de la viga hacia los extremos y si se trata de un voladizo se desapuntala comenzando desde el extremo del voladizo (**Figura 19**).

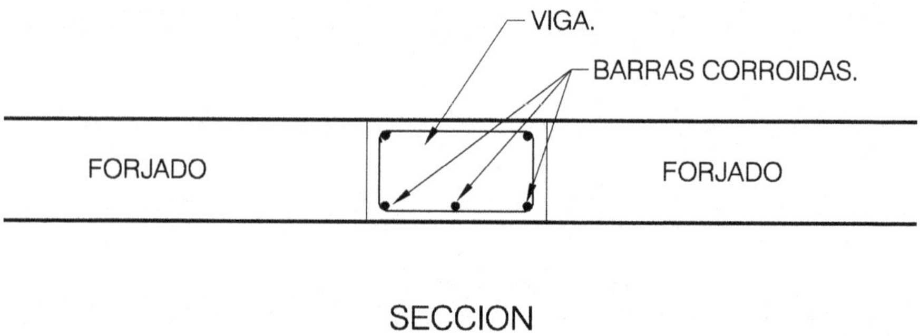

Figura 19

PLANTA DÉBIL

Cuando en un edificio existe una planta diáfana sin cerramientos ni tabiquería, y se trata de zona sísmica, a ello se le suele llamar “planta débil” o “piso blando” ya que en caso de un movimiento sísmico es la planta que suele fallar (**Figura 20**).

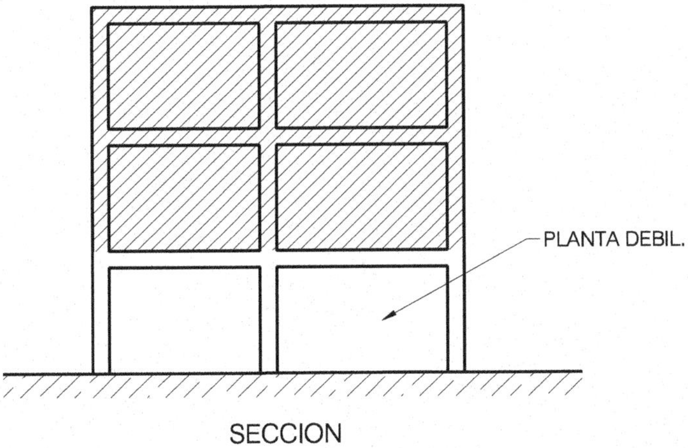

Figura 20

Comentarios

Las plantas donde existen pilares cautivos, es decir pilares cortos, también se consideran una planta débil, ya que estos pilares al absorber elevados momentos y cortantes son los primeros que suelen romper.

Las plantas diáfanas, al no tener la colaboración de los cerramientos se suelen desplazar durante un movimiento sísmico, y al fallar los pilares de estas plantas el desplome se produce desde esa planta hacia las superiores.

La colaboración de los cerramientos para soportar empujes horizontales no se suelen considerar en los cálculos, pero en la realidad colaboran impidiendo el desplazamiento de la estructura durante un movimiento sísmico.

PLASTICIDAD

Aparece cuando se sobrepasa la elasticidad, es decir, antes de romperse el elemento. En caso de no producirse la rotura, no recobrará su forma original al liberarse de la fuerza que lo ha deformado.

Comentarios

Durante un movimiento sísmico se puede producir una plasticidad de la estructura, y aunque la edificación no se haya desplomado, esto no significa que la estructura siga siendo válida, y se corre un gran riesgo, ya que en estos casos los elementos afectados precisan ser reforzados o sustituidos.

P

POLIESTIRENO EXPANDIDO

Polímero sintético espumoso procedente del vinilbenceno cuyas propiedades físico- químicas son similares a las del corcho, debido a ello, suele recibir el nombre de corcho blanco.

Comentarios

El poliestireno expandido es utilizado en construcción como aislante y para dejar un espacio entre dos elementos.

En edificios con sótano situados en calle por donde transitan vehículos pesados que le ocasionan vibraciones a las edificaciones, una forma de reducirlas consiste en colocar en la zona exterior del muro de contención una lámina de poliestireno expandido de baja densidad que tenga un espesor como mínimo de 5 cm (**Figura21**).

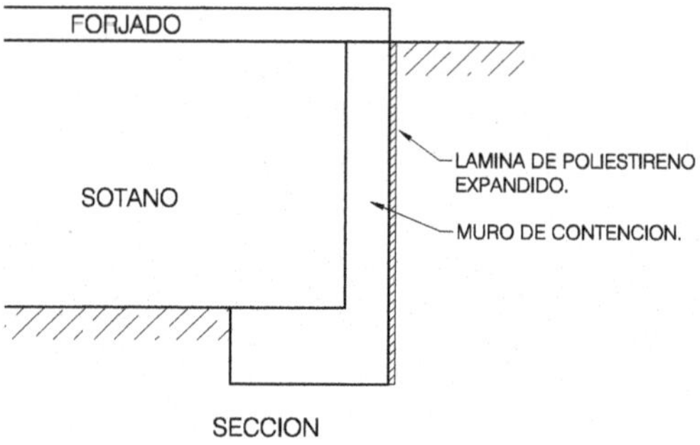

Figura 21

PÓRTICO

Estructura formada por pilares y vigas, como se indica en la **figura 22**.

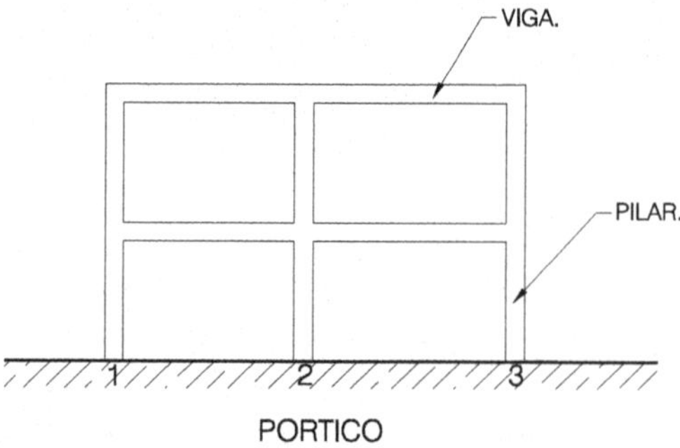

Figura 22

Comentarios

Los forjados unidireccionales están formados por pórticos, donde las vigas son las encargadas de soportar las viguetas o nervios y trasladan las cargas a los pilares.

Estas estructuras, al ser hiperestáticas, es decir, formadas por un conjunto de elementos estructurales, en caso de fallar un elemento esencial, como puede ser un pilar, se desequilibraría, con la posibilidad de desplomarse. Esto se puede apreciar durante un movimiento sísmico, al fallar los pilares de planta baja por compresión o cortante, el edificio se desploma comenzando desde abajo hacia arriba.

PREDIMENSIONADO

Son las dimensiones orientativas iniciales que se aplican a los elementos estructurales como vigas y pilares antes de realizar el cálculo de esfuerzos de la estructura, donde una vez realizada se puede comprobar si las dimensiones dadas son excesivas o pequeñas.

Comentarios

Las dimensiones muy pequeñas en vigas obligan a colocar armadura de compresión y cuantías elevadas de armadura con diámetros gruesos y estribos muy próximos, lo cual indica dimensiones inadecuadas, al mismo tiempo que es más cara, se obtienen mayores deformaciones y dificulta su hormigonado y vibrado.

Las dimensiones excesivas están más expuestas a que se fisuren por retracción, y en caso de fallo, la rotura es más rápida y frágil.

En los pilares mal dimensionados se obtienen cuantías elevadas de armadura con diámetros gruesos de barras que lo encarecen y dificultan su hormigonado y vibrado.

PRETIL

Murete de fábrica que se coloca en los bordes de las azoteas para impedir que se caigan las personas al exterior. También suelen recibir el nombre de peto o antepecho (**Figura 23**).

P

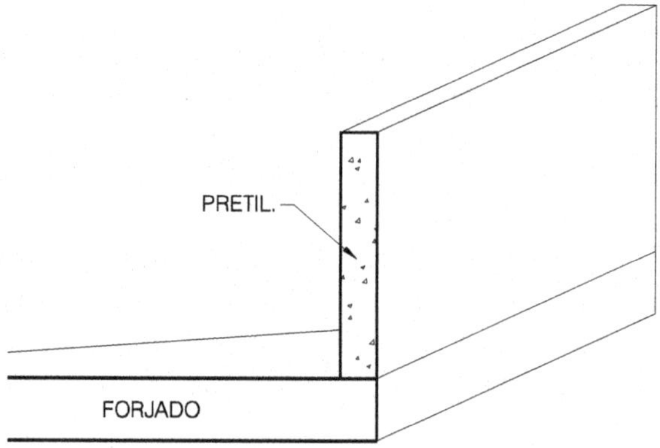

PERSPECTIVA

Figura 23

Comentarios

Los pretiles de fábrica de azotea, cuando no tienen introducidos armadura longitudinal en el interior de la fábrica rompen con bastante frecuencia, tanto por retracción como por dilatación.

Las roturas más usuales suelen ser verticales seccionándolo, o inclinadas al llegar a las esquinas, como se indica en la **figura 24**.

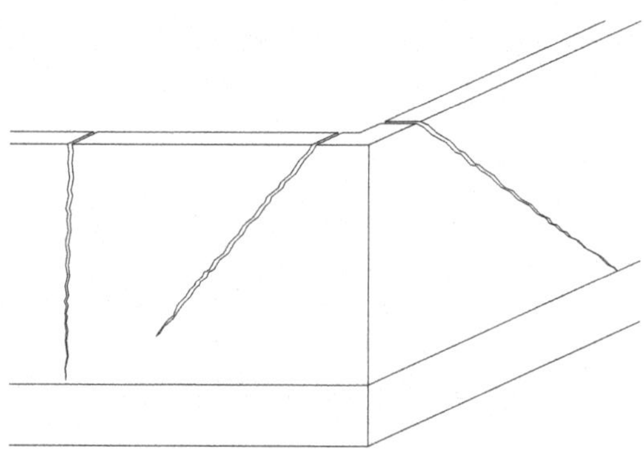

PERSPECTIVA

Figura 24

En la **fotografía 4** se presenta un pretil que ha roto a tracción al dilatar la solería y desplazarlo hacia la derecha. Dicha rotura, al ser abierta, hay veces que se confunde con una retracción.

Fotografía 4

PROBETA TESTIGO

Muestra de hormigón que se toma y cura en obra para posteriormente analizarla y ensayarla en un laboratorio (**Figura 25**).

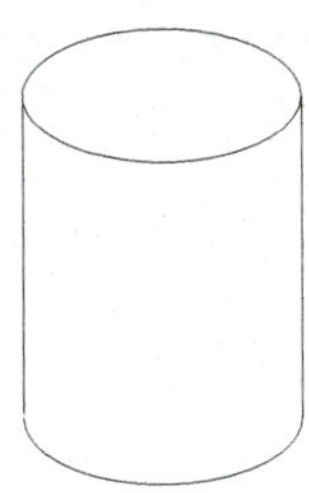

PROBETA TESTIGO

Figura 25

Comentarios

La resistencia obtenida en probeta depende de las condiciones climatológicas, del vibrado y del curado.

Si en obra por defecto de vibrado se obtiene un hormigón con un poco menos de resistencia que el obtenido en la probeta del laboratorio no es preocupante, ya que al contener armadura, el hormigón se encuentra confinado y en estas condiciones es capaz de soportar mayor carga que el de la probeta que no contiene armadura, no obstante, para comprenderlo mejor se expone el ejemplo siguiente:

Si se ejecutan dos pilares de iguales dimensiones y armaduras, y a uno de ellos se le colocan los cercos a 20 cm de distancia y al otro a cada 5 cm, este último es capaz de soportar mayor carga al encontrarse el hormigón más confinado (**Figura 26**).

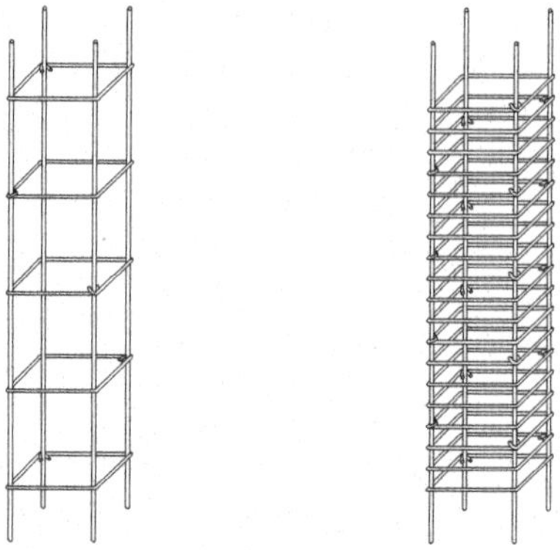

Figura 26

PROFUNDIDAD ACTIVA

Profundidad donde las tierras tienen una humedad constante y no se origina en ellas cambio de volumen, aunque en épocas de grandes sequías puede descender. También se le conoce con el nombre de "nivel isohidrático".

La profundidad activa depende del grado de expansividad y sequedad de las tierras. En la zona sur de España, que es la más afectada, la profundidad activa suele quedar comprendida entre una cota de menos 2,5 a 3,5 m respeto a la rasante del terreno, y cuando las tierras son expansivas y se desecan aparecen grietas que se van cerrando y llegan hasta esa profundidad, como se indica en la **figura 27** y como aparece en la **fotografía 5**.

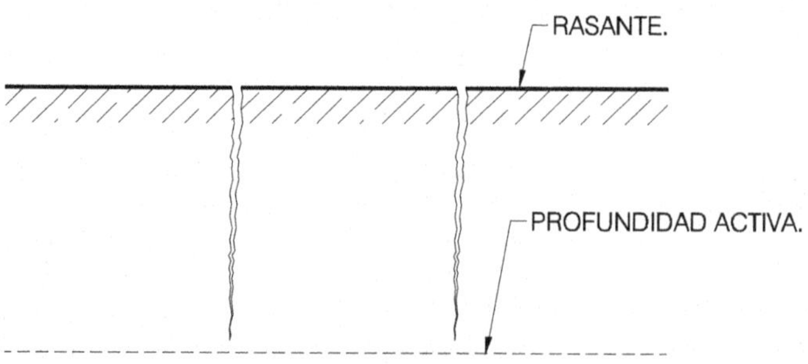

Figura 27

Fotografía 5

Comentarios

En terreno expansivos cuando las tierras se desecan y contraen, desciende la cimentación, apareciendo grietas en la edificación.

Cuando el terreno se humedece, se hinchan las tierras y eleva la edificación, este proceso arruina la edificación.

Mientras más próxima se encuentre la base de la cimentación a la profundidad activa, menos problemas existirán con la expansividad (**Figura 28**).

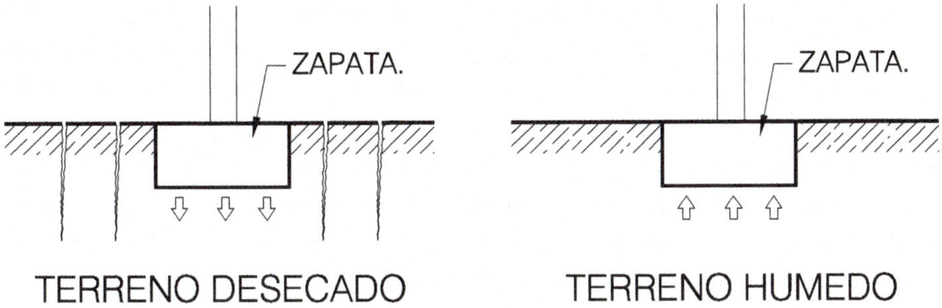

Figura 28

P

PUENTE TÉRMICO

Es la unión que se establece entre dos elementos que están separados. Se puede citar como ejemplo cuando cae pellada de mortero en el interior de una cámara de doble hoja y queda unido en una pequeña zona el cerramiento exterior con el tabique (**Figura 29**).

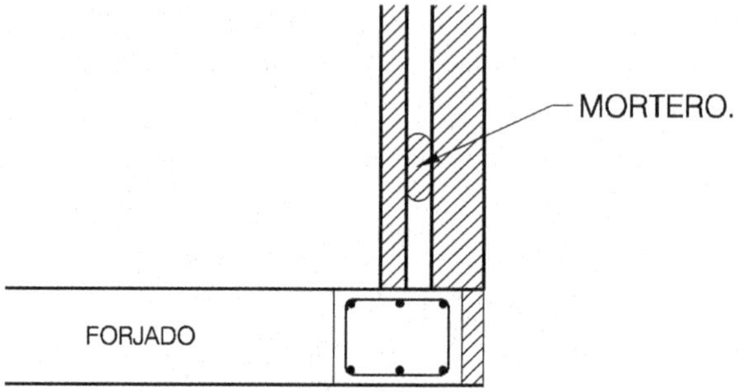

SECCION

Figura 29

Comentarios

En el caso del ejemplo anterior, en la zona donde ha caído el mortero, suele aparecer una mancha circular de humedad por absorción si la pared exterior no está impermeabilizada, o por puente térmico.

En las vigas que no quedan protegidas por el exterior, al quedar éste muy frío y el interior de las habitaciones calientes, también se suele producir un puente térmico con la aparición de humedad bajo la viga por condensación (**Figura 30**).

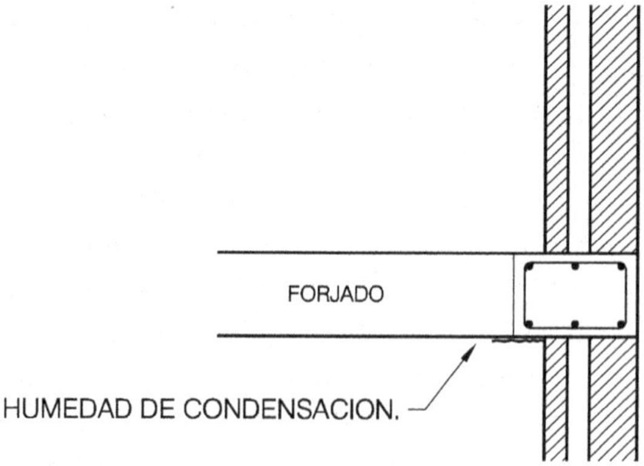

SECCION

Figura 30

PUNTERA

Se le llama puntera a la cimentación de los muros de contención de sótanos, como el indicado en la **figura 31**.

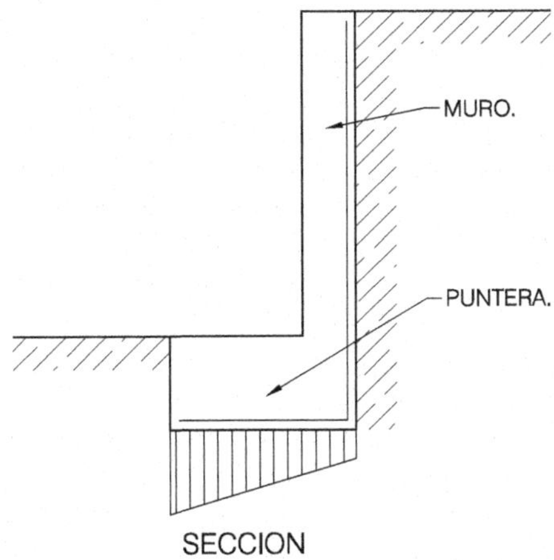

Figura 31

Comentarios

La cimentación con puntera es la menos estable, y debido a ello precisa mayores dimensiones.

Las mayores tensiones se producen en el extremo de la puntera cuando el muro está aislado, pero cuando existen pilares, las mayores tensiones se originan en la vertical del muro.

En edificaciones donde existen cimientos por zapatas y muros de contención de tierras, el terreno bajo las zapatas suele quedar sometido a mayores tensiones que en la puntera, y al originarse mayores asientos, es probable que surja la fisura indicada en la **figura 32**.

P

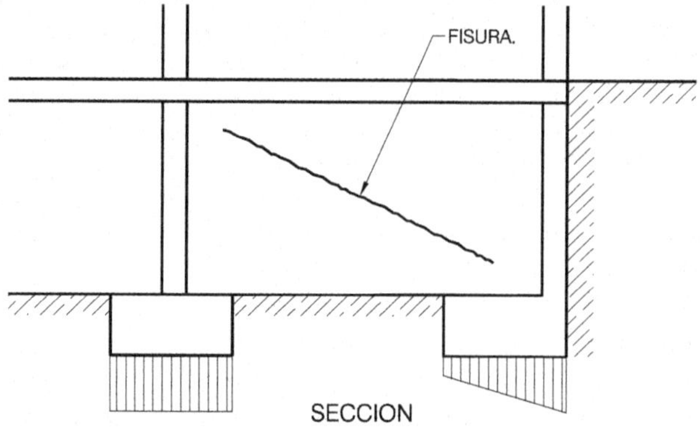

Figura 32

PUNTO DE INFLEXIÓN

En una viga que forma un pórtico, el punto de inflexión se produce donde cambia de trabajar la zona inferior de tracción de la viga y pasa a trabajar a tracción a la zona superior, es decir es el punto de momento nulo, donde la deformada de la viga pasa a tener curvatura positiva a negativa (**figura 33**).

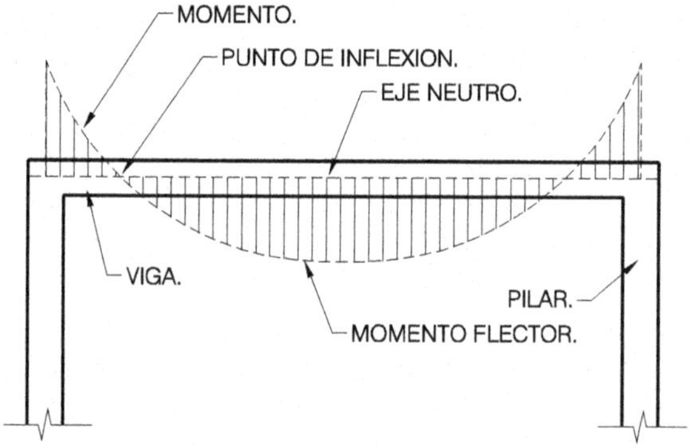

Figura 33

Comentarios

El punto de inflexión en una viga que forma un pórtico se suele situar entre un cuarto y un quinto de la luz, mientras que en una viga apoyada en sus extremos no existe punto de inflexión, ya que toda la zona inferior trabaja a flexión y toda la zona superior a compresión. La mayor flexión se encuentra en el centro de la luz en la zona inferior y la mayor compresión en el centro de la luz en la zona superior (**Figura 34**).

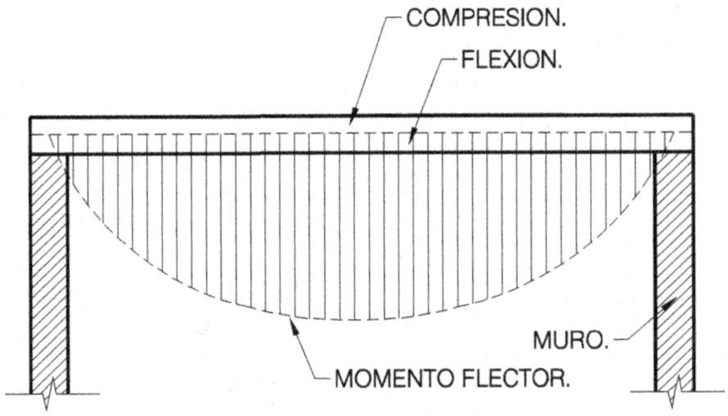

VIGA APOYADA

Figura 34

PUNZONAMIENTO

Rotura por cortante que se produce alrededor de un elemento estructural como puede ser un ábaco de un forjado reticular, losas de forjado o de cimentación, o vigas planas muy anchas (**Figura 35**).

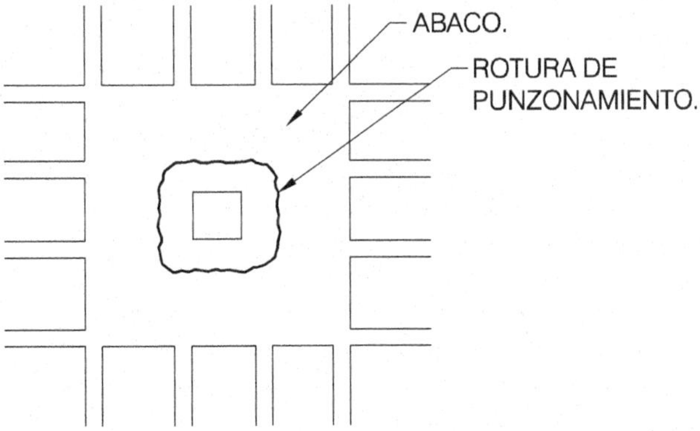

PLANTA

Figura 35

Comentarios

La rotura de punzonamiento es muy grave, la rapidez depende de la cantidad de armadura transversal existente, por lo que, debido a ello, en los ábacos de los forjados reticulares y en las losas es conveniente colocar armadura transversal, ya que durante un movimiento sísmico aumentan los cortantes.

P

En la **figura 36** se representa cómo rompería por punzonamiento una losa de cimentación, en la que se producirían elevados descensos al quedar totalmente inutilizada.

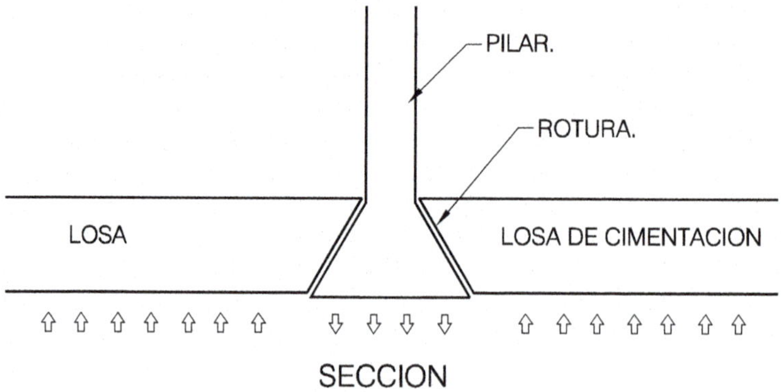

Figura 36

En la **fotografía 6** se presenta como ha quedado un pilar al desplomarse el forjado por punzonamiento.

Fotografía 6

LETRA R

RADIO DE GIRO

Se obtiene hallando la raíz cuadrada de dividir la inercia del elemento entre su área.

$$R = \sqrt{\frac{Inercia}{Área}}$$

Comentarios

En el caso de un pilar rectangular, el radio de giro de su lado menor se puede obtener mediante la formula:

$$R = \sqrt{\frac{a \cdot b^3/12}{a \cdot b}} = \sqrt{\frac{b^2}{12}}$$

RECALCE

Consiste en llevar la base de la cimentación a una cota más profunda. En la **figura 1** se ha recalzado una zapata hormigonándola por sus laterales en cuatro fases, con el fin de no descalzarla.

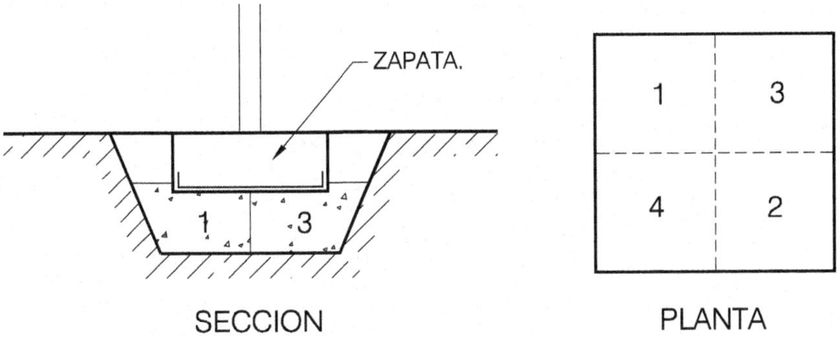

Figura 1

R

Comentarios

El recalce de una cimentación es laborioso y arriesgado. Una forma menos arriesgada consiste en ampliarla por sus laterales llevando su base a mayor profundidad, como se indica en la **figura 2**.

Otra solución más cómoda consiste en taladrar la zapata y colocarle micropilotes, como se indica en la **figura 3**. Ésta tiene el inconveniente de que si sólo se recalza una zapata, se suelen producir asientos diferenciales con las otras, ya que en este caso quedaría una cimentación profunda junto a otra superficial.

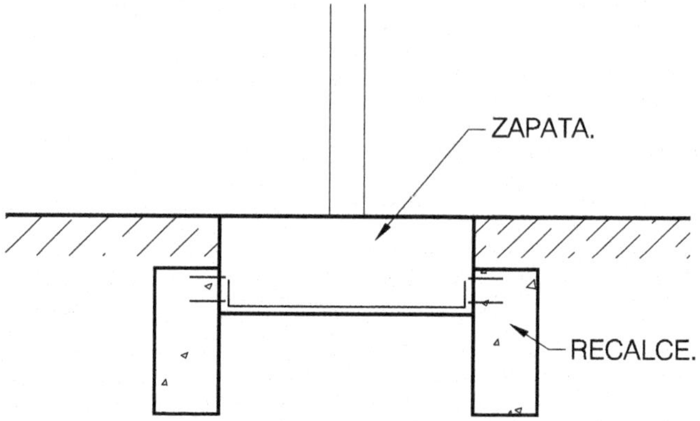

SECCION

Figura 2

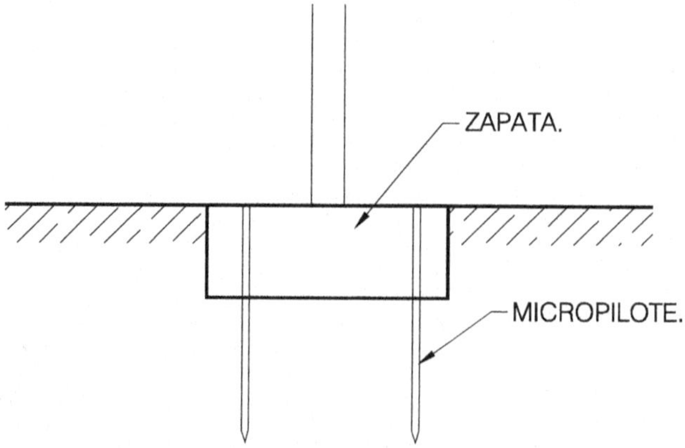

SECCION

Figura 3

REGLA MAESTRA

Listón de madera o aluminio que se coloca a plomo en un paramento, con la finalidad de que sirva de guía para poder enfoscarlo o enlucirlo. Especialmente es más necesario en paños donde existen bastantes irregularidades.

Comentarios

Los enfoscados sobre paños irregulares, cuando no se introduce en el enfoscado una malla metálica, se produce un cambio brusco de rigidez y suelen surgir fisuras de retracción, esto es más usual en los muros antiguos (**Figura 4**).

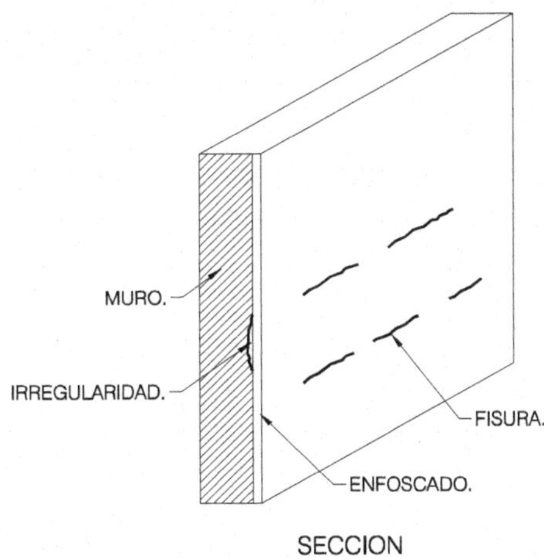

Figura 4

RESINA EPOXI

Polímero termoestable que adquiere su resistencia cuando se mezcla con un agente catalizador o endurecedor.

Comentarios

La resina epoxi, en obra, se suele utilizar para reparar elementos estructurales que se han fisurado. También se emplea para mejorar la unión de dos hormigones con distintas edades, cuando la armadura de una viga es insuficiente y precisa añadirle más barras, o para reducir los esfuerzos rasantes etc.

La resina epoxi tiene multitud de usos, pero se debe tener en cuenta que en caso de incendio, a partir de 80°C pierde su eficacia, por lo que todos los elementos que queden expuestos se deben de proteger del fuego.

R

RESONANCIA

Sucede, cuando una acción dinámica, como la que se produce durante un movimiento sísmico, excita a la estructura con la misma frecuencia que su frecuencia natural.

Comentarios

Si a una estructura la onda sísmica le coge hacia la izquierda (**figura 5A**), se desplaza hacia la derecha. Si al intentar tomar su posición inicial la onda la coge hacia la derecha, se desplaza hacia la izquierda (**figura 5B**), aumentando así los desplazamientos hasta que termina desplomándose desde la planta superior hacía abajo, como le ha sucedido al edificio de la **fotografía 1**, diciéndose entonces que ha entrado en resonancia.

La resonancia se interrumpe cuando cambian las oscilaciones de la estructura porque esta rompe, también si se interrumpe el movimiento sísmico o cambia el modo vibratorio del sismo.

En caso de no desplomarse el edificio suelen aparecer grietas en forma de aspa en los cerramientos, siendo más acentuadas en la planta superior y reduciéndose a medida que se desciende de planta, como se indica en la **figura 5C** y en la **fotografía 2**.

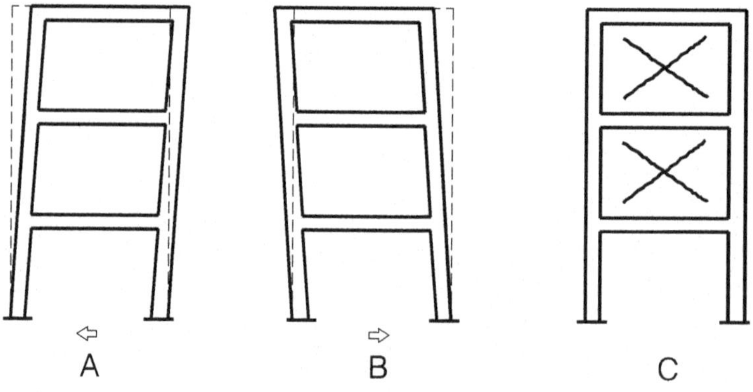

Figura 5

Fotografía 1

Fotografía 2

RETACAR

Recrecer un elemento hasta que quede en contacto con otro.

Los tabiques que no tienen altura suficiente hasta llegar al forjado, se recrecen dejándolos retacados como se indica en la **figura 6**.

R

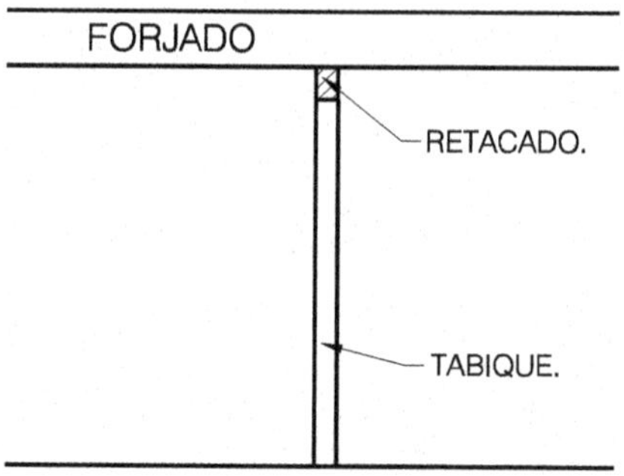

SECCION

Figura 6

Comentarios

Los forjados de mayores luces cuando flectan comprimen a los tabiques contra la solera si estos están muy retacados, apareciendo fisuras verticales de compresión en el centro de las luces de las viguetas o de las vigas, y si existen aplacados, al quedar comprimidos se desprenden (**Figura 7**).

Conviene tomar las dos últimas hiladas de ladrillo del tabique con yeso, para hacerlo más flexible y quede menos comprimido.

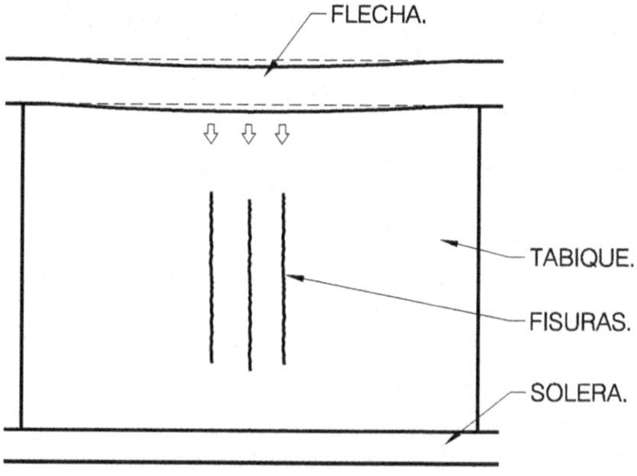

ALZADO

Figura 7

RETRACCIÓN DE ACOMODACIÓN

Cuando un enfoscado se desconecta del paño por retracción térmica con aparición de fisuras, superficiales que se cortan entre ellas, se dice que las fisuras son de acomodación, como se indica en la **figura 8**.

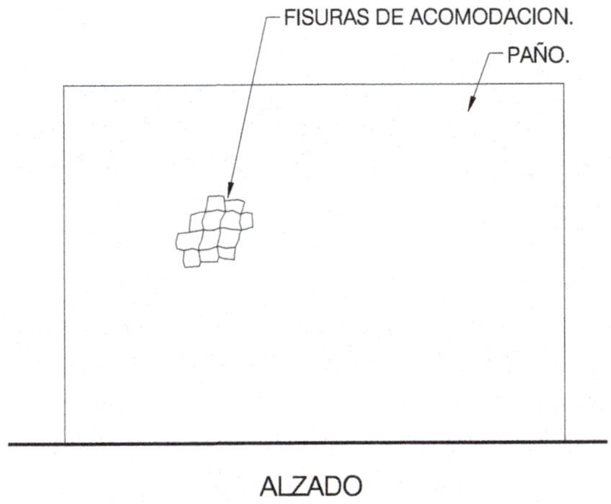

Figura 8

Comentarios

Las fisuras de acomodación suceden por cambios dimensionales de origen térmico, y aunque son parecidas no se deben confundir con las de afogarado, ya que estas últimas son de retracción plástica, suceden durante el fraguando, y aunque en ninguno de los dos casos tienen importancia, para solucionarlo se precisaría eliminar el enfoscado y volverlo a ejecutar.

El daño comentado es más usual en las fachadas que reciben sol de tarde.

En la **fotografía 3** aparecen fisuras de acomodación en un paño.

Fotografía 3

R

RETRACCIÓN HIDRÁULICA

Disminución de volumen que experimenta el hormigón cuando ha endurecido. Esto sucede después de la retracción plástica, siendo más acusado cuanto menor es su cuantía de armadura y más impedido se encuentre en su retracción el elemento.

Comentarios

Los elementos de hormigón con cuantías pequeñas de armadura como las vigas riostras de cimentación durante su fraguado, al encontrarse muy coartadas por las zapatas y no poder retraerse, se fisuran transversalmente, como se indica en la **figura 9** y como aparece en la **fotografía 4**.

Como la rotura sucede cuando el hormigón tiene escasa resistencia, los bordes de las fisuras son más redondeados, diferenciándose de una retracción térmica porque los bordes son más perfilados dado que el hormigón ya está endurecido y ha adquirido su resistencia.

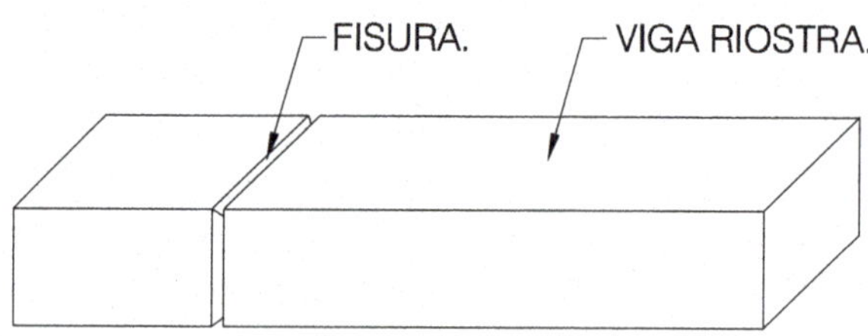

PERSPECTIVA

Figura 9

Fotografía 4

RETRACCIÓN PLÁSTICA

Disminución de volumen que experimenta un hormigón al pasar de estado plástico a sólido. Sucede entre las 2 y 6 horas después del amasado. El hormigón pierde el brillo de la pasta húmeda y se vuelve mate adquiriendo rigidez.

Comentarios

Las fisuras por retracción plástica son más usuales en aquellos elementos de hormigón con exceso de agua expuestos a fuertes soleamientos, y en los elementos con excesivo vibrado donde se acumula el agua y el árido fino en su zona superior como pueden ser vigas de mayores cantos o en las cabezas de pilares donde es frecuente la aparición de fisuras horizontales por asentamiento plástico.

La retracción plástica se suele manifestar con fisuras sobre las barras cuando se ha hormigonado estando estas calientes por la acción solar, teniendo en cuenta que cuanto mayor es el diámetro de las barras al estar más caliente más abierta es la fisura.

El exceso de cemento favorece la aparición de fisuras por retracción plástica y pueden surgir en ellas manchas blancas al fluir el cemento.

En la **fotografía 5** aparecen fisuras de retracción plástica en un forjado reticular al asentar el hormigón por haber omitido la armadura de reparto de la capa de compresión.

Fotografía 5

R

RETRACCIÓN TÉRMICA

Reducción de volumen que sucede en un elemento al bajar su temperatura.

Las estructuras ejecutadas en épocas muy calurosas quedan más afectadas al originarse en ellas contracciones cuando llega la época fría, como se indica en la **figura 10**.

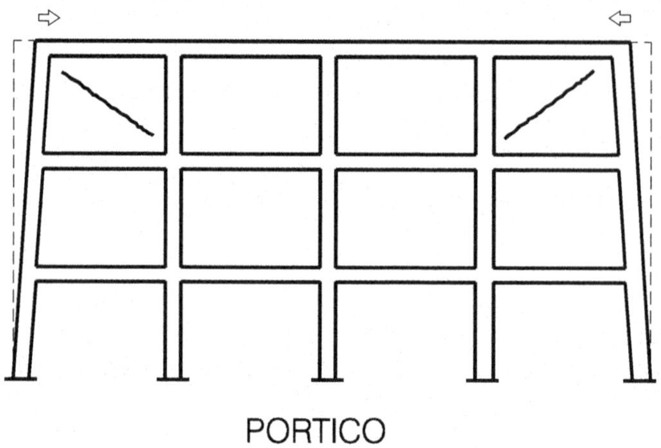

Figura 10

Comentarios

Una rotura usual en tabiques y cerramientos del pórtico extremo de planta de cubierta se produce al retraer la estructura provocando que el tabique rompa a tracción al tomar la diagonal mayor medida como se indica en la **figura 11**, y si el mortero de agarre tiene menor resistencia que el ladrillo, la rotura se sitúa en las llagas del ladrillo, y las fisuras verticales son abiertas y las horizontales cerradas.

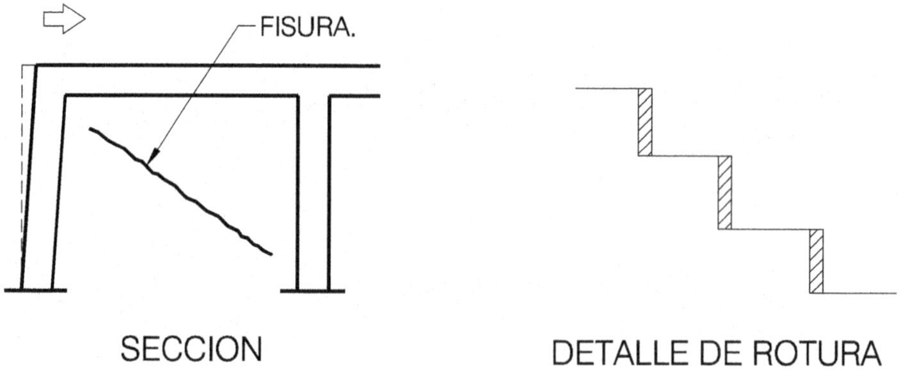

Figura 11

En la **fotografía 6** aparece una fisura de tracción diagonal en un cerramiento.

Fotografía 6

RIGIDEZ

Es la relación entre la carga aplicada y la deformación producida. Un elemento con mayor rigidez experimenta menor deformación.

Comentarios

Se expone como ejemplo la tabla de la **figura 12**, situada en horizontal que tiene un momento resistente de 13,33 cm^3. Si se apoya en sus extremos y se le aplica una carga en el centro de su luz se deformará, mientras que si la misma tabla se coloca de canto, que tiene un momento resistente de 333 cm^3 y se apoya igualmente entre dos puntos aplicándole la misma carga, no se deformará, ya que tiene mayor rigidez (**Figura 13**).

Las vigas planas, al tener menor rigidez que las vigas de cuelgue se deforman más y se producirá mayor fisuración en los tabiques, y al tener menor resistencia, precisaran mayor sección de armadura.

R

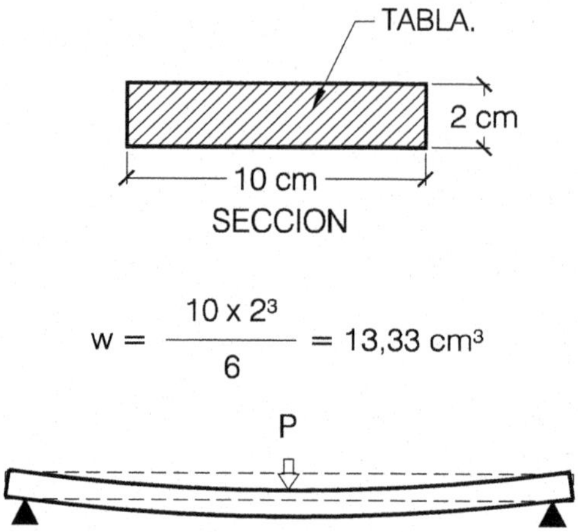

$$w = \frac{10 \times 2^3}{6} = 13{,}33 \text{ cm}^3$$

Figura 12

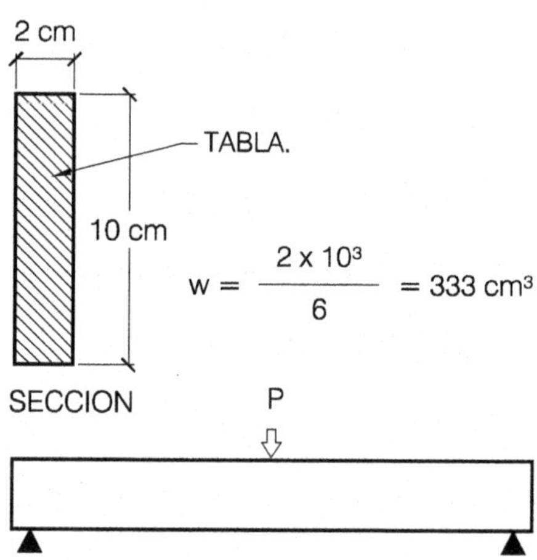

$$w = \frac{2 \times 10^3}{6} = 333 \text{ cm}^3$$

Figura 13

RIOSTRA

Se llama riostra o zuncho a las vigas que tienen la misión de atar o unir dos zapatas en una cimentación, como se indica en la **figura 14**.

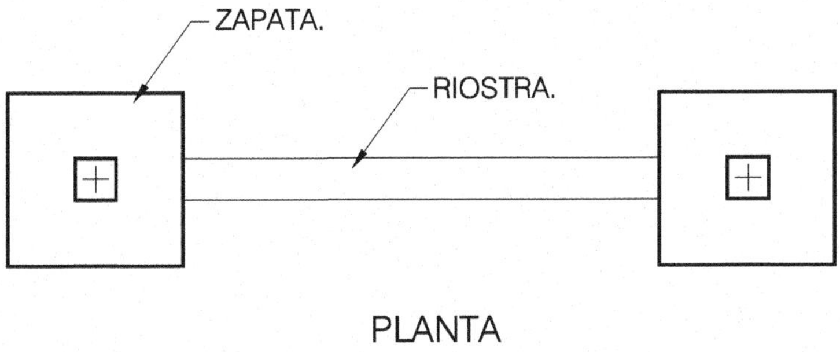

Figura 14

Comentarios

Las vigas riostras soportan el peso de los cerramientos cuando quedan situados en patios o fachadas, también soportan las losas de escaleras que arrancan desde ellas y colaboran en los descensos de las cimentaciones por asientos diferenciales, incluso en los asientos de consolidación, al descender las zapatas, trabajan a flexión como se indica en la **figura 15**.

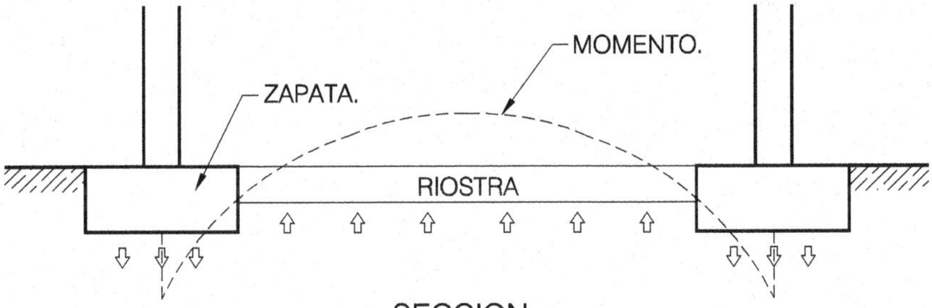

Figura 15

ROZA

Hendidura que se realiza en los muros y tabiques para introducir la instalación eléctrica, televisión, teléfono, o la red de agua, que cuando no están correctamente ejecutadas es probable que aparezcan en ellas fisuras de retracción. En la **figura 16** se muestra en un muro una roza, que también suele recibir el nombre de regola.

R

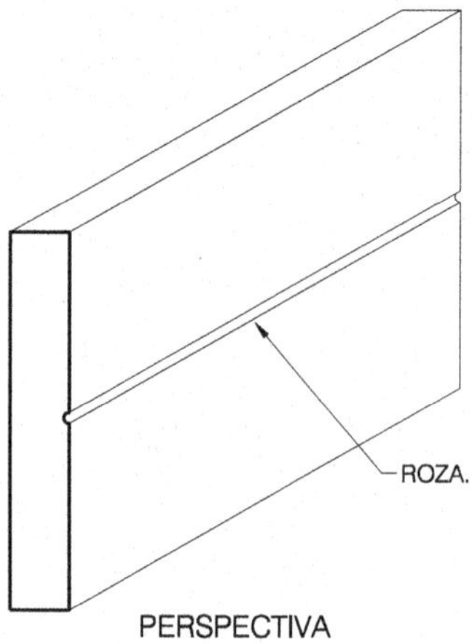

Figura 16

Comentarios

En los tabiques especialmente en los muy finos, como los de panderetes, hay veces que quedan con las rozas totalmente seccionándolos, incluso una vez tapadas aparece sobre ellas una fisura de retracción longitudinal.

Los tabiques ejecutados en dos fases, cuando quedan muy adheridos al forjado, al retraer puede aparecer una fisura en horizontal por las dos caras que se puede confundir con la de una roza (**Figura 17**).

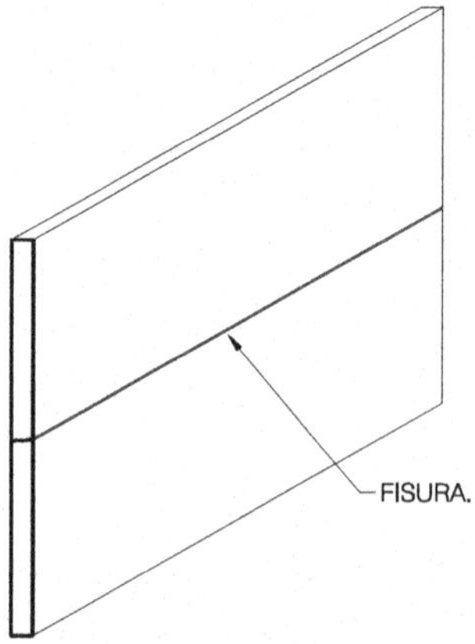

Figura 17

LETRA S

SALTO TÉRMICO

Diferencia de temperatura comprendida entre la mínima y la máxima que se produce en un elemento, como sucede en los elementos exteriores de hormigón visto.

Comentarios

En los forjados de cubiertas sometidos a fuertes soleamientos durante el día y al frío de madrugada, se producen grandes saltos térmicos.

En las fachadas, sobre todo las que reciben sol de tarde, se producen mayores saltos térmicos, y suelen aparecer fisuras de origen térmico por cambios dimensionales. Estas fachadas, cuando tienen mayor longitud, al dilatar y estar el forjado frío, lo somete a tracción, y es probable que surjan fisuras de tracción como las que se indican en el forjado de la **figura 1**, y a medida que se alejan de la fachada se van cerrando, no debiéndose confundir con fisuras por retracción del forjado.

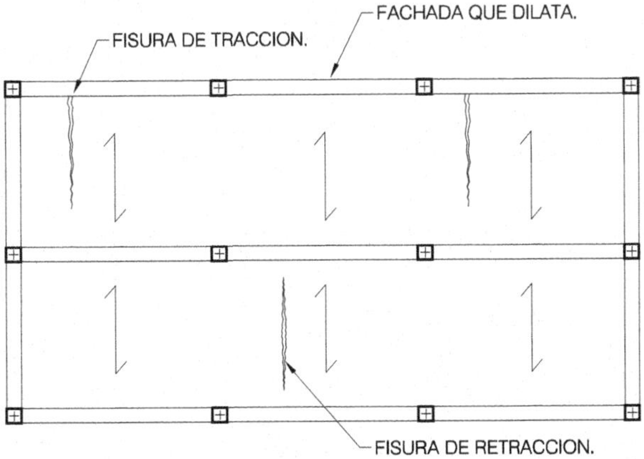

Figura 1

SELENITOSO

Se conoce con este nombre a los terrenos que contienen yeso.

S

Comentarios

Estos terrenos cuando se saturan de agua pueden colapsarse. Atacan al hormigón de las cimentaciones desagregándola, es decir, desmoronándolas.

Las bases de los pilares al absorber por capilaridad la humedad de las tierras, también le atacan al hormigón y corroen su armadura.

En la **figura 2** se representa como queda afectada una cimentación por zapata al ser atacada por un terreno selenitoso o yesífero.

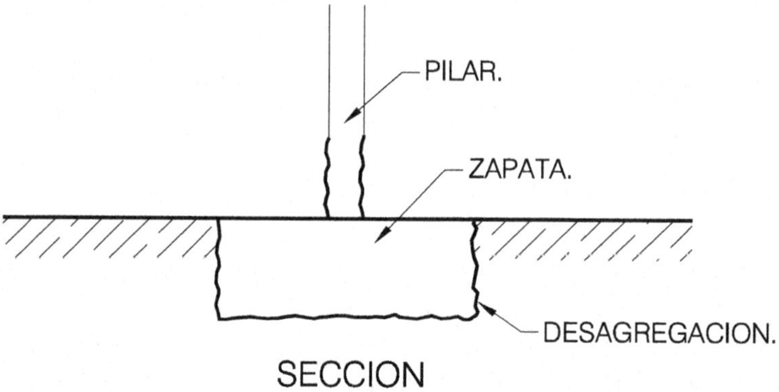

Figura 2

SEPARADORES

Elementos que se colocan sobre el encofrado de las vigas con la finalidad de que apoyen en ellos las barras y dejen un espacio para que penetre el hormigón y quede la armadura cubierta con la adherencia suficiente.

En algunas regiones les suele llamar calzos, mantenedores o distanciadores.

En la **figura 3** se indica donde se suelen colocar los separadores en las vigas.

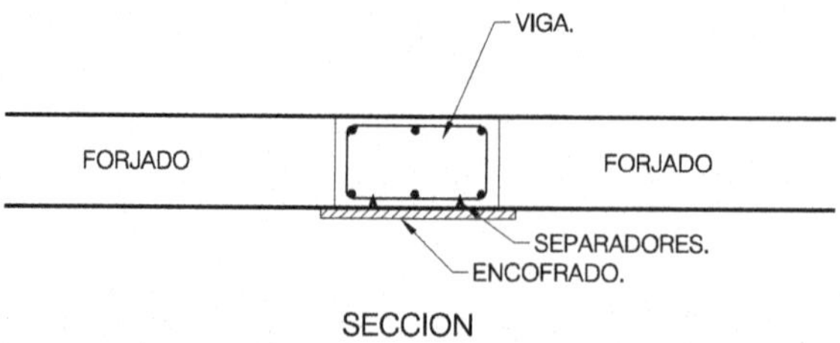

Figura 3

Comentarios

La omisión de separadores hace que la armadura quede más baja y con menos recubrimiento, quedando con menos adherencia y más expuesta a la corrosión y en un incendio. También tiene el inconveniente de que los estribos se marcan por la cara inferior de las vigas quedando sin recubrimiento, corroyéndose con el enyesado de los techos y ahora la longitud de anclaje de las barras es insuficiente.

Los separadores deben ser de hormigón y diseñados para esa finalidad. Los de plásticos tienen el inconveniente de que en caso de incendio desaparecen por la acción del fuego y la armadura queda vista y más expuesta.

SIFONAMIENTO

Cuando se realizan muros pantallas y el nivel freático queda alto, el agua puede brotar del terreno como si fuese un manantial (**Figura 4**).

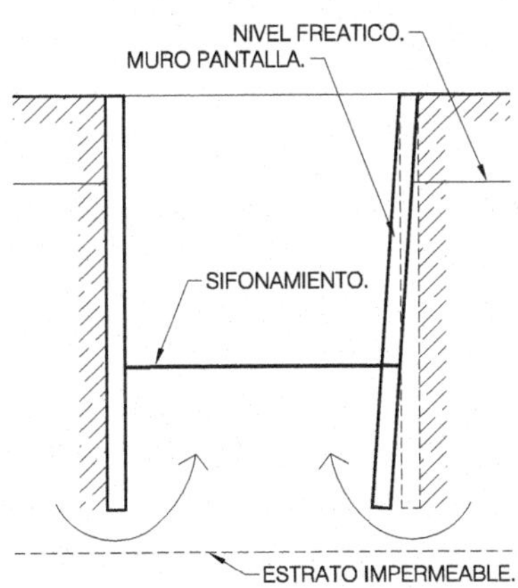

Figura 4

Comentarios

El sifonamiento se suele producir cuando la pantalla no empotra en un estrato impermeable, sucede durante la excavación de las tierras y achique de agua.

En tierras arcillosas, al ser más impermeables, el sifonamiento se origina por zonas, mientras que en terrenos arenosos se suele producir en toda la superficie excavada, esto crea una inestabilidad de la pantalla que puede desplazarla al perder el empuje pasivo que la contrarresta, como se indica en la **figura 4**. Este es uno de los peores daños que le pueden suceder a un muro pantalla.

SOLERA

Capa de hormigón que se ejecuta sobre el terreno para regularizarlo y colocar sobre ella la solería y tabiquería, como se indica en la **figura 5**.

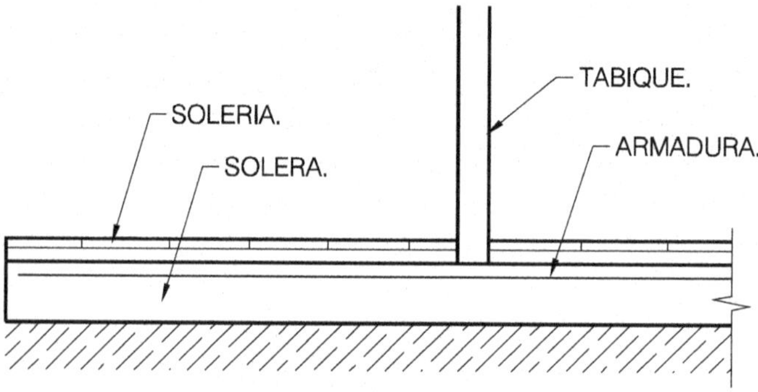

Figura 5

Comentarios

Las soleras deben tener armadura en su zona superior para evitar que se fisuren por retracción, por posibles descensos y a flexión por asiento de consolidación.

La rotura más frecuente en soleras es por retracción y sucede cuando no se coloca armadura, queda baja, o cuando se enrasan con las vigas riostras y existe un cambio brusco de rigidez.

Sobre la cimentación es conveniente colocar una ligera capa de arena y sobre esta ejecutar la solera con el fin de que no quede unida a la cimentación.

En caso de situar baja la armadura y elevarla tirando con ganchos, es frecuente que aparezcan fisuras de retracción en las zonas donde ha quedado baja.

Si existe terraplenado de tierras y se prevén asientos, también es conveniente colocar armadura en su zona inferior.

Cuando el nivel freático queda a una cota superior a la solera y existe un empuje hidrostático, es preferible colocar una losa de cimentación o una solera arriostrante.

SOLERA ARRIOSTRANTE

Es una losa pequeña de 25 ó 30 cm de espesor que contiene armadura en su zona inferior y superior, que ata a las zapatas y quedan enrasadas con estas en su zona superior, al mismo tiempo que sustituye en su cometido a las vigas riostras (**Figura 6**).

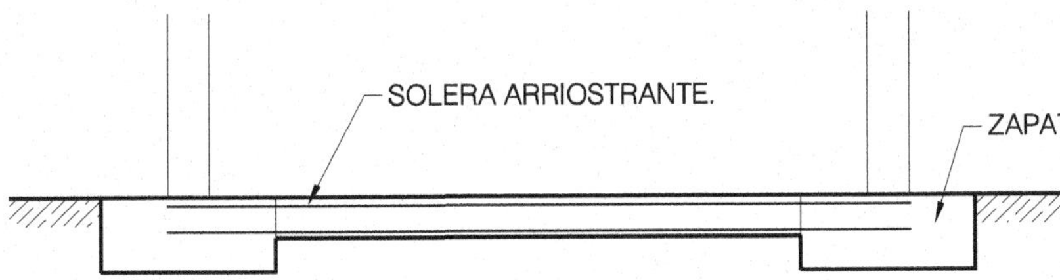

SECCION

Figura 6

Comentarios

Las soleras arriostrantes se fisuran menos que las soleras, también se obtiene menor superficie de hormigonado al no tener que pasar por encima de las zapatas.

Se suelen ejecutar cuando existe empuje hidrostático, o no se desea colocar vigas riostras ni centradoras, sin olvidar que en el lugar de éstas suele precisar aumentar la armadura superior de la solera arriostrante (**Figura 7**).

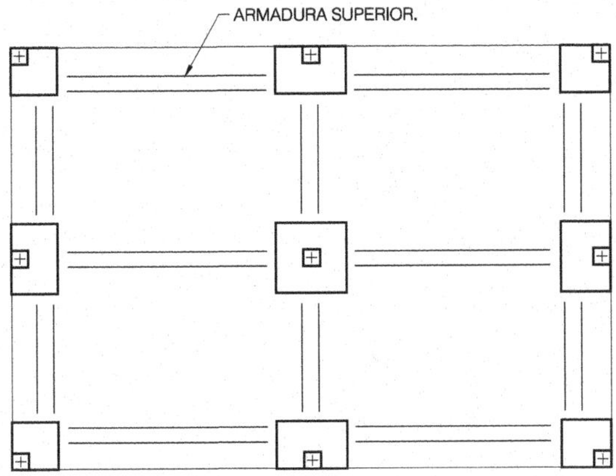

PLANTA DE CIMIENTOS

Figura 7

S

SOPANDA

Tabla colocada de canto para apoyar en ellas las viguetas. Las tablas a su vez descansan sobre puntales que son los que la soportan. (**Figura 8**).

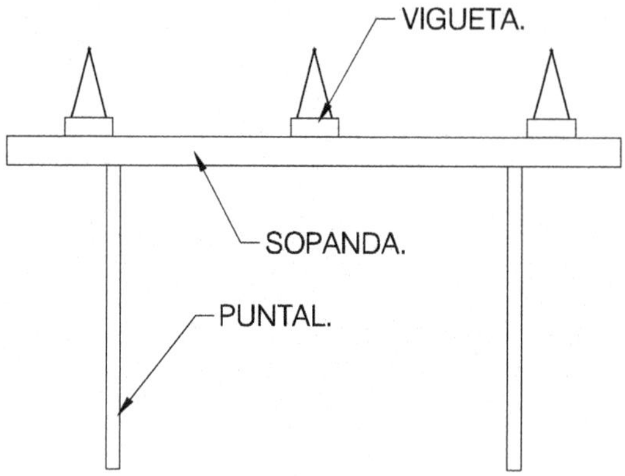

SECCION

Figura 8

Comentarios

Cuanta mayor rigidez tengan las viguetas, más separadas se pueden colocar las sopandas, aunque la zona crítica se encuentra sobre la sopanda, pues al recibir el peso de las bovedillas y el del hormigonado, se origina un momento flector negativo para el que las viguetas no suelen estar capacitadas (**Figura 9**).

Cuando las sopandas quedan muy separadas con viguetas de suela, durante el hormigonado flectan deformándose y después obligan a tendidos de yesos con mayores espesores para obtener un techo menos deformado.

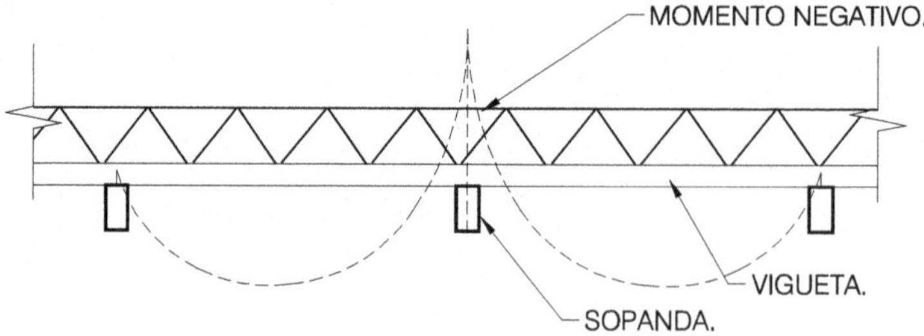

SECCION

Figura 9

SOPORTE

En estructuras a los pilares metálicos o de hormigón se les suelen llamar soportes.

En la **figura 10** se representa en planta un soporte en H y otro formado por dos perfiles en U.

PERFIL EN H 2 PERFILES EN U

Figura 10

Comentarios

En obra hay veces que los soportes son cambiados de posición y quedan menos capacitados para soportar los momentos, que le ocasionan las vigas aunque por error también pueden venir cambiados desde proyecto, o para otra causa que interese cambiarse.

En la **figura 11** se representa en planta la posición que deben tener los soportes para que trabajen más correctamente.

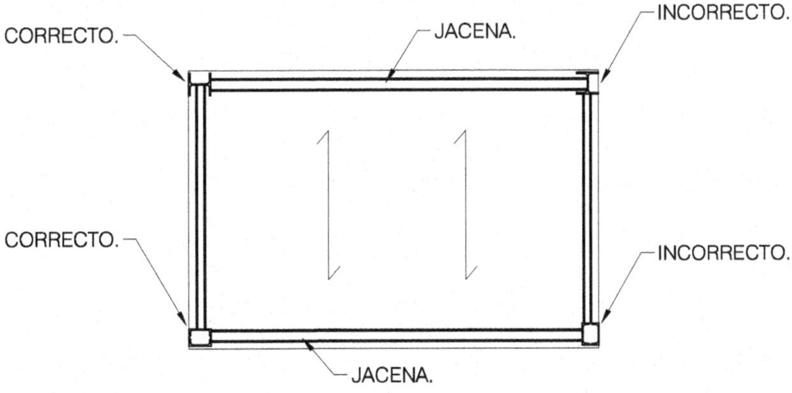

PLANTA DE FORJADO

Figura 11

S

En la **fotografía 1** se presentan unos soportes que están cambiados respecto a los momentos que les ocasionan las vigas.

Fotografía 1

SUBPRESIÓN

Empuje hidrostático ascendente que ejerce un líquido sobre un elemento, como puede ser una cimentación por losa situada a una cota inferior a la del nivel freático. (**Figura 12**).

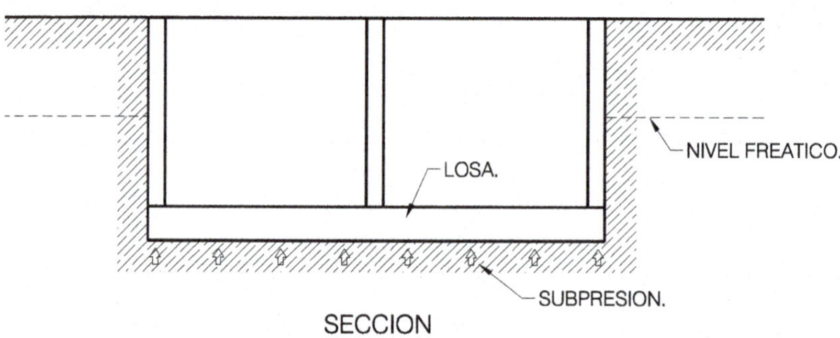

Figura 12

Comentarios

En las piscinas de poco peso, como las de hormigón proyectado, cuando se encuentran vacías con un nivel freático alto, o se han formado bolsas de agua en el terreno, se puede producir una subpresión y flotar, elevándose sobre el nivel del terreno, (**figura 13**) y como le ha sucedido a la que aparece en la **fotografía 2**.

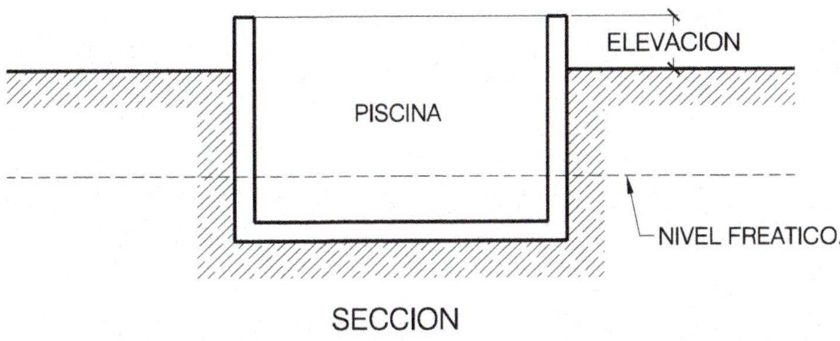

Figura 13

Fotografía 2

SUBSIDENCIA

Alteración del terreno a niveles más profundos que originan un descenso de las tierras, manifestándose en la superficie del terreno y dependiendo de su área de influencia, puede afectar a varias edificaciones ocasionándoles descenso, como se indica en la **figura 14**.

S

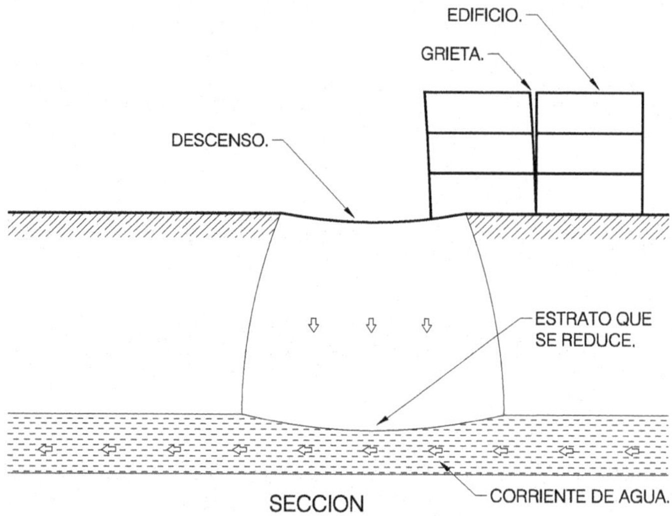

Figura 14

Comentarios

La alteración del terreno a profundidades superiores a 20 m si no tiene una extensión muy grande, no suele manifestarse en la superficie del mismo.

Dependiendo de las causas que ocasionan la subsidencia, ésta puede quedar estabilizada o continuar pasado un tiempo.

Las causas más usuales que ocasionan la subsidencia suelen ser:

a) Corrientes de aguas entre estratos de tierras situados en terrenos en laderas que hacen que se reduzca el espacio entre los áridos y se produzcan desplazamientos entre distintos estratos.

b) Construcción de túneles.

c) Excavaciones profundas en solares medianeros.

d) Oquedades en el terreno.

En estos casos suele ser necesario colocar micropilotes para estabilizar el descenso de la edificación. Los recalces superficiales no solucionan el problema y resultan ineficaces.

También se puede consolidar el estrato de terreno afectado con inyecciones de cemento o con resinas expansivas.

En la **fotografía 3** se presentan los daños que han surgido en una edificación ocasionados por una subsidencia.

Fotografía 3

LETRA T

TABIQUILLOS CONEJEROS

Tabique que se ejecuta para soportar un tejado de cubierta, dejando un espacio entre los ladrillos para que permita la libre circulación del aire (**Figura 1**).

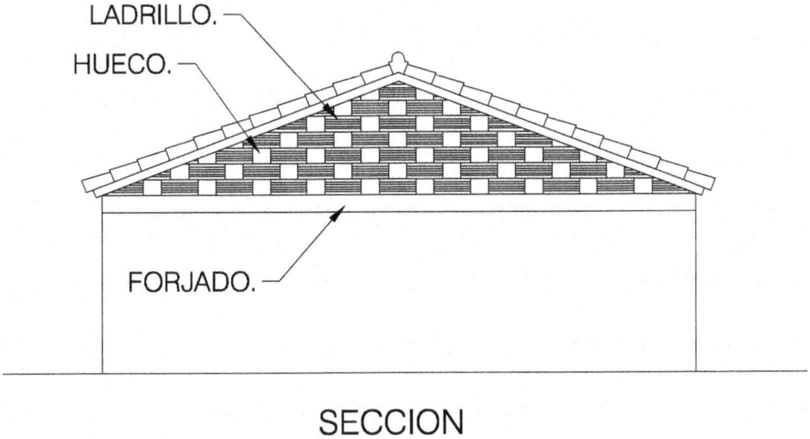

Figura 1

Comentarios

Los tabiquillos conejeros se ejecutan sobre el forjado de cubierta para apoyar en ellos rasillones y poder formar una cubierta inclinada.

La finalidad de la cámara es la de preservar al forjado de cubierta del frío y del calor, aunque hay veces que olvidan la colocación de las rejillas de ventilación cruzada y se puede producir un efecto invernadero. Esto hace que en época muy calurosa aumente considerablemente la temperatura del interior de la cámara.

TABLESTACADO

Consiste en clavar en el suelo elementos que unidos actúan de muro de contención, con la finalidad de poder excavar las tierras situadas en el intradós, como se indica en la **figura 2**.

También se emplean para soportar muros de contención mediante atirantado, clavando los elementos fuera del círculo activo de las tierras.

T

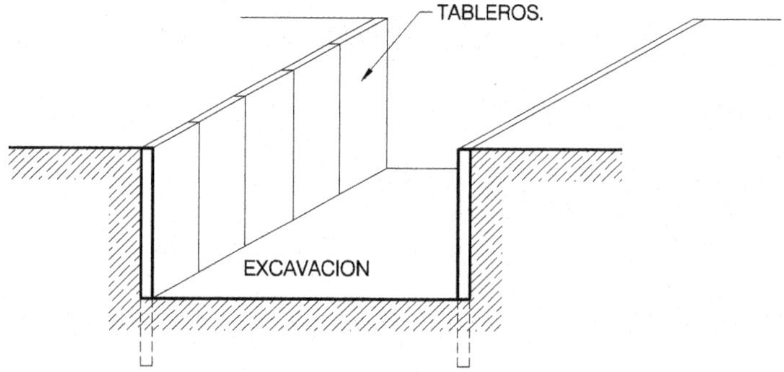

PERSPECTIVA

Figura 2

Comentarios

Los tablestacados se suelen emplear en terrenos con baja resistencia o muy flojos como arena, con la finalidad de que se pueda ejecutar el muro de contención quedando el tablestacado perdido.

En terrenos muy blandos que se desprenden con facilidad, otro sistema como alternativa al tablestacado consiste en realizar excavaciones pequeñas, se clavan mallas de acero en el terreno que ha quedado en vertical y se le aplica hormigón proyectado para que se mantengan las tierras, a continuación se ejecuta el muro de contención (**Figura 3**).

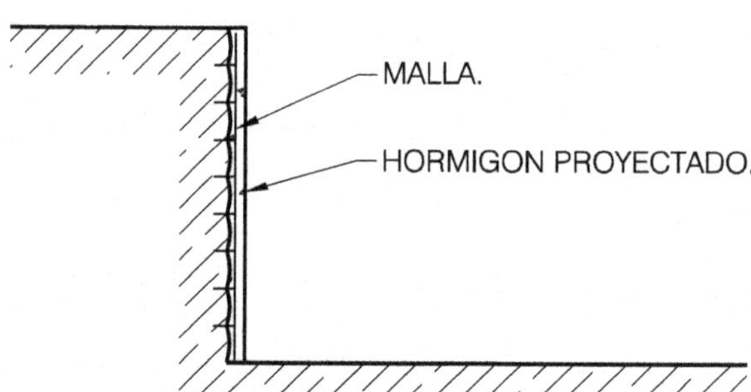

SECCION

Figura 3

TAJEA

Canal con rejilla que se suele situar al comienzo de las rampas de garaje que recoge el agua de lluvia que discurre por la rampa, recibiendo también el nombre de atarjea (**Figura 4**).

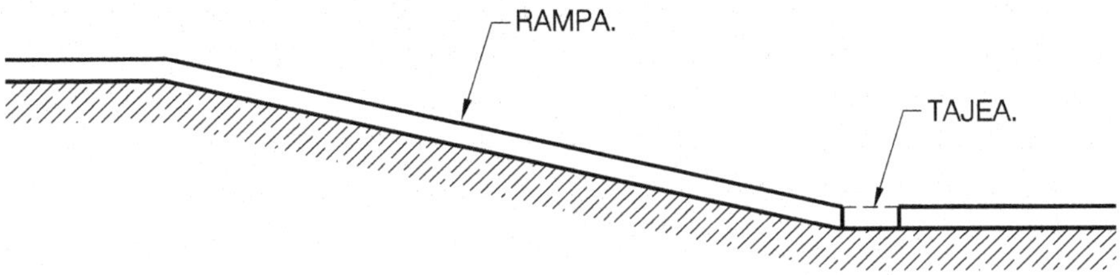

SECCION

Figura 4

Comentarios

Las disposiciones incorrectas de las rejillas crean un puente y facilitan el paso del agua y no lo interrumpen, como se indica en la **figura 5**.

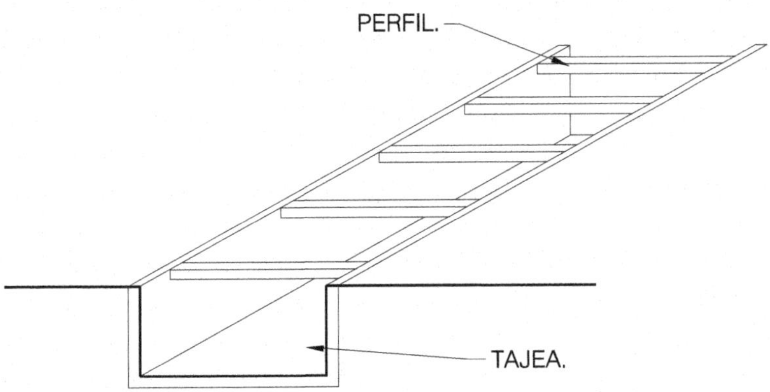

PERSPECTIVA

Figura 5

TALÓN

Se llama talón a la cimentación de los muros de contención sobre la que existen tierras y que sirven para estabilizarlo (**Figura 6**).

T

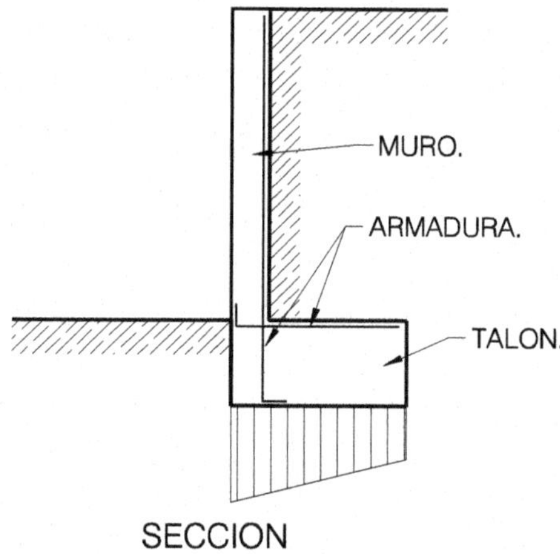

Figura 6

Comentarios

Los muros con talón precisan una cimentación más pequeña que los de puntera y las mayores tensiones a las que queda sometido el terreno se encuentran en la vertical del muro.

La armadura en el talón la precisa en su zona superior y algunas veces por error la sitúan en su zona inferior. Si estos muros tienen que soportar axiles de pilares, también va a ser necesario colocarle armadura en su zona inferior.

TAPIAL

Muro ejecutado con barro arcilloso amasado con agua y paja para una mejor trabazón (**Figura 7**).

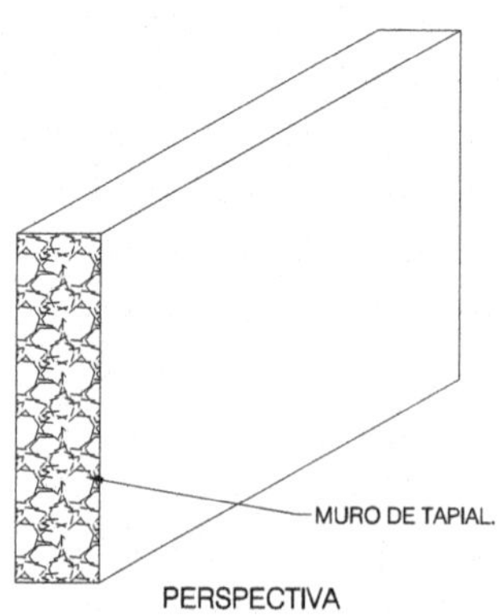

Figura 7

Comentarios

Los muros de tapial como los de adobe no están capacitados para soportar flexiones ni cortantes, y cuando son esbeltos se desploman por pandeo. En caso de un movimiento sísmico son los primeros que se desploman, ya que no están capacitados para soportar esa solicitación.

Estos muros se pueden capacitar para soportar flexiones y cortantes colocando mallas de acero en sus paredes que deben atarse entre ambas caras y aplicarle un hormigón proyectado de unos 4 ó 5 cm de espesor.

En los muros de tapial es usual que aparezca humedad de capilaridad ya que absorben con mayor facilidad la humedad del terreno.

TERRAPLENADO

Colocación de tierra sobre un terreno para aumentar su altura y poder nivelarlo.(**Figura 8**).

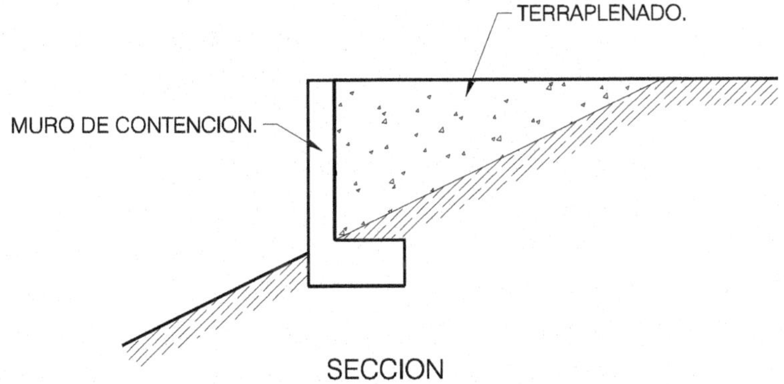

Figura 8

Comentarios

Los terraplenados suelen presentar diversos tipos de problemas, produciéndose descensos y apareciendo daños como los indicados en la **figura 9**.

Se suelen producir corrientes de agua entre el terreno natural y el terraplenado, y cuando la pendiente es superior al 30 % se corre peligro de deslizamiento y mayores descensos.

Si las tongadas de relleno del terraplenado superan los 30 cm, y no queda bien compactado, existe mayor posibilidad de que aparezcan daños por asientos.

T

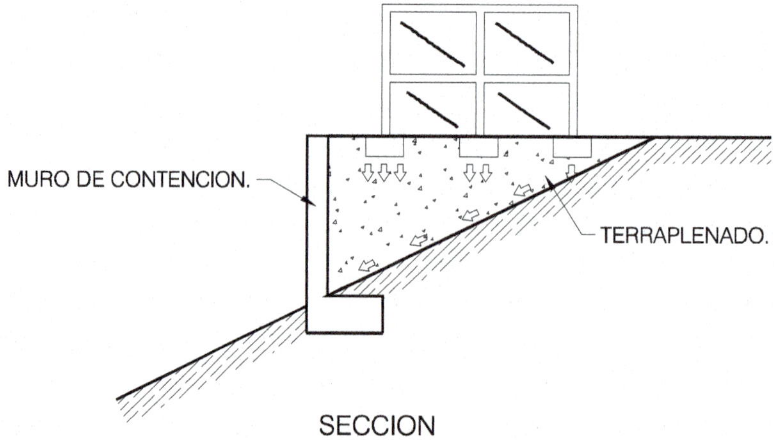

Figura 9

En la **fotografía 1** aparece una edificación con grandes grietas por estar construida sobre un terraplenado en ladera.

Fotografía 1

TORSIÓN DE EQUILIBRIO

Momento que tiende a girar una viga, siendo imprescindible que ésta lo soporte, ya que de ella depende el elemento que sustenta.

En la **figura 10** se representa un voladizo que depende de una viga a la que le ocasiona una torsión de equilibrio.

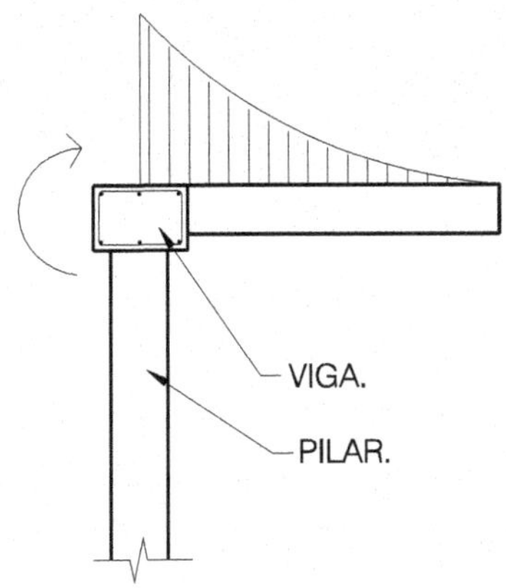

SECCION

Figura 10

Comentarios

La torsión ocasionada por el voladizo de la **figura 10** es soportada por el hormigón de la viga, la armadura perimetral y los estribos. Si esta viga no fuese capaz de soportar la torsión, el voladizo se desplomaría. Debido a este riesgo requiere de mayor atención en los cálculos.

En esta viga es importante que los estribos queden bien cerrados y a ser posible a 180°.

En la **fotografía 2** aparece una viga que ha roto por torsión de equilibro al no poder soportar el peso de un puente grúa.

T

Fotografía 2

TORSIÓN SECUNDARIA

Momento con menor intensidad que tiende a girar una viga. La viga A-3 le ocasiona al flectar una torsión a la viga 1-2 en el brochal A, como se indica en la **figura 11**.

Las vigas de borde y las que soportan brochales están sometidas a esta solicitación, y aunque se produzca la rotura puede ser compatible con la estabilidad de la estructura y no llegar a caerse.

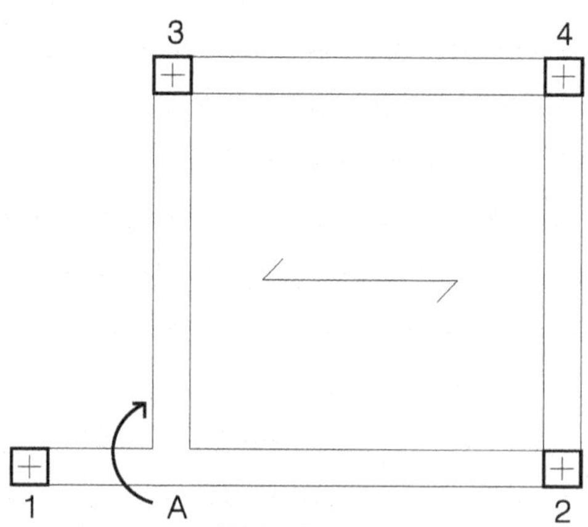

Figura 11

Comentarios

La mayoría de los elementos estructurales están sometidos a pequeñas torsiones secundarias que suelen pasar desapercibidas. En el ejemplo de la

figura 11 se observa que cuanto mayor longitud y carga tenga la viga A-3, mayor será la torsión que le ocasionará a la viga 1-2.

Las vigas A-3 y 2-4 quedan sometidas por las viguetas a torsión secundaría, también llamada de compatibilidad.

TRACCIÓN DIAGONAL

Se suele llamar así cuando una diagonal dentro de un pórtico toma mayor medida y rompe a tracción, como se indica en la **figura 12** en un pórtico que se ha desplazado.

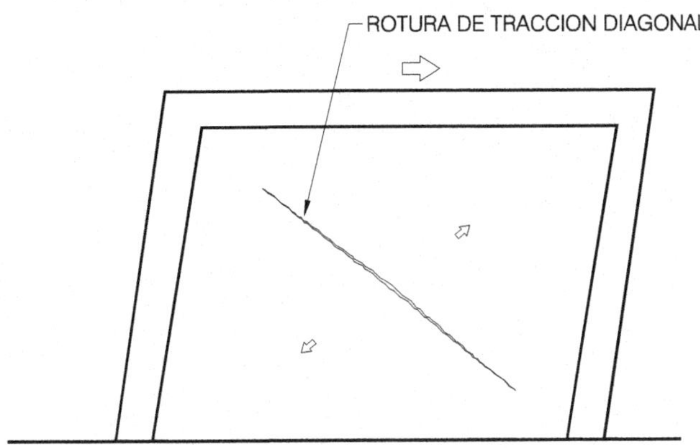

ALZADO

Figura 12

Comentarios

La rotura de tracción es frecuente en cerramientos y tabiques. Una de las causas de estas, suele ser el descenso de una zapata al tomar mayor medida una diagonal y romper a tracción, como se indica en la **figura 13**.

Durante un movimiento sísmico los cerramientos suelen romper a tracción diagonal en los extremos de los pórticos de las plantas altas, también al aumentar las dimensiones del forjado por incremento de temperatura debido a la acción solar.

T

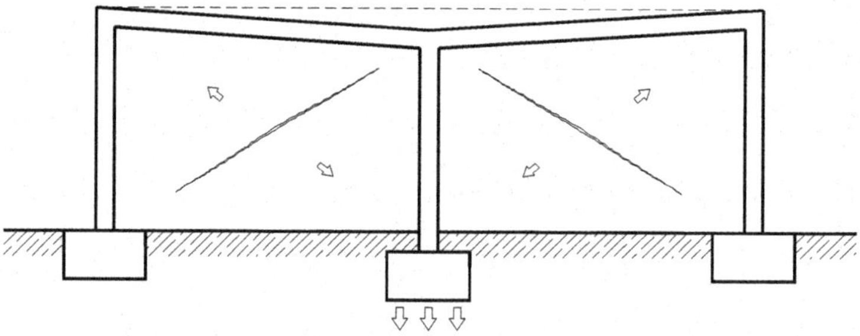

Figura 13

TRASDÓS

Paramento de un muro de contención que queda en contacto con las tierras (**Figura 14**).

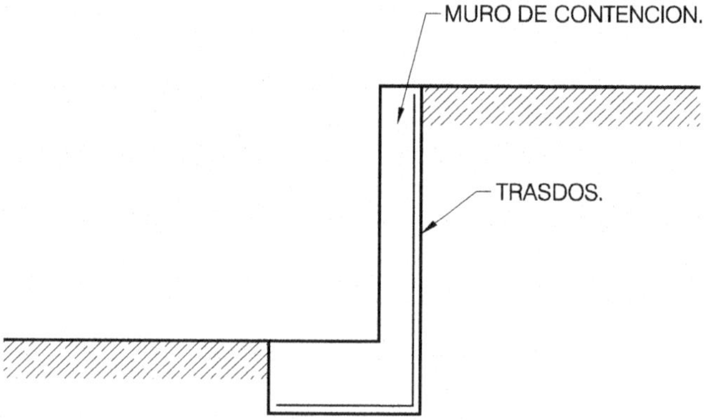

Figura 14

Comentarios

Los muros de contención no se deben hormigonar contra el terreno pues las tierras absorben el agua del hormigón, pudiendo este quedar mezclado con las tierras y la armadura en contacto con el terreno.

Si las tierras contienen agua, es conveniente colocar en el trasdós del muro una lámina impermeabilizante.

En caso de terreno expansivo, para reducir el empuje por la expansividad, se puede colocar en el trasdós del muro grava gruesa de igual diámetro con la finalidad de que existan huecos y le afecte menos las expansividad.

TUBO DE DRENAJE

Tubo perforado en su zona superior que se entierra para recoger el agua existente en el terreno. También para evitar que se acumule el agua en el trasdós de los muros de contención (**Figura 15**).

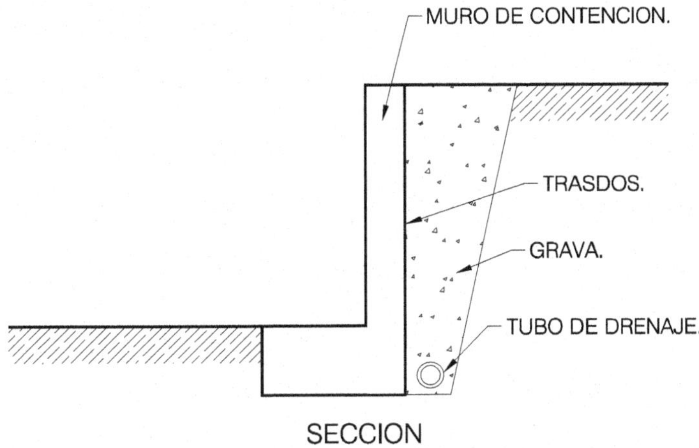

Figura 15

Comentarios

En las edificaciones en laderas, cuando no se le colocan en el trasdós del muro un drenaje, el agua de lluvia se suele acumular detrás del muro, y si llega a superar su altura puede penetrar a través del forjado, cayendo en el sótano como se indica en la **figura 16** o como se puede apreciar en la **fotografía 3**. En estos casos como posible solución se puede taladrar el muro y sangrarlo, o colocar por el interior del sótano arquetas de drenaje.

T

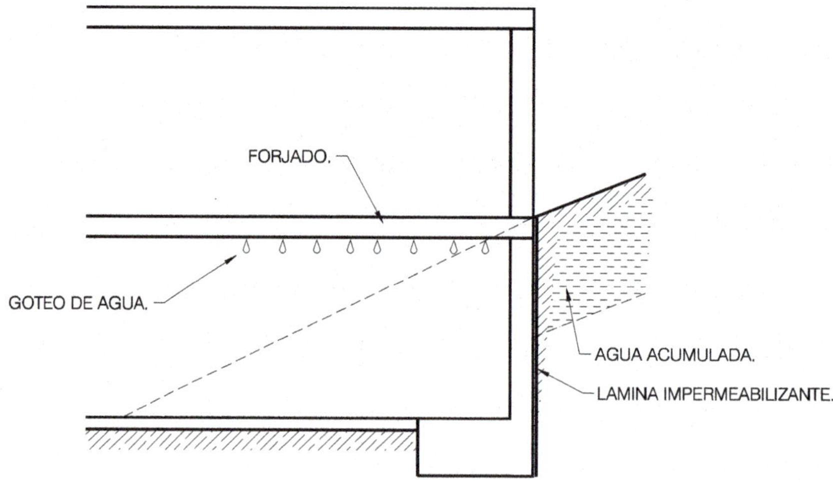

SECCION

Figura 16

Fotografía 3

TUBO PIEZOMÉTRICO

Consiste en un tubo perforado que se introduce en vertical en el terreno para que el agua existente penetre en él y se pueda medir la profundidad a la que se encuentra el nivel freático (**Figura 17**).

T

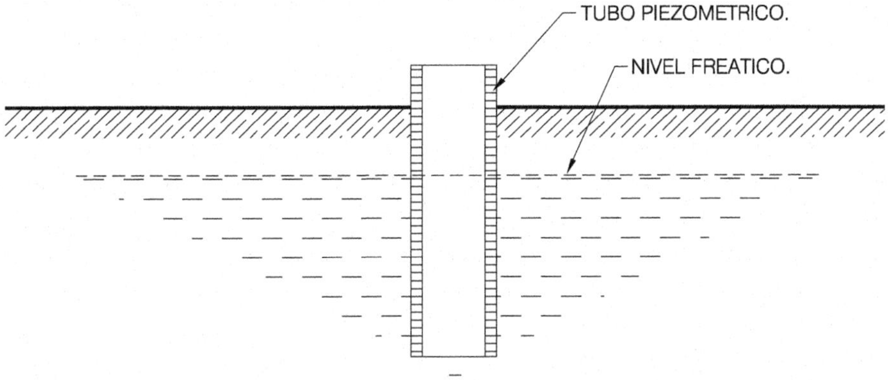

SECCION

Figura 17

Comentarios

La profundidad del nivel freático es variable y las oscilaciones mayores suceden en climas monzónicos, que son aquellos donde existen épocas lluviosas y otras de sequía, ya que en climas muy lluviosos las oscilaciones son pequeñas.

Conocer la profundidad del nivel freático sirve para saber a la profundidad que conviene realizar la cimentación, para evitar humedades de capilaridad y si existe empuje hidrostático en caso de que el sótano quede más profundo que el nivel freático.

LETRA U

ULTRASONIDO

Vibración de frecuencia superior a la que puede percibir el oído humano.

Comentarios

En construcción, entre las diversas utilidades que tiene, se puede citar la de detectar coqueras en los elementos de hormigón, como en pilares, vigas, y oquedades en el terreno bajo las cimentaciones antes de su construcción, como puede ser en los alberizos con piedras donde hay veces que debajo de las zapatas existe una oquedad a escasa profundidad.

Si no se poseen aparatos para detectar oquedades en el terreno, se puede proceder después de realizar la excavación de la zapata a clavar una barra de acero para comprobar si existen oquedades bajo ella (**Figura 1**).

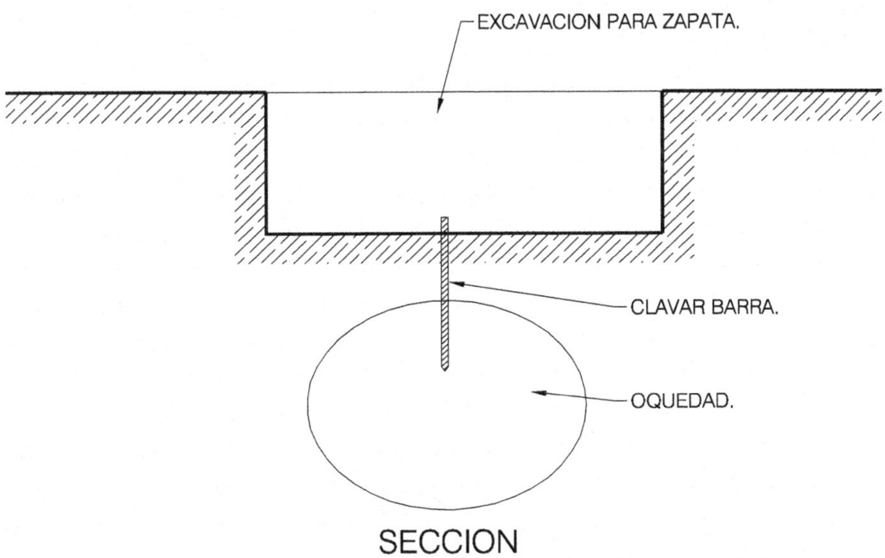

Figura 1

LETRA V

VALLAS

Pared que se ejecuta para formar un recinto o para hacer la linde entre dos parcelas (**Figura 1**).

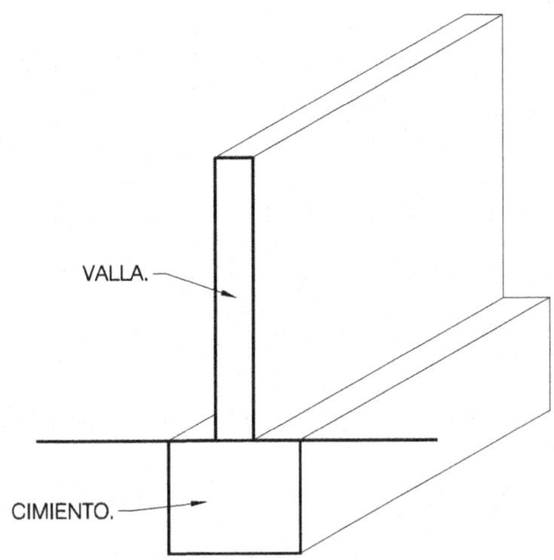

Figura 1

Comentarios

Las vallas de fábrica se suelen ejecutar sobre una cimentación de zanja corrida muy superficial. Debido a ello rompe fácilmente en cuanto se produce cualquier movimiento del terreno, o al producirse cambios dimensionales de origen térmico, causando grietas verticales.

En terrenos expansivos las vallas se inclinan y se elevan o descienden, apareciendo grietas inclinadas, ya que son las primeras en acusar los movimientos del terreno.

Una forma de evitar problemas en las vallas consiste en realizar la cimentación por pozos profundos cada 4 ó 5 metros y sobre ellos un zuncho que actúa de viga y soporta la valla.

V

Si el terreno es expansivo se debe dejar un espacio entre el zuncho y las tierras, realizando el vaciado una vez ejecutado el zuncho.

Para evitar fisuras verticales de origen térmico, es conveniente colocar una armadura longitudinal en las llagas cada 3 ó 4 hiladas de ladrillo (**Figura 2**).

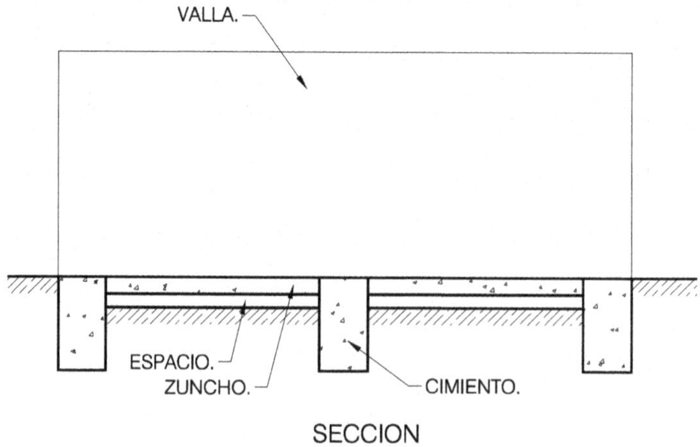

Figura 2

VENTILACIÓN CRUZADA

Consiste en situar rejillas de ventilación en sitios opuestos en las paredes exteriores de un recinto para que el aire penetre por un lado y salga por el opuesto.

En las cámaras de los forjados sanitarios se coloca ventilación cruzada para evitar humedades de condensación por evaporación del agua de las tierras (**Figura 3**).

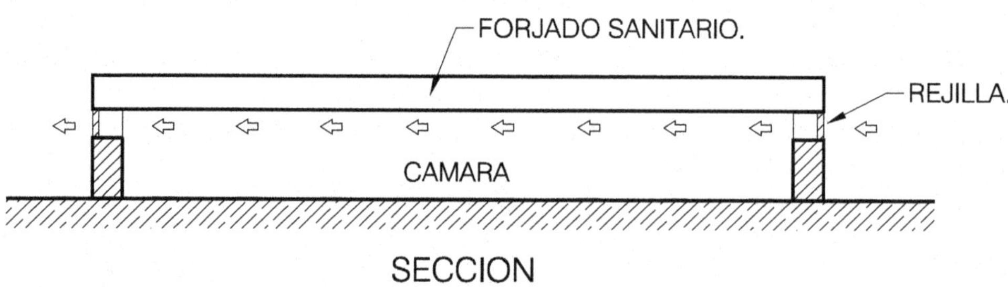

Figura 3

Comentarios

En las cubiertas inclinadas donde existen cámaras también se colocan huecos en los frontones o se elevan tejas para que se produzca ventilación cruzada y evitar el efecto invernadero.

En los castilletes de escalera se colocan huecos de ventilación cruzada para evitar humedades de condensación que se produce al enfriarse el aire caliente que se acumula durante el día en la zona más alta de la edificación.

A las viviendas de cubiertas orientadas al norte que lindan a una sola fachada, también conviene colocarle ventilación cruzada para evitar humedades de condensación bajo el forjado de cubierta.

VENTILACIÓN FORZADA

Es la forma de ventilar el interior de un recinto mediante una corriente de aire.

En las cámaras de forjados sanitarios donde la edificación es toda de medianera y sólo tienen una fachada, la forma de ventilar las cámaras es mediante ventilación forzada, pudiendo ser con chimeneas (**Figura 4**).

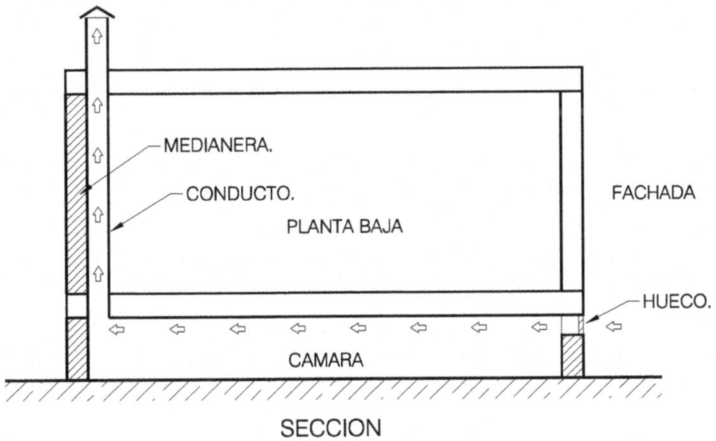

Figura 4

Comentarios

Una forma fácil y muy eficaz de eliminar la humedad de capilaridad procedente del terreno consiste en colocar un tubo en “U” en la base de los muros y situar en un extremo una rejilla y en el otro un extractor, al pasar una corriente de aire se evapora el agua y se evita la humedad de capilaridad (**Figura 5**).

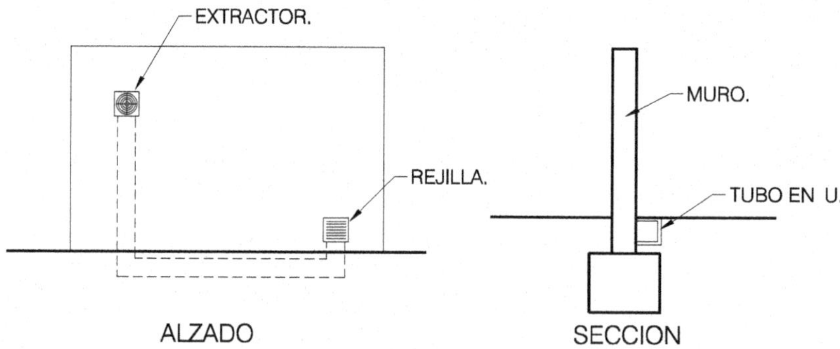

Figura 5

VIGA CENTRADORA

Se coloca para unir las zapatas de medianeras con las centrales.

Tiene la finalidad de reducir y unificar las presiones del terreno bajo las zapatas de medianeras, consiguiendo con ello reducir los asientos diferenciales y que el terreno pase de trabajar de diagrama triangular a rectangular, como se indica en la **figura 6**.

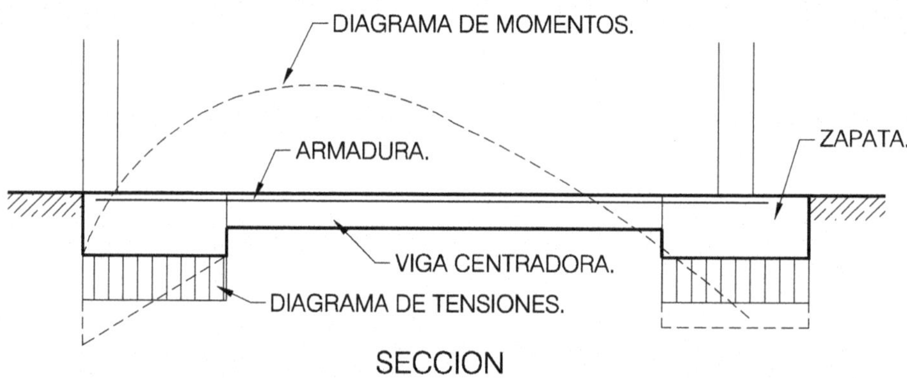

Figura 6

Comentarios

Las vigas centradoras precisan bastante armadura en su zona superior puesto que tienen que soportar un momento flector muy elevado. Esta hace que se reduzcan las tensiones en el terreno bajo la zapata central y que la de medianera quede trabajando en diagrama rectangular.

Cuando se omiten las vigas centradoras aumentan las tensiones del terreno en el borde de la zapata medianera, surgiendo descensos y giros.

Los estribos se deben cerrar en la zona inferior de la viga centradora, ya que ésta es la zona comprimida, dado que si se cierran en la zona superior que trabaja a tracción y no quedan bien cerrados, tienden a abrirse.

VIGA DE CORONACIÓN

Viga que se coloca como terminación en la zona superior de los muros pantallas (**Figura 7**).

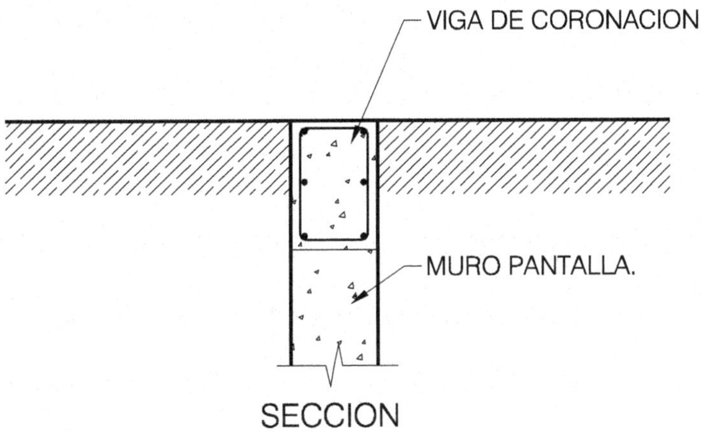

Figura 7

Comentarios

En las vigas de coronación se deja introducida la armadura de arranque de los pilares como se indica en la **figura 8**.

Cuando las pantallas quedan separadas de las medianeras, una forma de ganar espacio en el sótano primero consiste en hacer más ancha la viga en la coronación del sótano, y ejecutar un muro de contención tradicional junto a la medianera en el sótano uno.

V

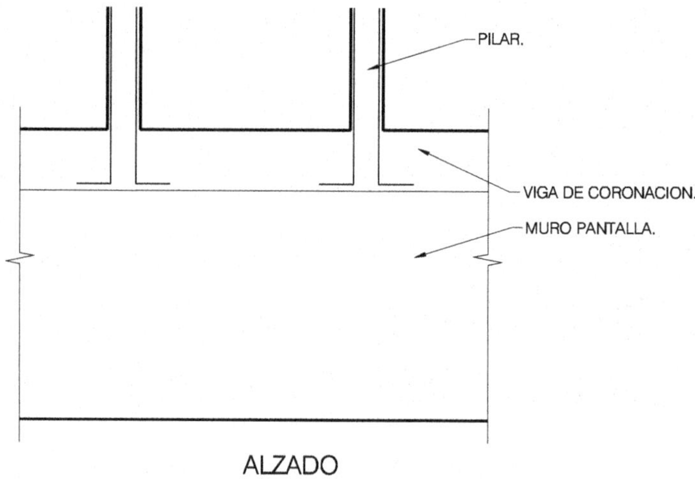

Figura 8

VIGA DE CUELGUE

Viga que aparece por la zona inferior del forjado por tener mayor canto que este. A esta viga le llegan las cargas a través de las viguetas, de los nervios o de otras vigas que la embrochalan (**Figura 9**).

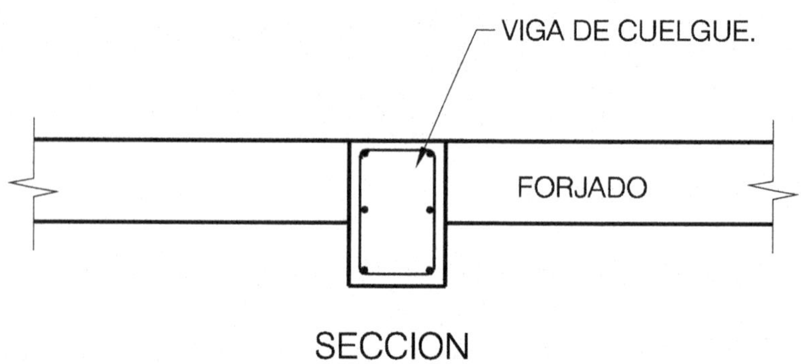

Figura 9

Comentarios

Las vigas de cuelgue tienen más rigidez que las vigas planas y precisan menos armadura. Se emplean para cubrir mayores luces pero son menos utilizadas en la construcción de viviendas dado que se aprecia el cuelgue, y además tienen el inconveniente de que si existen vigas de diferentes cantos obliga a que los pilares se hormigonen con diferentes alturas dificultando su ejecución, siendo también más laborioso su encofrado que con vigas planas, ya que las vigas de cuelgue tienen menos anchura y por tanto se dispone de menos espacio para colocar la armadura. Cuando quedan muy armadas, se precisa colocar la armadura en dos capas, dificultando el hormigonado, el vibrado y con mayor posibilidad de aparición de coqueras.

VIGA DE EQUILIBRIO

Cuando la zapata de medianera queda a distinta profundidad que la central y no se puede colocar viga centradora, se coloca una viga de equilibrio que actúa de tirante y permite unificar las tensiones del terreno (**Figura 10**).

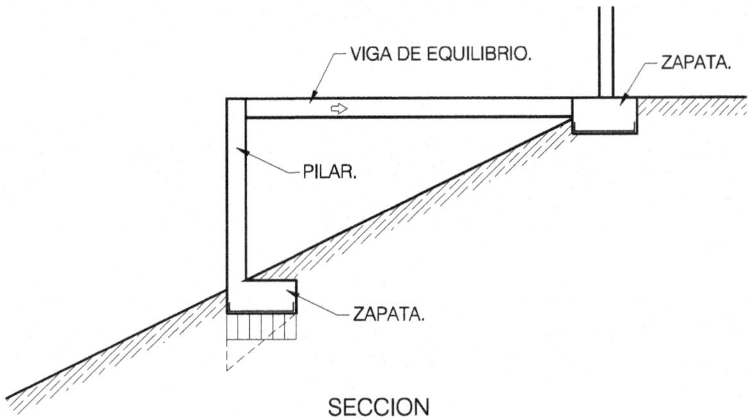

Figura 10

Comentarios

Las vigas de equilibrio le ocasionan al pilar enterrado elevados momentos y cortantes, haciendo que precise mayor sección y armadura por lo que lo encarece. Una forma de poder colocar viga centradora consiste en situar la zapata medianera sobre un dado de hormigón, como se indica en la **figura 11**.

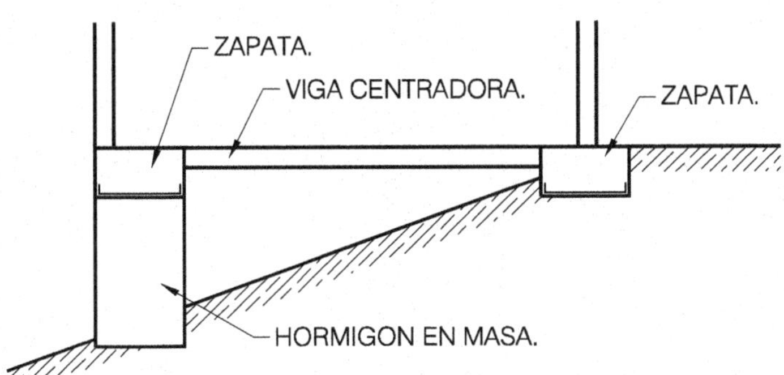

Figura 11

V

VIGA PERALTADA

Esta viga también llamada invertida se suele emplear en planta de cubierta donde es necesario salvar grandes luces, llegando a ella las cargas en su zona inferior a través de las vigas o nervios (**Figura 12**).

Estas vigas cuando se realiza la formación de pendiente de la cubierta, suelen quedar ocultas.

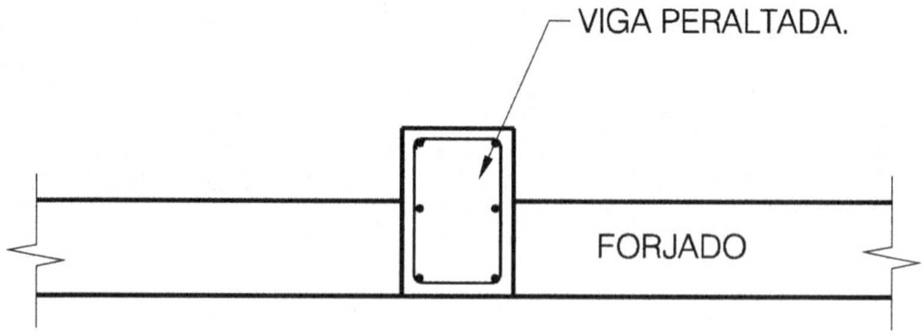

SECCION

Figura 12

Comentarios

Las vigas peraltadas al tener aplicada la carga del forjado en su zona inferior, precisan que se transfiera a su zona superior y necesitan armadura de suspensión, como se indica en la **figura 13**. Aunque es menos eficaz, también se puede solucionar colocando los estribos más próximos o de mayor diámetro. Estas vigas se deben hormigonar de una sola vez, pudiéndose conseguir sujetando el encofrado de sus laterales a la propia armadura de la viga, ya que si se hormigona en dos fases existe el problema de los esfuerzos rasantes entre las dos zonas.

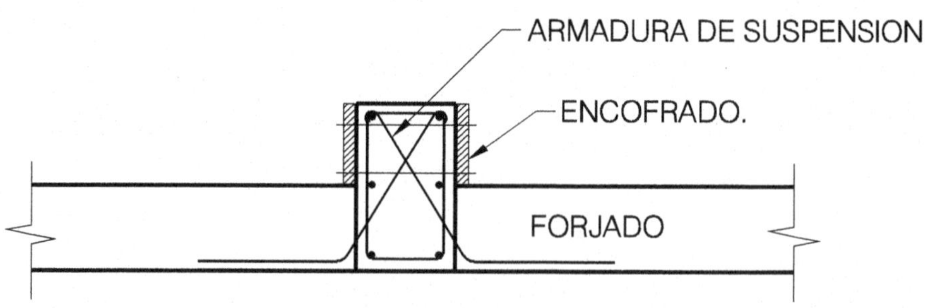

SECCION VIGA

Figura 13

VIGA PLANA

Esta viga queda embebida en el canto del forjado. A ella le llegan las cargas a través de las viguetas, nervios, placas alveolares o de otras vigas que la embrochalan (**Figura 14**).

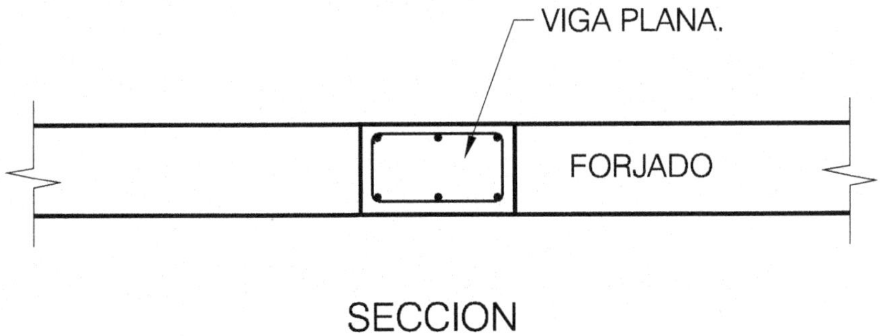

Figura 14

Comentarios

Las vigas planas son muy utilizadas, ya que al tener el mismo canto del forjado no se aprecian, permiten que todos los pilares se hormigonen hasta la misma altura, tienen un encofrado fácil y al ser más anchas se reducen las longitudes de las viguetas, facilitando la colocación de la armadura, el hormigonado y el vibrado.

El inconveniente que presentan es que al tener menor rigidez que una de cuelgue precisan mayor sección de hormigón y armadura para que tengan menos deformación.

VIGA CON RESALTE SUPERIOR

Se trata de una viga plana embebida en el forjado que tiene un resalte en su zona superior de unos 3 ó 4 cm, quedando dentro de la capa de regularización como se indica en la **figura 15**.

V

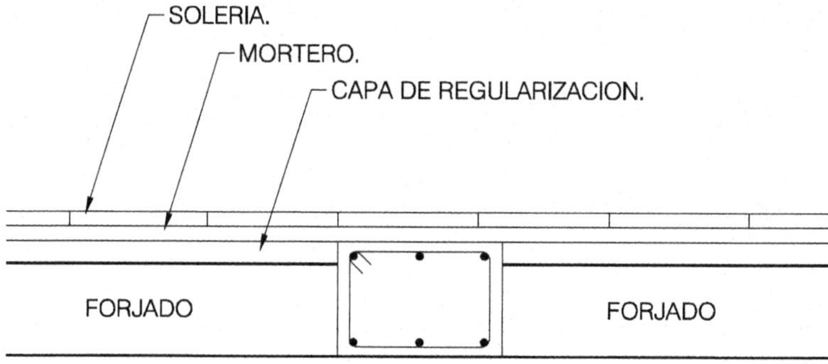

SECCION

Figura 15

Comentarios

Las vigas con resalte superior se suelen emplear en forjados con vigas planas cuando una luz es mayor y se precisaría un forjado con más canto y no se desea aumentarlo porque sólo lo necesite una viga.

Se expone el ejemplo siguiente:

Se dispone de un forjado plano de canto 26 cm donde las luces de las vigas tienen 5 m y existe una viga que tiene una luz de 6.30 m que precisaría un poco más de canto y se desea que siga siendo plana sin la existencia de cuelgue, en este caso se puede aumentar un poco por su zona superior sin que supere el grosor de la capa de regularización.

VIGUETA ARMADA

Es aquella que se ha confeccionado con una armadura pasiva y aunque se elaboran en fábrica, también se pueden ejecutar en obra (**Figura 16**).

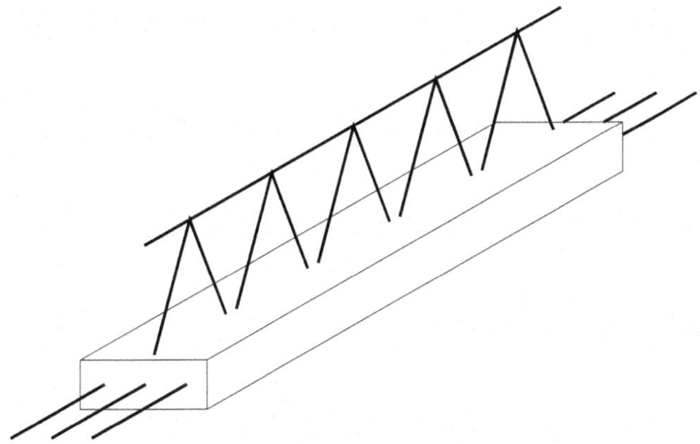

PERSPECTIVA

Figura 16

Comentarios

En las viguetas armadas, cuando las sopandas quedan muy distanciadas se producen mayores deformaciones durante el hormigonado, que después obliga a mayores grosores en el tendido de yeso de los techos.

Al tratarse de una armadura pasiva, en caso de corrosión se produce de forma lenta un aumento de su deformación y se dispone de más tiempo para su reparación.

Estas viguetas adquieren su resistencia una vez que han quedado unidas con el hormigón de la capa de compresión del forjado.

VIGUETA AUTORRESISTENTE

Tiene resistencia propia y no precisa sopandarse para hormigonar el forjado.

Se suelen colocar apoyadas, tienen mayor peso, coste, y quedan menos solidarias con la estructura (**Figura 17**).

V

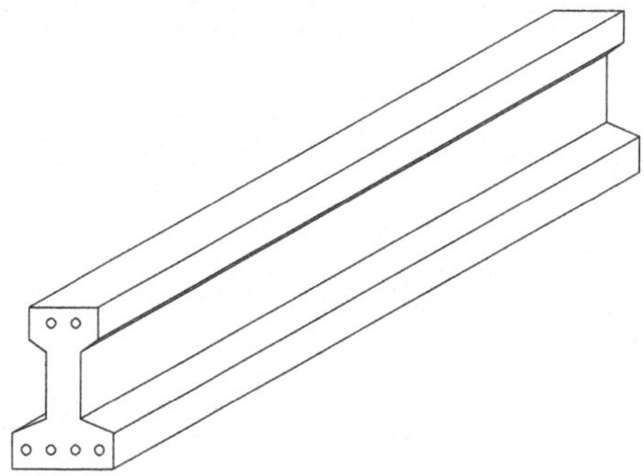

PERSPECTIVA

Figura 17

Comentarios

Estas viguetas se suelen emplear en forjados sanitarios para no tener que colocar sopandas. También se emplean cuando se apoyan en muros de carga o en vigas metálicas.

Se suelen ejecutar con armadura activa, teniendo el inconveniente de que en caso de corrosión su velocidad es un poco mayor y el fallo se produce al deslizar la armadura en el hormigón.

VIGUETA PRETENSADA

La armadura ha sido previamente tensada antes de hormigonarla y al liberarse somete al hormigón a compresión (**Figura 18**).

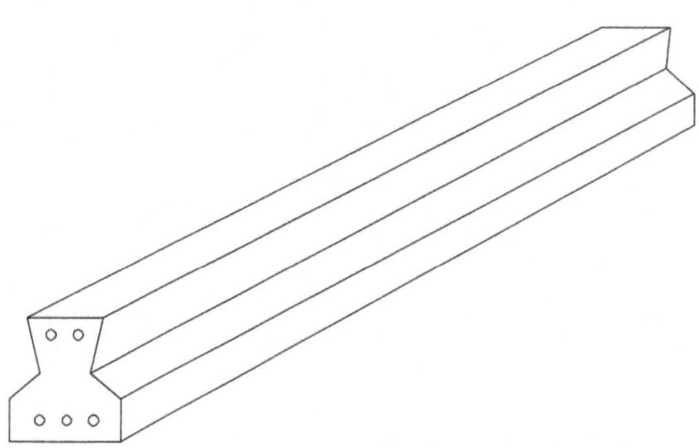

SECCION

Figura 18

Comentarios

Las viguetas de mayores luces presentan una ligera contrafecha, lo cual demuestra la garantía del pretensado y que al entrar el forjado en carga desaparece.

Las viguetas en cola de milano son semirresistentes y adquieren su resistencia una vez que han quedado unidas con el hormigón del forjado, pero si existe suciedad o están muy calientes por la acción solar, no quedarán unidas y se desprenden, como le ha sucedido a la de la **fotografía 1**.

Precisan sopandas para que no se rompan y se deformen durante el hormigonado del forjado, tienen menor coste que las autorresistentes y quedan más solidarias con la estructura.

Fotografía 1

VUELCO

Suele suceder en los muros de contención cuando la cimentación es insuficiente y es lo peor que le puede suceder a este elemento. (**Figura 19**).

V

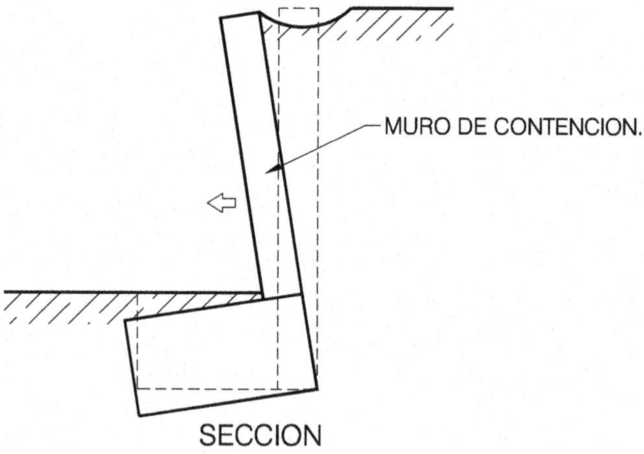

Figura 19

Comentarios

Los muros de contención deben calcularse para que no flecten, deslicen o vuelquen.

Si se realiza la excavación de un terreno con cohesión y no se supera la altura crítica, las tierras quedan cortadas en vertical dando la impresión de no precisar muro de contención, y si en este estado se le coloca un muro con la cimentación insuficiente se mantiene, pero cuando las tierras pierdan su cohesión y empujen al muro, volcará.

LETRA Z

ZABALETA

Se suele llamar así a la pieza de cerámica o de otro material solería que se coloca muy vertical como terminación entre la solería de cubierta y el pretil (**Figura 1**).

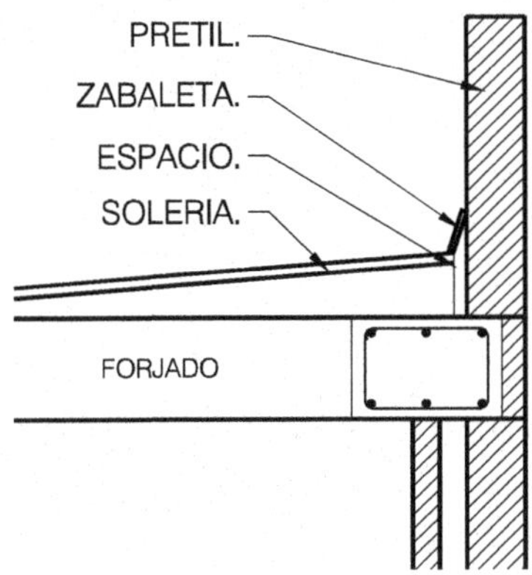

SECCION

Figura 1

Comentarios

La finalidad que tiene esta solería es dejar un espacio entre la solería y el pretil para que cuando dilate no lo empuje hacia el exterior, también para poder hacer el remate de la lámina asfáltica con pretil.

Una solución que resulta eficaz para que la solería al dilatar no empuje al pretil ,consiste en ejecutarlo con dos medio pie dejando una cámara, de esta forma quedan dos espacios y es doble seguridad (**Figura 2**).

Z

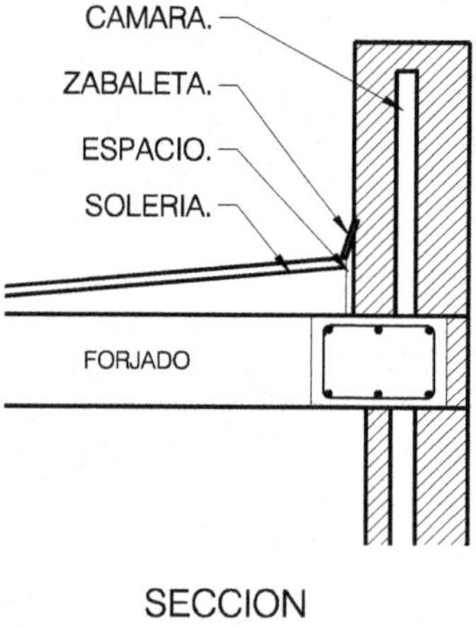

Figura 2

ZAHORRA

Mezcla de arena y grava sin granulometría determinada que se suele emplear para terraplenar un terreno, también se suele colocar debajo de un pavimento.

Comentarios

En los terraplenados no es conveniente que el espesor de las tongadas de tierra superen los 30 cm, con el fin de que queden mejor compactados.

La proporción de una parte de arena y dos de grava suele ofrecer buenos resultados para una compactación eficaz (**Figura 3**).

No se deben realizar terraplenados con tierras procedentes de terrenos expansivos, pues cuanto más se compacten más se expandirán cuando se mojen.

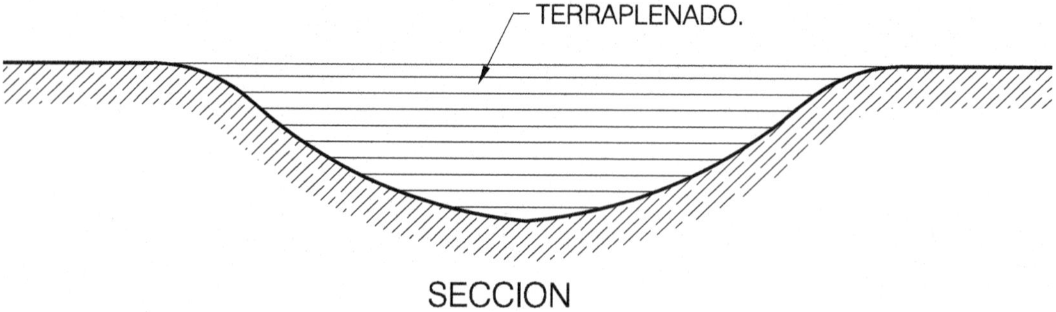

Figura 3

ZANJA DE DRENAJE

Consiste en realizar una zanja corrida dónde en su zona inferior se coloca un tubo de drenaje y sobre éste grava de distintos tamaños. Tiene la finalidad de recoger el agua existente en el terreno (**Figura 4**).

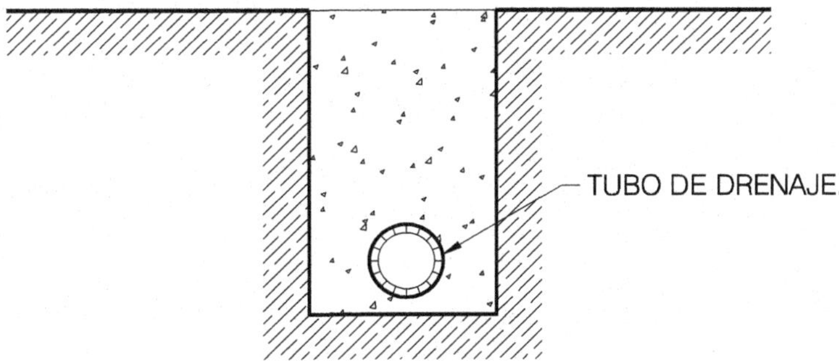

SECCION

Figura 4

Comentarios

Las zanjas de drenaje se suelen situar en terrenos de ladera donde existen corrientes de agua tanto por la zona superior del terreno como entre los diferentes estratos, de esta forma se interrumpe el paso del agua (**Figura 5**).

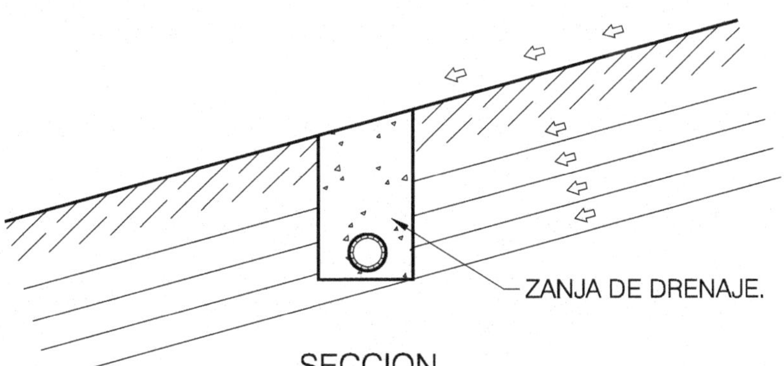

SECCION

Figura 5

Z

ZAPATA ARMADA

Elemento de cimentación de forma rectangular o cuadrada que precisa armadura en su base para soportar los momentos a los que queda sometida por el axil que recibe (**Figura 6**).

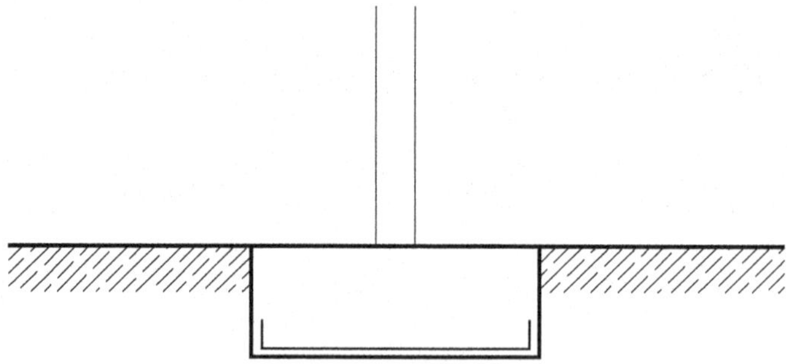

SECCION

Figura 6

Comentarios

Cuando las zapatas quedan situadas entre luces muy descompensadas donde los pilares quedan sometidos a flexión compuesta, es decir, a un momento elevado y a un axil pequeño, puede necesitar armadura en su zona superior (**Figura 7**). También precisan armadura de cosido en su zona superior cuando arrancan de ellas dos pilares que forman juntas de dilatación.

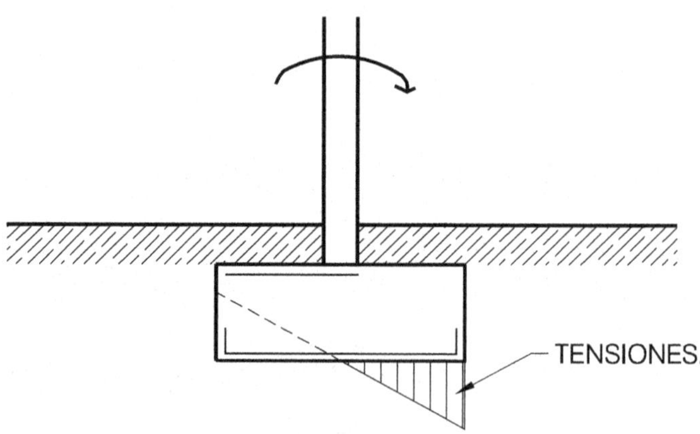

SECCION

Figura 7

ZAPATA DE ESQUINA EXTERIOR

Esta zapata esta formada por tres cuartas partes de una zapata central y es necesaria en esquinas exteriores de solares y colocadas junto a fosos de ascensores (**Figura 8**).

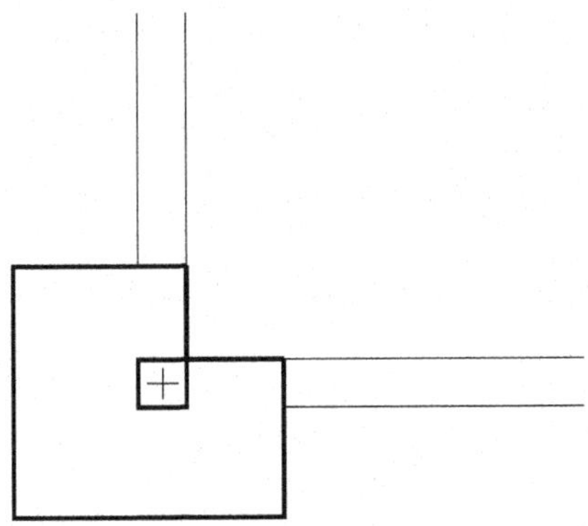

PLANTA

Figura 8

Comentarios

En los fosos de ascensores suelen ser necesario colocar zapatas de esquinas exteriores, ya que si se colocan centrales a mayor profundidad que las otras zapatas y sobre estratos diferentes, lo más probable es que surjan asientos diferenciales (**Figura 9**).

Como la mayoría de los programas de cálculo informáticos no suelen contemplar este tipo de zapatas, se pueden realizar todas centrales a la misma profundidad para evitar distintos asientos.

Z

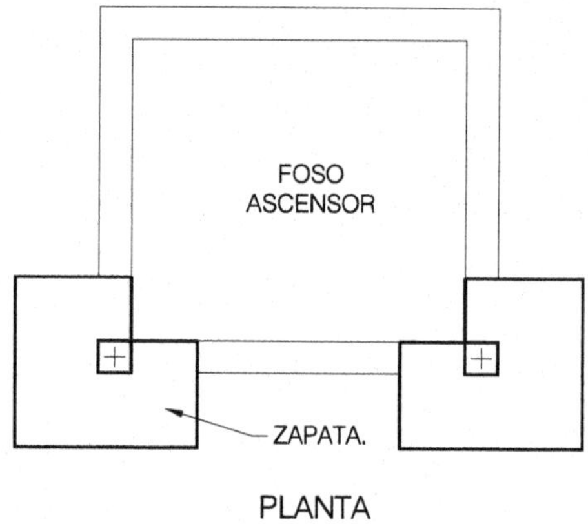

Figura 9

ZAPATA DE ESQUINA INTERIOR

Son aquellas que ocupan un poco más de una cuarta parte de una zapata central y se sitúan en las esquinas (**Figura 10**).

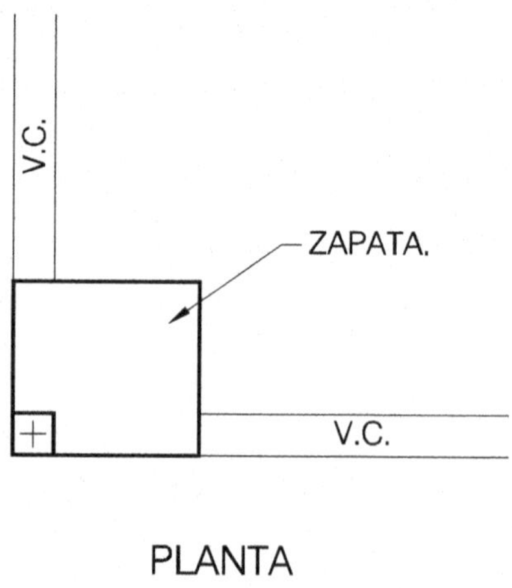

Figura 10

Comentarios

Las zapatas de esquinas hacen trabajar al terreno con tensiones de en diagrama triangular, tanto en el eje X como en el Y (**figura 11**), haciendo que precisen viga centradora en los dos sentidos para que trabaje en diagrama rectangular.

En el sentido que tenga el pilar de esquina mayor momentos, la viga centradora va a precisar más rigidez y armadura.

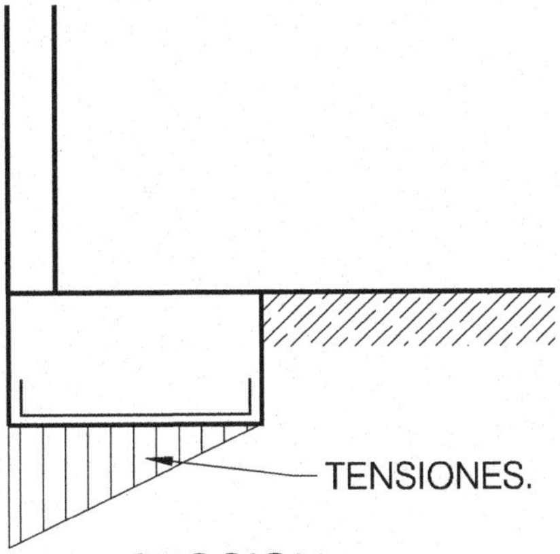

Figura 11

ZAPATA DE MEDIANERA

Esta zapata ocupa un poco más de la mitad de una zapata central y es necesaria en pilares de medianeras y de fachadas para no salirse del terreno ocupado por la edificación. (**Figura 12**).

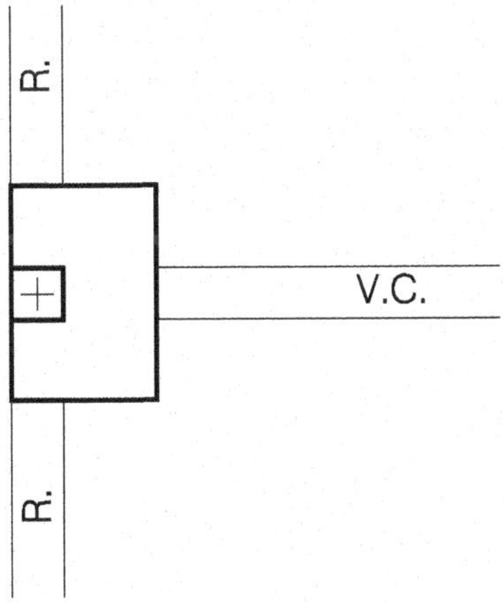

Figura 12

Comentarios

El terreno bajo esta zapata trabaja en diagrama triangular en el **eje x**, y para que trabaje en rectangular, es necesario colocarle viga centradora. (**Figura 13**).

En sentido transversal sólo precisa riostra de atado.

Z

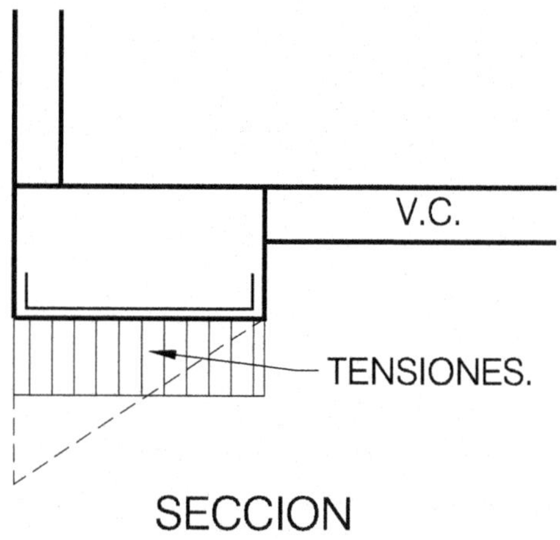

Figura 13

ZAPATA MIXTA

Está formada por un dado de hormigón en masa de menor resistencia sobre el que apoya otro dado de hormigón armado más pequeño con la misma resistencia del hormigón de la estructura (**Figura 14**).

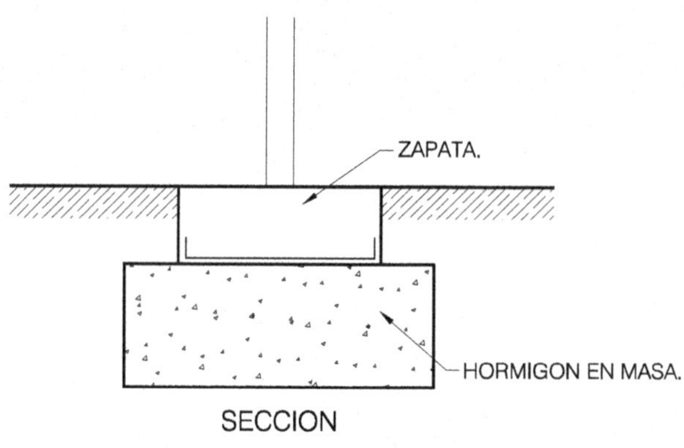

Figura 14

Comentarios

Esta zapata se emplea en los terrenos de baja resistencia con el fin de cimentar un poco más profundo, ya que es aconsejable que la cimentación tenga una profundidad mínima de un metro.

Aunque esta zapata precisa un poco más de volumen de hormigón de menor resistencia, se economiza en acero y en el hormigón más resistente.

ZAPATA RÍGIDA

Recibe esta denominación cuando su canto es igual o mayor que su vuelo. Tiene un armado mínimo y mayor volumen de hormigón (**Figura 15**).

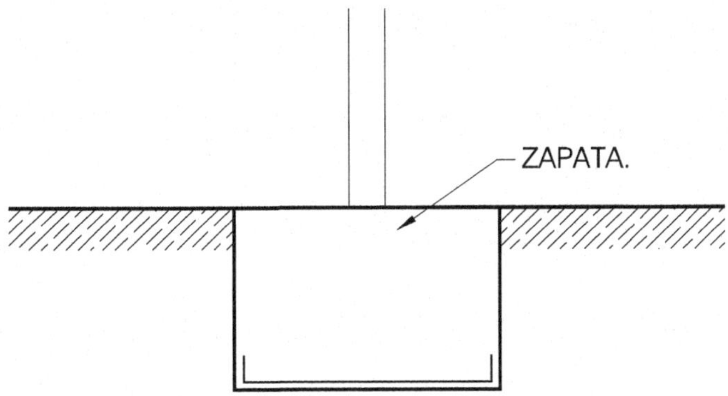

SECCION

Figura 15

Comentarios

Estas zapatas son menos empleadas por el volumen de hormigón que precisan, aunque si pueden resultar de interés en cimentaciones donde las zapatas se obtienen de menor dimensión, y donde es necesario llegar con la base de la cimentación a un poco más de profundidad.

ZUNCHO DE BORDE

Recibe este nombre las vigas que no soportan el peso del forjado y sólo tienen como misión atar los pilares y soportar el peso de los cerramientos. (**Figura 16**).

Z

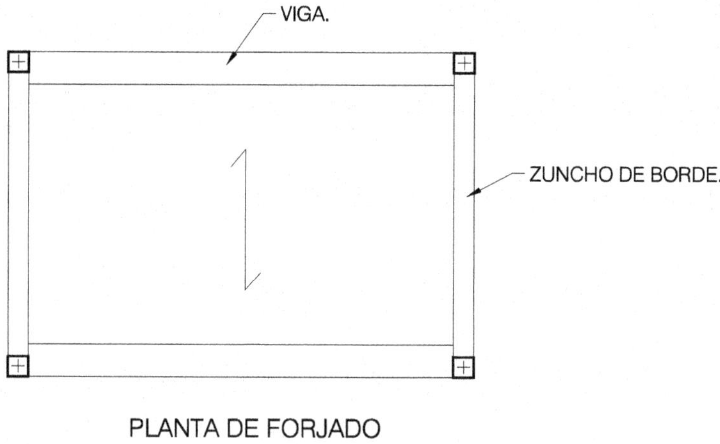

Figura 16

Comentarios

Los zunchos de borde, también colaboran en los asientos, incluso hay veces que apoyan en ellos media bovedilla y cerramientos.

Estos zunchos trabajan a flexión, cortante, y colaboran en los desplazamientos ocasionados por movimientos sísmicos, al mismo tiempo que ayudan a reducir la fisuración por cambios dimensionales de origen térmico.

ZUNCHO DE PUNTA

Zuncho que se coloca en los extremos de las cabezas de viguetas en voladizos para atarlas (**Figura 17**).

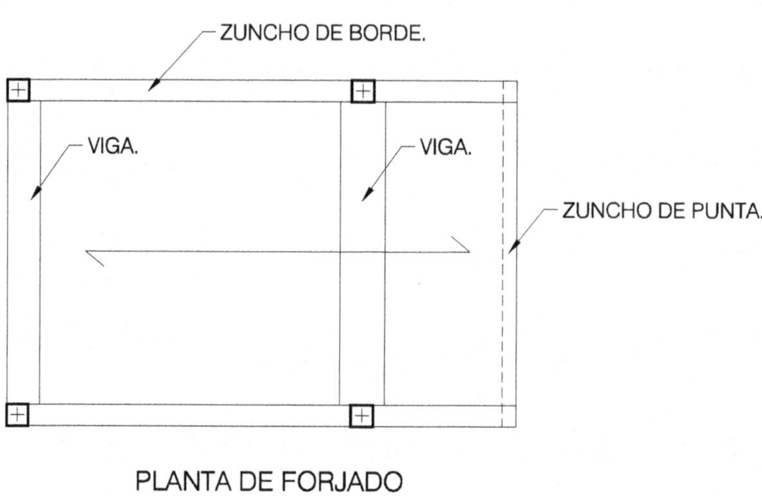

Figura 17

Comentarios

Los zunchos de punta, al atar las cabezas de viguetas tienen la finalidad de evitar fisuras de retracción y por diferentes deformaciones. También evitan la penetración de humedad a través de las bovedillas.

Los zunchos de punta suelen tener un ancho de10 cm, el canto del forjado y dos barras de armadura de 12 mm de diámetro (**Figura 18**).

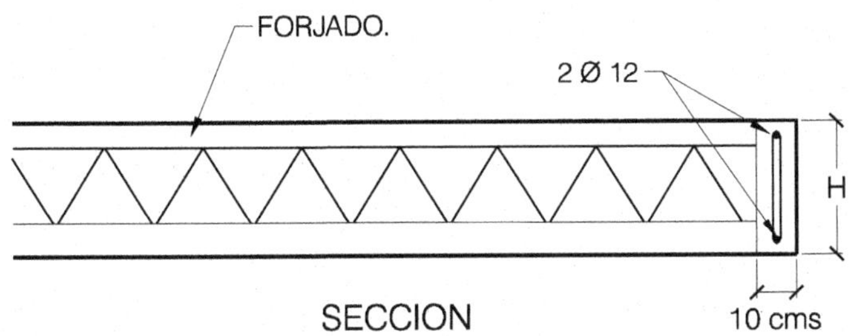

Figura 18

ZUNCHO UNIFICA DEFORMACIONES

Se coloca en el centro de las viguetas con mayores luces y tiene como finalidad unificar las deformaciones que se puedan producir entre las viguetas (**Figura 19**).

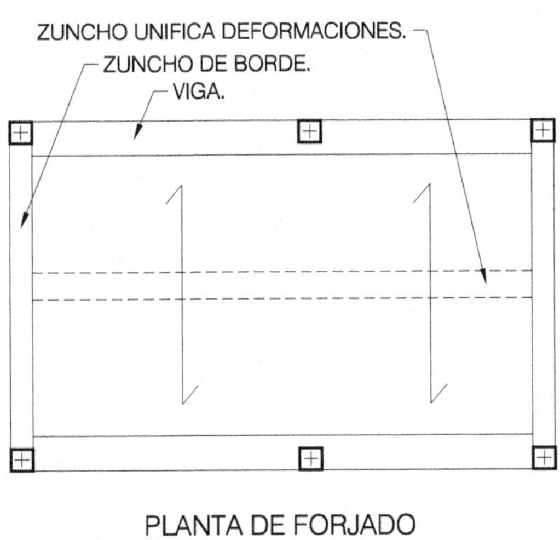

Figura 19

Z

Comentarios

Los forjados con armadura de reparto en la capa de compresión no precisan zuncho unifica deformaciones. Dicho zuncho consiste en macizar de hormigón una hilera de bovedillas y colocarle armadura en su zona superior. Si se suele emplear cuando se va a ejecutar un cerramiento sobre las viguetas en su sentido transversal, como pudiera ser apoyar un forjado retranqueado de una planta de ático, como se indica en la **figura 20**.

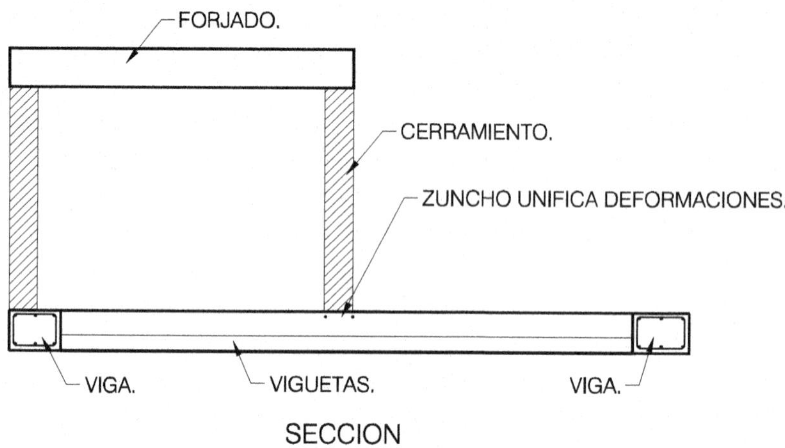

Figura 20

BIBLIOGRAFÍA

"Prevención y soluciones en patología estructural de la edificación" Manuel Muñoz Hidalgo.

"Diagnosis y causas en patología de la edificación" Manuel Muñoz Hidalgo.

"Problemas dudas y soluciones durante el proyecto y ejecución de la edificación" Manuel Muñoz Hidalgo.

"Influencia daños y tratamientos de las humedades en la edificación" Manuel Muñoz Hidalgo.

"Como evitar errores en proyectos y obras" Manuel Muñoz Hidalgo.

"Manual de patología de la edificación" Manuel Muñoz Hidalgo.

"Los forjados reticulares" Florentino Regalado Tesoro.

"Pilares" Florentino Regalado Tesoro.

"Cálculo, construcción y patología en la edificación" José Calavera Ruiz.

"Cálculo de estructuras de Cimentación" José Calavera Ruiz.

"Proyecto y cálculo de estructuras de hormigón para edificios" José Calavera Ruiz.

"Muros de contención de sótanos" José Calavera Ruiz.

"Manual de detalles constructivos en obras de hormigón armado" José Calavera Ruiz.

"Patología de estructuras de hormigón armado" José Calavera Ruiz.

"Hormigón" Manuel Fernández Cánovas.

"Patología y terapéutica de hormigón armado" Manuel Fernández Cánovas.

"Tecnología y terapéutica del hormigón armado". Ismael Sirvent Casanova.

"Patología de fachadas" Dpto. de la Construcción E.T.S.A. de Valladolid.

"Lesiones en los edificios" Ediciones CEAC.

"Lesiones en el hormigón" Ediciones CEAC.

"Diccionario terminológico gráfico del léxico de la construcción" Mª Cruz Merino Peral.

Curso de "Patología" Colegio O. de Arquitectos de Madrid.

"Cimentaciones" José Mª. Rodríguez Ortiz.

"La cimentación" José Mª. Rodríguez Ortiz.

"Nociones sobre terrenos, muros de contención de tierras de bujeo y pilotes" Victor Escribano Ucelay.

"Construcciones Antisísmicas" José Creixell.

"Terremotos" Bruce A. Bolt.

"Muros de contención" M. y A. Reimbert.

"Muros de contención" José Barros Pena.

" Edificaciones, diseño y construcción sismorresistente" Norman B. Gren.

" Terremotos" Colegio O. de Arquitectos de Andalucía Oriental.

"Durabilidad de estructuras de hormigón" Colegio O. de Ingenieros de Caminos de Madrid.

"Ruinas en construcción" Ortega Andrade.

"Fisuras y grietas en morteros y hormigones" Editores Técnicos Asociados.

"Patología de las construcciones de hormigón armado" Jean Blevot.

"Sistemática de la recogida de datos para el diagnóstico de la fisuración" Javier Elizalde.

"Hormigón Armado" P. Jiménez Montoya.

"Estructuras de concreto reforzado" R. Park.

"Diseño de estructuras de concreto sujetas a torsión" Dr. Henry Cowan.

"Aspecto fundamental del concreto reforzado" Oscar M. González Cuervas.

"Control de calidad de las estructuras de hormigón armado" Ismael Sirvent Casanova.

"La humedad en la edificación". Colegio O. Aparejadores y Arquitectos Técnicos de Madrid.

"Las Armaduras" Ismael Sirvent Casanova.

"Piezas de hormigón armado sometidas a Flexión Simple" Ismael Sirvent Casanova.

"Ingeniería de cimentaciones" Ralph B. Peck.

"Razón y ser" Eduardo Torroja.

"Tratado de construcción" Enrique Rodón.

"Vigas en ménsulas" Juan Montero Romero.

"Patología de las cimentaciones" Louis Logeais.

"Elementos constructivos singulares de hormigón armado" J.R. Robinson.

Curso de "Patología y Rehabilitación de estructuras de Hormigón Armado" Intemac 1.993.

Seminario sobre "Aspectos Constructivos Estructurales y Patológicos" Escuela de Arquitectos de Sevilla 1.987.

Curso de "Patología" Colegio O. Arquitectos de Madrid.

"Siniestros más frecuentes en la construcción de edificios". Alfonso Rodríguez de Trío.

"Manual de diagnosis e intervención en estructuras de hormigón". Colegio Arquitectos Técnicos de Barcelona.

"Hormigón Armado" Pascual Urbán Brotons.

"Diccionario de arquitectura construcción y obras públicas" Paraninfo.

"Diccionario básico de la construcción" Manuel Méndez Lloret.